UNREAD

一部失落世界的
全新史诗

恐龙的
兴衰

[美] 史蒂夫·布鲁萨特 著

李凤阳 译

THE

RISE

AND

FALL

A New
History
of
a Lost World

OF THE

DINOSAURS

Steve Brusatte

天津出版传媒集团

天津科学技术出版社

著作权合同登记号：图字 02-2020-36

Copyright © 2018 by Steve L. Brusatte
Published by arrangement with Zachary Shuster Harmsworth LLC,
through The Grayhawk Agency.
Simplified Chinese edition copyright © 2020 United Sky (Beijing)
New Media Co., Ltd.
All rights reserved.

图书在版编目（CIP）数据

恐龙的兴衰：一部失落世界的全新史诗 / (美) 史
蒂夫·布鲁萨特著；李凤阳译. -- 天津：天津科学技
术出版社，2020.7（2023.11重印）
书名原文：The Rise and Fall of the Dinosaurs
ISBN 978-7-5576-7740-4

Ⅰ.①恐… Ⅱ.①史… ②李… Ⅲ.①恐龙－普及读
物 Ⅳ.①Q915.864-49

中国版本图书馆CIP数据核字(2020)第061264号

恐龙的兴衰：一部失落世界的全新史诗
KONGLONG DE XINGSHUAI：YI BU
SHILUO SHIJIE DE QUANXIN SHISHI

选题策划：联合天际
责任编辑：布亚楠
出　　版：天津出版传媒集团
　　　　　天津科学技术出版社
地　　址：天津市西康路35号
邮　　编：300051
电　　话：（022）23332695
网　　址：www.tjkjcbs.com.cn
发　　行：未读（天津）文化传媒有限公司
印　　刷：三河市冀华印务有限公司

开本 710 × 1000　1/16　印张18.5　字数260 000
2023年11月第1版第6次印刷
定价：58.00元

关注未读好书

未读 CLUB
会员服务平台

谨以此书献给贾库普卡先生——我的第一位也是最好的古生物学老师，
同时还要献给我的妻子安妮以及所有教导下一代的人。

目　录

恐龙时代年表

代	古生代	中生代								新生代
纪	二叠纪	三叠纪			侏罗纪			白垩纪		古近纪
世		早	中	晚	早	中	晚	早	晚	
阶段 （亿年前）		2.52~ 2.47	2.47~ 2.37	2.37~ 2.01	2.01~ 1.74	1.74~ 1.64	1.64~ 1.45	1.45~ 1	1~ 0.66	

史前世界地图

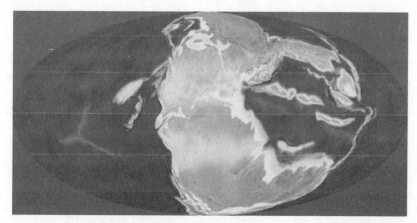

三叠纪（约 2.2 亿年前）

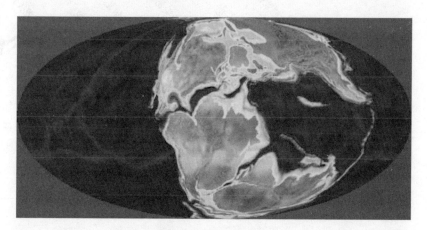

晚侏罗世（约 1.5 亿年前）

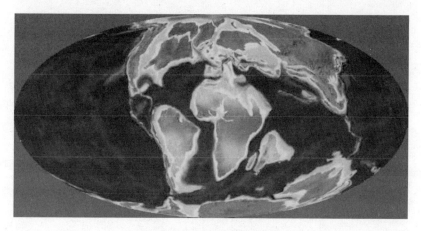

晚白垩世（约 8 000 万年前）

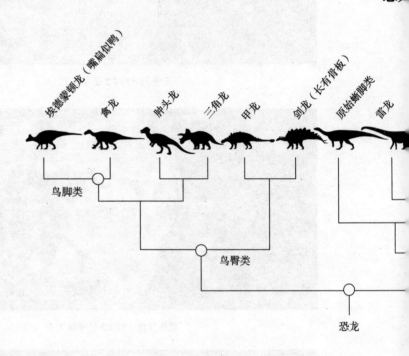

恐

埃德蒙顿龙（嘴扁似鸭）

禽龙

肿头龙

三角龙

甲龙

剑龙（长有骨板）

原始蜥脚类

雷龙

鸟脚类

鸟臀类

恐龙

族谱

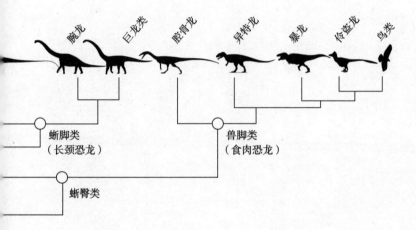

腕龙　巨龙类　腔骨龙　异特龙　暴龙　伶盗龙　鸟类

蜥脚类
（长颈恐龙）

兽脚类
（食肉恐龙）

蜥臀类

恐龙的兴衰

一部失落世界的全新史诗

序章

发现的黄金时代

振元龙

2014年11月的一个凌晨，寒气袭人，离天亮还有几个小时。我下了出租车，挤过人群，来到北京火车站。我手里攥着车票，在赶早班火车的人潮中艰难前行。离要坐的那班车的发车时间越来越近，我开始紧张起来。我不知道该往哪里走。孤身一人的我，能讲出口的中文没有几句，我所能做的，就只有把车票上的"象形符号"跟站台上的标志一一比对。隧道视觉开始出现，我沿着一个扶梯跑上来，又顺着另一个扶梯冲下去，经过一个个报摊和一个个面摊，就像一只正在追捕猎物的猛兽。拉杆箱在我身后跳动，里面装着几部相机、一副三脚架，还有些别的科研用具。它一会儿轧到这个人的脚，一会儿又撞到那个人的小腿。愤怒的叫声从四面八方袭来，但我并未停下脚步。

没过多久，身着羽绒服的我就已经汗流浃背，空气中充斥着柴油的气味，我上气不接下气。我前面不远的地方，有发动机轰鸣起来，汽笛声随之响起，一列火车就要出站。我踉踉跄跄地跑下通往铁轨的水泥台阶，等到认出了想要找的标志之后，我才长嘘了一口气。终于赶上了。这正是我要坐的火车，它将朝着位于中国东北部的城市锦州飞驰而去。

在接下来的四个小时里，火车驶过一座座混凝土厂房和一片片雾气笼罩的农田。我尽力让自己舒服一点儿，偶尔打个盹儿，但根本补不了多少觉。我太兴奋了。在旅程的终点，有个谜团正等着我——一个农民在收庄稼的时候偶然发现的一块化石。我已经看过几张不怎么清晰的化石照片，那是我的好朋友兼同事吕君昌发给我的，他是中国最有名的"恐龙猎人"之一。我们都认为，这块化石看起来很重要，甚至可能是一块"圣杯"化石，也就是说，化石里的骨骼来自一个新物种。这只动物的骨骼被保存得非常完好，我们甚至能感受到，它在数千万年前仍然活着、仍能呼吸的时候是什么样子。不过，我们要亲眼看到才能做出确切的结论。

吕君昌和我在锦州会合，迎接我们的是一群当地政要。他们让人帮我们拎包，又把我们安排进了两辆黑色SUV。我们一路风驰电掣来到锦州博物馆。出乎意料的是，这座位于郊区的博物馆看上去非常不起眼。当时的气氛就像政要会谈一样庄严肃穆，有人领着我们穿过一条霓虹闪烁的长廊，进入一个小房间。房间里摆着几张办公桌和几把椅子。一张小桌子上放着一块岩石板，石板很重，快把桌子压垮了。一个当地人用中文与吕君昌交谈了几句，之后，吕君昌转向我，冲我点了点头。

"开始吧。"他说。他的英语口音有点儿怪，用中文的节奏拖着得克萨斯味儿的长调子——他在美国读博士的时候曾经在那里生活。

我俩凑到一起，朝桌子走去。房间里安静得出奇，在我们走近这个宝贝的时候，我能感觉到所有人的目光都聚焦在我们身上。

呈现在我眼前的，是我平生见过的最漂亮的化石之一。这是一具骨架，大小近似一头骡子，巧克力棕色的骨骼从包裹着它的暗灰色石灰岩表面凸出来。这肯定是一只恐龙，它有着牛排刀一样的利齿、尖尖的爪子和长长的尾巴。显然，这只恐龙跟电影《侏罗纪公园》里的那只伶盗龙有着相当近的亲缘关系。

不过，这绝非一只普通的恐龙。它的骨头轻而中空，腿长而瘦，就像是鹭鸶的腿。这种纤细的骨架是活泼好动、行动迅速的动物的标志。除了骨头之外，还有遍布全身的羽毛。头和脖子上浓密的羽毛犹如毛发，尾部的羽毛长而分叉，上臂有排列在一起的大型翎管，层层覆盖，形成了翅膀。

这只恐龙看起来就像一只鸟。

大约一年后，我和吕君昌认定这具骨架属于一个新物种，并将之命名为孙氏振元龙。这是过去 10 年中我认定的大约 15 种新恐龙之一。我以古生物研究为业，这让我离开美国中西部的出生地，远赴苏格兰执教。为了发现和研究恐龙，我在全世界很多地方都留下了足迹。

振元龙跟我在小学里学到的恐龙不一样，我当时还不是一个科学家。在那时的学校里，恐龙被描述成体形巨大、披着鳞片、愚蠢凶暴的家伙。由于不能很好地适应环境，它们只好整天拖着沉重的脚步四处游荡，消磨时间，等待灭绝。它们是演化历程中的失败者，是生命史上的死胡同。它们是远在人类之前出现又消失的原始巨兽，生活在与当今世界全然不同的史前世界——仿佛一颗陌生的星球。那时，恐龙是能在博物馆里看到的新奇事物，或是噩梦中经常出现的电影怪兽，或是孩童天马行空的想象。总之，它们对身处现代社会的我们来说无关紧要，根本不值得认真研究。

但是，这些刻板偏见全都大错特错了。几十年来，随着新一代人以前所未有的速度收集恐龙化石，这些观点全都不攻自破了。在世界的各个角落，从阿根廷的沙漠到

振元龙

阿拉斯加寒冷的荒原，都有新恐龙被发现。如今，平均每周都能发现一种新恐龙。请静心想一想……每周……一种新恐龙。这样算来，每年就能发现大约 50 种新恐龙，振元龙就是其中之一。除了新发现，还有新型研究方式。不断涌现的新技术能帮助古生物学家理解恐龙的生物学特征和演化，这是我们的前辈无法想象的。CAT 扫描仪已经用于研究恐龙的大脑和感官，计算机模型可以告诉我们恐龙如何运动，高倍显微镜甚至能够揭示某些恐龙是什么颜色，如此等等，不一而足。

　　能够亲历这些激动人心的事件，对身为青年古生物学家的我而言是莫大的荣幸。年轻的古生物学家有很多，他们来自世界各地，有男有女，背景各异，都是受《侏罗纪公园》影响的一代人。我们这样二三十岁的研究者大有人在，我们相互合作，也会

我和吕君昌在研究美丽得不可方物的振元龙化石。

与前代导师并肩前行。我们的每一项新发现，每一份新研究，都会让我们对恐龙及其演化故事有更进一步的了解。

这就是我想要在本书中讲述的故事——属于恐龙的史诗：它们从哪里来，它们如何崛起并成为地球的主宰，有些恐龙为何如此庞大，有些恐龙为何长出了羽毛和翅膀，还变成了鸟，没有变成鸟的恐龙为何都消失了，最终为现代世界、为我们人类的出现铺路。希望读者能在我的叙述中理解，我们是如何把我们掌握的化石线索连缀成了这样一个故事，并能大致了解，作为"恐龙猎人"的古生物学家到底是怎样一群人。

然而，我最想通过本书表达的是，恐龙并非异星生物，它们也不是演化的失败案例，更绝非无足轻重。它们一度非常成功，在 1.5 亿年的时间里生生不息，演化出了地球上出现过的最令人称奇的一些动物，包括鸟类——它们是当今世界的恐龙，现生鸟类大约有 10 000 种。地球是恐龙的家园，也是我们的家园。生活在同一个地球上，我们跟它们一样，要应对气候和环境的变化，或者，我们未来可能要经历它们经历过的变化。这是一个不断变化的世界，有骇人的火山喷发和小行星撞击，各大陆板块不断移动，海平面不断变化，温度时升时降，变化无常。恐龙在这样一个世界里不断演化，还非常好地适应了自己的生存环境。但最终，绝大多数恐龙因为无法度过一场突如其来的危机而灭绝。对我们而言，这无疑是个教训。

最重要的是，恐龙的崛起和衰落是一个不可思议的故事。当时，巨兽和其他异彩纷呈的生物是这个世界的主宰。它们曾经行走的土地如今在我们的脚下，它们的化石如今嵌在岩石中，而这些化石，正是完成这个故事的线索。对我而言，这是我们这颗星球的历史中，最伟大的叙事篇章之一。

史蒂夫·布鲁萨特

苏格兰爱丁堡

2017 年 5 月 18 日

第一章

恐龙时代的黎明

原旋趾足迹造迹者

"Bingo!" 我的朋友格热戈日·涅兹维兹基（Grzegorz Niedźwiedzki）大叫一声，用手指着刀刃般的一条细缝，缝的下侧是一层薄薄的泥岩，上侧是一层比较厚的粗颗粒岩石。我们正在考察的这个采石场位于波兰小村庄扎海尔米耶（Zachełmie）附近，曾是广受欢迎的石灰岩来源地，可很久之前就被废弃了。采石场周围散布着日渐破败的巨大烟囱，还有波兰工业化时代的其他遗存。按照地图的标记，这里是圣十字山脉（Holy Cross Mountains），但其实就是一片低矮的山丘。尽管这里曾经巍峨高耸，但经过数亿年的风雨侵蚀，如今已经跟平地相差无几。天空灰蒙蒙的，蚊子肆无忌惮地叮咬，热气从采石场的地面蒸腾而上。这里除了我俩之外，仅有另外几个背包客，估计是不巧走错了路才闯到这里来的。

"这就是那次灭绝。"格热戈日说着，大大的笑容从他胡子拉碴的嘴边漾开。在野外作业的这么些天里，他的胡子一直没有刮。"底部有很多大型爬行动物和哺乳动物远亲的足迹，然后就消失了。再往上，有一段什么都没有，接着就是恐龙。"

虽说我们不过是在一个乱草丛生的采石场观察岩石，但我们真正看到的，是一场重大变革。岩石记录着历史，它们讲述的是远古时代的故事，那时的地球上还没有人类的足迹。我们眼前的石头里就刻着一个震撼人心的故事。两层岩石中间的这条线，或许只有受过最严苛训练的科学家才能看得见，然而它记录的却是地球历史上最惊心动魄的时刻之一。这是世界发生巨变的瞬间，这是出现在大约 2.52 亿年前的转折点，彼时还没有人类，没有长毛象，没有恐龙，但这一时刻的后果仍然影响着今日的世界。如果当时事情的发展有些微不同，谁能知道现在的世界会是什么样子的呢？这就好比揣想：要是斐迪南大公不曾被射杀，接下来又会发生什么呢？

如果时光回溯至 2.52 亿年前，回到地质学家所称的二叠纪，站在同一个位置上的我们，会发现周围环境里没有什么我们能认得出的景物：既没有弃如废墟的工厂，也没有其他人类的痕迹；天上没有鸟在飞翔，脚下也没有老鼠窜来窜去；没有开着花的灌木划破我们的皮肤，也没有蚊虫在我们的伤口大快朵颐。所有这些生命都是之后才演化出来的。不过，我们仍会大汗淋漓，因为天气很热，再加上令人难以忍受的潮湿，可能比仲夏时节的迈阿密还更糟糕。奔流的河水冲刷着圣十字山脉，当时的确可以称之为山，巍峨的山体向上绵延数万英尺[1]，积雪的山尖刺破云霄。河流蜿蜒曲折，穿过广袤的针叶林——这些树是现今的松树和刺柏在远古时代的亲戚，流入山脉侧翼巨大的盆地之中。盆地中点缀着大大小小的湖泊，雨季的时候湖泊满溢，而当季风停止的时候，湖泊就会干涸。

这些湖是局域生态系统的生命线，大大小小的水坑聚集在一起，形成一片绿洲，可以抵挡酷热和狂风。形形色色的动物聚集到湖的周围，但它们并不是我们现在所熟知的动物：有黏兮兮的蝾螈——个头比狗大一些——在水边徘徊，时不时咬住一条游经的鱼；有矮壮敦实的锯齿龙类匍匐着身体爬来爬去，皮肤上满是鼓包，身体前重后轻，通常相貌凶残，看上去就像疯狂爬行版的橄榄球进攻线锋；有胖胖的小型二齿兽类在烂泥里仔细找寻能吃的东西，用尖牙挖出美味的植物根茎。在这群生物中，占据统治地位的是丽齿兽类，这是一种身体和熊差不多大的怪兽，居于食物链的顶端，能用剑一样的尖牙刺穿巨颊龙的内脏，撕开二齿兽类的皮肉。在恐龙出现之前，这些怪物是这个世界的统治者。

之后，地球深处开始翻腾。这在地表是无法感受到的，至少在变化刚开始的时候（约 2.52 亿年前）感受不到。一切都发生在地表之下 50 甚至 100 英里[2]深的地方，也就是地幔层。它是地球构造中介于地壳和地核之间的一层，由坚硬的岩石构成。然而这里温度非常高，在巨大的压力作用下，在漫长的地质时期里，岩石可能会变得极度黏稠，还能流动起来，就像儿童玩的黏土一样。事实上，地幔中有像河一样的岩石流。在岩石流的驱动下，地壳板块会像传送带一样运动，这种力量能破坏薄薄的外层地壳，将之分割成板块，随着时间的推移，这些板块之间会相对运动。如果没有地幔中的岩石流，就不会有高山，不会有海洋，也不会有适宜人类居住的地表环境。不过，每隔一段时间，就会有一股岩石流失去控制。大股炽热的熔岩挣脱束缚，改变路径，蛇行爬升至地表，最终从火山中喷薄而出。这种地方被称作热点。热点极为少见，黄石公园是一个很好的例子，今天仍相当活跃。来自地球深处源源不断的热量供给是老忠实间歇泉和其他

---

1 1 英尺约合 0.30 米。如无说明，本书脚注均为编者注。

2 1 英里约合 1.61 千米。

间歇泉的动力之源。

在二叠纪末期，同样的事情也在发生，而且遍及整个大陆。一个巨大的热点开始在西伯利亚地底形成。一股股熔岩冲破地幔，进入地壳，然后从火山中喷涌而出。那时的火山跟我们日常所见的火山大不相同。我们看到的无非是休眠几十年的圆锥形凸起，偶尔喷出一点儿火山灰和岩浆，就跟圣海伦火山或者皮纳图博火山一样。远古时代的火山喷发跟我们在科学市集都做过的实验（用醋和小苏打制造喷发）可不是一回事。那些火山实际上是地表的巨大裂隙，往往绵延数英里，从中不断地喷出岩浆，年复一年，甚至会持续几十年、数百年。二叠纪末期的喷发持续了几十万年，甚至可能上百万年。其间，有过几次较大规模的喷发，也有流动更为缓慢的相对平静的时期。总而言之，喷出来的岩浆足以淹没北亚和中亚绵延数百万平方英里[1]的土地。即使在 2.5 亿年之后的今天，由这次喷发流出来的岩浆形成的黑色玄武岩还覆盖着西伯利亚近 100 万平方英里的土地，跟西欧的陆地面积相差无几。

想象一块被岩浆炙烤着的大陆，这是粗劣的 B 级电影中会出现的毁灭性灾难。不用说，所有生活在西伯利亚附近的锯齿龙类、二齿兽类和丽齿兽类都死掉了。但这还不是最可怕的。火山喷发的时候，喷射出来的物质不只有岩浆，还有热量、火山灰和有毒气体。与岩浆不同的是，这些东西会影响整个地球。在二叠纪末期，这些物质是大劫难的帮凶，一系列的毁灭事件由此肇始，并持续了数百万年。此间，整个世界面目全非，不复旧时模样。

喷入大气的灰尘污染了高纬度的气流，并随之扩散到全球。灰尘遮挡住了阳光，使植物无法进行光合作用。原本茂盛的针叶林枯萎殆尽，之后，先是锯齿龙类和二齿兽类没了食物，再是丽齿兽类没了肉吃。食物链开始崩溃。一些回落的灰尘，在穿过大气层时，跟雨滴结合，形成酸雨，给地表正在恶化的环境雪上加霜。随着越来越多的植物凋萎死亡，大地开始变得荒芜，并且不再稳定。泥石流将腐烂的森林成片吞没，带来了大规模的侵蚀作用。正因如此，扎海尔米耶采石场才会出现细颗粒的泥岩（这种岩石的存在表明环境安宁、平和）突然转变为颗粒较粗、夹杂着巨砾的岩石（这种

1　1平方英里约合 2.59 平方千米。

岩石是发生过高速洪流和腐蚀性暴雨的典型特征）。野火在千疮百孔的土地上肆虐，植物和动物的生存更加艰难。

然而，这还只是短期效应，是在西伯利亚裂隙一次超大规模岩浆喷发后几天、几周、几个月之内发生的事。长期效应则更为致命。岩浆释放出的大量二氧化碳形成了阻滞呼吸的云层。如今我们都清楚地知道，二氧化碳是一种强效应温室气体，它会吸收大气中的辐射，并将辐射反射回地表，使地球温度上升。西伯利亚裂隙喷发释放出的二氧化碳不是让温度计仅仅抬升了几个示数，它导致了温室效应的失控，让整个地球都在沸腾。这还带来了其他后果。尽管很多二氧化碳进入了大气，但也有很大一部分溶入海洋，引发了一连串化学反应。海水的酸度升高可不是件好事，对那些外壳易溶解的海洋生物来说更是如此。这也是我们不用醋洗澡的原因。这种连锁反应还将大量氧气从海洋里释出，对在水中或水边生活的生物来说，这又是一个严重的问题。

要具体描述这场大灾变的细节，我可以连续写上好几页，但真正要理解的一点是，二叠纪末期非常不适合生存。这一时期上演了地球历史上规模最大的集群死亡事件，约有 90% 的物种消失。对于这类短时间内全球出现大量动植物灭绝的事件，古生物学家有一个专门的术语来概括：大灭绝。在过去的 5 亿年里，发生过五次特别严重的大灭绝。人们最耳熟能详的当数发生在 6 600 万年前白垩纪末期的那次，恐龙在那之后消失无踪，后面我们会说到这件事。白垩纪末期的大灭绝虽然恐怖，但跟二叠纪末期那次相比仍然是小巫见大巫。那一发生在 2.52 亿年前的事件是地球生命最接近完全灭绝的一次，我们在波兰的采石场里看到的从泥岩到砾岩的快速转变记录下了那一时刻。

之后，事情开始好转。世事总是如此。生命非常顽强，就算发生了最严重的灾难，也总有一些物种能历劫不灭。火山喷发了几百万年，随着热点失去动力，火山喷发也宣告停止。等到岩浆、灰尘和二氧化碳的肆虐有所缓解，生态系统就渐趋稳定。植物再次开始生长，种类也变得多样。它们为食草动物提供了新的食物，而食草动物又为食肉动物提供了肉类来源，食物网重新自发地建立起来。这次复苏至少经历了 500 万年，复苏完成之后，一切都变得更好了，但也大为不同了。之前占据主导地位的丽齿兽类、锯齿龙类和它们的亲戚再也不能在波兰或别处的湖畔巡游了，现在，整个地球都属于那些勇敢的幸存者。一个空空荡荡的世界，一片没有殖民的蛮荒之地。二叠纪演变为下一个地质年代——三叠纪，一切都与二叠纪迥然不同。恐龙就要登场了。

作为一名年轻的古生物学家，我特别渴望了解，二叠纪末期那次灭绝到底让这个世界发生了哪些变化。哪些生命死掉了？哪些生命幸存了下来？原因何在？生态系统经过多长时间才恢复？有哪些此前从未想到过的新型生物在大灾变后的黑暗中现身？我们现代世界的面貌有哪些最初是在二叠纪的熔岩中塑造成形的？

要想回答这些问题，办法只有一个，那就是走出去寻找化石。如果发生了一起凶杀案，探员首先要做的就是仔细检查尸体，勘查罪案现场，寻找指纹、毛发、衣物纤维或其他线索，这样才能知晓到底发生了什么，并最终找到罪魁祸首。对古生物学家来说，我们的线索就是化石。在我们这行，化石就是宝贝，要想了解灭绝已久的有机体如何生活，如何演化，化石是我们唯一可资利用的记录。

化石可以是远古生命留下的任何迹象，形式多种多样。最常见的是骨头、牙齿和甲壳，也就是动物身体中坚硬的部分。被埋在沙里或泥里之后，这些坚硬的部分慢慢被矿物代替，成为岩石，于是留下化石。有时候，叶子之类柔软的东西以及细菌也能形成化石，其方式往往是在岩石上留下印痕。动物身上的柔软部位也能以类似的方式形成化石，包括皮肤、羽毛，甚至肌肉和内脏器官。但这类化石的形成需要满足非常苛刻的条件：动物被掩埋的过程要非常迅速，这样脆弱的组织才没有时间腐烂，或是被捕食者吃掉。

上文中描述的都是实体化石，也就是植物或动物身体的一部分变成了石头，但还存在另外一种化石：遗迹化石。此类化石记录了有机体的存在或行为，或者保存了有机体制造的某种东西。这方面最具代表性的例子就是足迹化石，其他还包括潜穴化石、齿痕化石、粪化石以及蛋化石和巢化石。这些化石尤其珍贵，因为我们从中可以了解已经灭绝的动物彼此间如何互动以及它们与环境的关系如何——它们如何移动，以何为食，生活在何处，如何繁衍，等等。

我尤为感兴趣的是恐龙化石，以及生活时代稍早于恐龙的动物的化石。恐龙生活在三个地质时期：三叠纪、侏罗纪和白垩纪（三者统称为中生代）。三叠纪之前是二叠纪，也就是怪异且奇妙的生物在波兰的那些湖边嬉闹玩耍的时代。我们常常认为恐龙是一种古老的生物，但实际上，从生命历程的角度来看，它们算是新来者。

地球形成于大约 45 亿年前，又过了几亿年之后，最早的微生物才演化出来。在 20 亿年左右的时间里，地球是个细菌的王国。没有植物，也没有动物，如果我们穿越到那个时候，凭着肉眼是看不出周围有什么的。之后，在大约 18 亿年前，这些简单的细胞发展出一种能力，可以彼此结合在一起形成更大、更复杂的有机体。一次全球范围的冰期（在此期间，几乎整个地球都被覆盖在冰川之下，一直影响到热带地区）来而复去，在冰期的影响尚未完全消散之时，最初的动物开始出现。一开始，这些动物结构简单，像海绵或者水母一样绵绵软软，有着黏黏的囊袋。后来，早期的动物长出了甲壳和骨骼。在距今约 5.4 亿年的寒武纪时期，这种有骨骼的生命体迎来了多样性大爆发，数量充沛，并开始以彼此为食，逐渐在海洋中形成复杂的生态系统。其中一些动物形成了由骨头构成的骨架，这就是最早的脊椎，看起来就像是薄片状的米诺鱼。不过，它们的多样性也在继续增加，最终，一些动物的鳍演变成前肢，长出了手指和脚趾，并在约 3.9 亿年前登上陆地。这就是最早的四足类，它们是如今所有生活在陆地上的脊椎动物的祖先：青蛙、蝾螈、鳄鱼还有蛇，以及后来的恐龙和我们人类。

我们能知道这个故事，全都是因为化石——一代又一代的古生物学家在世界各地发现了数以千计的骨架、牙齿、足迹还有蛋。我们痴迷于发现化石，并因不辞劳苦、不避艰险（有时候还会做出相当愚蠢的事情）而声名远扬——不管是波兰的石灰岩坑，还是沃尔玛后面的断崖；不管是建筑工地上一堆被丢弃的乱石，还是臭气熏天的垃圾填埋场的一段岩石墙。只要有化石能被发现，就会有一些好汉（或者说蠢汉）古生物学家欣然前往，酷暑也好，严寒也罢，雨、雪、湿、尘、风、虫豸、臭气甚至战区都无法阻挡住他们的脚步。

我去波兰也正是出于这个原因。我第一次去波兰是在 2008 年的夏天，那年我 24 岁，即将取得硕士学位并要开始博士阶段的学习。我去那里是为了研究一些非常有意思的新型爬行动物的化石，这些化石是几年前在波兰西南部的西里西亚发现的，波兰人、德国人和捷克人曾经为了争夺这片狭长的土地打了多年的战争。化石保存在华沙的一家博物馆里，全都是波兰的宝贝。我从柏林乘火车前往华沙，中途晚点。随着火车驶近华沙中央火车站，我心生一股激动之情，至今记忆犹新。夜幕笼罩着城市里斯大林时期的建筑，华沙这座城市是在战后的废墟中重建起来的。

　　下了火车之后，我开始在人群中搜寻，应该有人在这里举着写有我名字的牌子接我。我跟一位资深的波兰教授互发了很多封正式的电子邮件以安排这次旅行，他让他的一名研究生在车站跟我会合，然后带我去一间小客房，也就是我在访问波兰科学院古生物学研究所期间的住所，与保存化石的地方只有几层楼之隔。我不知道我应该找谁，而且由于火车晚点了一个多小时，那名学生说不定已经溜回实验室，留我孤身一人在异国城市的暮色里找寻目的地。波兰语我只懂几个词，全在我的旅游指南词汇表里列着呢。

　　就在我陷入恐慌之际，突然发现一张白纸随风上下翻飞，白纸上潦草地写着我的名字。手持白纸的男子相当年轻，留着军人式的短发，发际线已经像我的一样开始后撤。他眼睛乌黑，正四处张望。他脸上覆盖着稀疏的胡楂，似乎比我认识的大多数波兰人的肤色要更深一点儿，几乎可以说是古铜色了。这个人面色阴沉，但在看到我朝他走过去的那一刻就都变了。他绽出一个大大的笑容，一把抓过我的包，然后紧紧握住我的手："欢迎来到波兰。我叫格热戈日。一起吃个晚饭怎么样？"

　　我们都很疲惫。我累是因为坐了很长时间火车，格热戈日累是因为整天都在忙于描述一批刚发现的骨头化石。就在几周前，他跟他的本科生助手团队在波兰东南部发现了这批化石，他那古铜色皮肤就是这么来的。不过最后，我俩喝了好几瓶啤酒，聊了好几个小时的化石。与我一样，这个家伙对恐龙怀有巨大的热情，而且关于二叠纪末期的灭绝事件之后到底发生了什么，他的头脑里满是天马行空的想象。

　　格热戈日跟我很快成了朋友。在那一周剩下的时间里，我们一起研究波兰的化石。之后四年里的每个夏季，我都会到波兰，跟格热戈日一起进行野外考察，常跟我们一起行动的"第三名火枪手"是年轻的英国古生物学家理查德·巴特勒（Richard Butler）。在那段时间里，我们找到了许多化石，关于恐龙是如何在二叠纪末期的大灭绝之后的那段令人着迷的时期开始登上生物演化的舞台的，我们也有了不少新想法。这些年来，我见证了格热戈日从一名热情又稍显腼腆的研究生一步步成长为波兰数一数二的古生物学家。在离30岁还有几年的时候，他在扎海尔米耶采石场的另一个角落发现了一条行迹，那是在大约 3.9 亿年前，一种最初的鱼类生物从水中走上陆地时留下的痕迹。《自然》杂志的封面页刊登了他的发现，这可是全球顶级的科学期刊。他受到了波兰总理的特别接见，还在 TED 发表了一次演讲。他刚毅的面庞——不是他发现的化石，而是他——登上了波兰版《国家地理》杂志的封面。

他已经成了科学名人，但最重要的是，格热戈日特别喜欢走入自然，去寻找化石。他称自己是一个"野外动物"，按照他的解释，这是因为他热爱露营，喜欢在灌木丛中开出一条路来。相比之下，华沙那种文雅精致的生活方式就不太适合他，这是天性使然。他在凯尔采（Kielce）一带长大，凯尔采是圣十字山脉区域的一座主要城市。他从孩提时代就开始收集化石，还逐渐练就了一项特殊的本领，也就是善于寻找一种被很多古生物学家所忽视的化石——遗迹化石，包括后足迹、前足迹、尾迹，都是恐龙和其他动物在泥里或沙里移动，进行捕猎、躲藏、交配、社交、进食、闲逛等日常活动时留下的印记。他彻底被这些踪迹迷住了。他常常对我说，一只动物的骨架只有一具，但其足迹能达到数以百万计。他知道所有能找到遗迹化石的最佳地点，就像情报特工一样，毕竟这是他的强项。他的成长环境也对此十分有利，事实证明，在二叠纪和三叠纪时期布满这一区域的季节性湖泊聚集了各种动物，是保存遗迹的理想之地。

连续四年夏天，我们都极大地满足了格热戈日对遗迹的热爱。理查德和我跟在他的后面，他则领着我们探访他的那些秘密据点，基本都是些废弃的采石场、溪流中凸出水面的岩石，还有很多沟渠旁的垃圾堆，这些沟渠是当时这个区域在修新马路时开挖的，工人在铺沥青的时候，会把切割开的石板丢弃。我们的收获相当丰富，不过大多数是格热戈日发现的。理查德和我也学会了发现遗迹，通常是蜥蜴、两栖动物以及恐龙和鳄鱼的早期亲戚留下的前足迹和后足迹，不是很大，但是我俩的水平实在没法跟大师相提并论。

在 20 多年的收集历程中，格热戈日发现了数千个足迹，再加上理查德和我发现的寥寥几个新足迹，一个令人瞠目结舌的故事开始浮现。这些遗迹多种多样，属于彼此间差别很大的生物。此外，这些遗迹并非形成于同一时刻，而是在数千万年的时间里形成的，从二叠纪开始，贯穿大灭绝，进入三叠纪，甚至还延续到了下一个地质年代——侏罗纪（开始于大约 2 亿年前）。季节性湖泊干涸之后，留下大量泥滩，动物从上面走过就留下了印迹。河流还能不断带来新的沉积物，把这些泥滩掩埋起来，并把它们变成石头。这一过程经年累月地循环往复，给圣十字山脉留下了如今这层层叠叠的遗迹。对古生物学家来说，这是一座"富矿"：一个了解动物和生态系统是如何随着时间变迁的机会，特别是在二叠纪末期的大灭绝之后。

相对而言，识别出哪类动物留下了哪种特别的印记是一件相当直截了当的事。先把遗迹跟动物的手脚形状相对比。有多少手指（脚趾）？哪根手指（脚趾）最长？朝着哪个方向？只有手指（脚趾）留下了印记，还是手掌（足弓）也留下了印记？左侧和右侧的印记离得非常近（说明留下遗迹的动物走路的时候，四肢位于身体正下方），还是相当远（说明四肢位于身体的两侧）？逐一检查这些项目，通常就能分辨出遗迹是哪个大类的动物留下的。辨别出具体的物种几乎是不可能的，但是鉴别遗迹是爬行动物还是两栖动物留下的，是恐龙还是鳄鱼留下的，就没那么难了。

圣十字山脉的二叠纪遗迹种类非常多，大多是两栖动物、小型爬行动物和早期下孔类生物留下的。下孔类生物是哺乳动物的祖先，在儿童书籍以及一些博物馆的展品中，通常被描述成——这些描述不但让人厌烦，而且是错误的——像哺乳动物的爬行动物，但它们实际上并不是爬行动物。丽齿兽类和二齿兽类就是两种原始的下孔类生物。不管从哪个角度来说，二叠纪末的生态系统都是非常强大的，拥有大量不同种类的动物，一些体形很小，也有一些体长超过 10 英尺，重逾 1 吨。这些动物沿着季节性湖泊生活在一起，在干旱的气候中繁衍生息。不过，在二叠纪地层中，没有恐龙或者鳄鱼的踪迹，甚至也没有看上去类似这些动物的远祖的遗迹。

在二叠纪到三叠纪的过渡阶段，一切都变了。追寻大灭绝留下的遗迹，就好似阅读一本晦涩难解的书，一章是英文，接下来的一章则是梵文。二叠纪末跟三叠纪初似乎属于两个不同的世界，这一点相当引人注目，因为那些遗迹都是在同一个地方、在完全相同的环境和气候中被保留下来的。在这一过渡时期，波兰南部一直是一个遍布湖泊的潮湿地区，山溪奔流而下泻入湖泊，但是，居住在那里的动物已经不一样了。

我在观察三叠纪初期的遗迹化石的时候，常常会起一身鸡皮疙瘩。我能感受到来自遥远过去的死亡气息：几乎没有任何遗迹，偶尔有一些趾爪的小印痕，不过深入岩石内部的潜穴倒是不少。地表世界看上去似乎被完全摧毁，整颗行星上幸存下来的动物全都躲藏在地下。几乎所有的遗迹都属于小型蜥蜴和哺乳动物的亲戚，它们可能比土拨鼠大不了多少。二叠纪的遗迹种类相当多，而此时一无所见，特别是那些体形较大的哺乳动物的祖先下孔类在这一时期完全没有留下遗迹，而且日后再也没有出现。

沿着时间继续追索遗迹就会发现，情形有所好转。越来越多的遗迹类型开始出现，一些印记开始变大，潜穴越来越少。显然，整个世界正在从二叠纪末那次火山喷发的打击中慢慢恢复。然后，大约2.5亿年前，大灭绝后仅几百万年，一种新型遗迹开始出现。这些遗迹不大，只有几厘米长，跟猫爪差不多。这些行迹排列紧密，五根指头的前足迹在前，稍微大一点儿的后足迹在后，中间有三个长脚趾，两侧各有一个非常小的脚趾。波兰一个名为斯列托维赞（Stryczowice）的村庄是寻找这些遗迹的最佳地点。你可以把车停在桥上，穿过丛丛荆棘和悬钩子，来到一条窄溪边，溪上散落着布满遗迹的岩板，你可以在这里搜寻。格热戈日在很小的时候就发现了这个地方，曾满怀骄傲地带我去过一次。那是7月里非常难挨的一天，天气极为潮湿，蚊叮虫咬，雨落不停，雷声阵阵。在荒草中跋涉了几分钟之后，我们浑身都湿透了，我随身携带的野外考察笔记本已经变形，浸了水的墨迹弄花了纸页。

这些遗迹被称为"原旋趾足迹"，格热戈日不太确定该如何解读。它们跟同期发现的其他遗迹完全不同，也跟二叠纪所有的遗迹都不一样。但这到底属于怎样一种动物呢？格热戈日预感这种动物可能与恐龙存在关联，因为老一辈古生物学家哈特穆特·豪博尔德（Hartmut Haubold）曾报告说，20世纪60年代在德国发现了类似的遗迹，并且他认为这是由早期的恐龙或是恐龙的近亲留下的。但格热戈日不太相信这种说法，他在学术生涯的早期把大量时间花在了研究遗迹上，并没有花多少时间钻研真正的恐龙骨架，因此他很难把这些遗迹同留下遗迹的生物匹配在一起。这里就是我的用武之地了。为了写硕士论文，我给三叠纪的爬行动物构建了一个族谱，这个谱系可以表明，最初的恐龙与当时其他动物之间存在着怎样的亲缘关系。我通过博物馆的藏品研究骨骼化石，因此对早期恐龙的解剖学特征知之甚详。理查德也是如此，他的一篇博士论文就是研究早期恐龙演化的。我们三个人联手，想要找出到底哪种生物才是留下原旋趾足迹的"罪魁祸首"。最后，我们也确实得出了结论：这是一种与恐龙非常类似的动物。

格热戈日·涅兹维兹基在查看一个原旋趾足迹造迹者等比例复原模型。它是一种原始恐龙,与恐龙真正的祖先非常类似。

图片由格热戈日·涅兹维兹基提供。

交叠在后足迹上的前足迹,长约 1 英寸[1],来自原旋趾足迹造迹者,发现于波兰。

1　1 英寸约合 2.54 厘米。

我们在 2010 年发表的一篇科学论文中宣布了这一解读。

当然，线索就在遗迹的细节当中。观察原旋趾足迹的时候，第一个在我脑海中闪现的念头就是，这些遗迹非常狭窄。序列中左侧遗迹和右侧遗迹之间仅有很小的空隙，不过几厘米而已。动物只能通过一种方式留下这种遗迹，那就是直立行走，胳膊和腿位于身体的正下方。我们人类是直立行走的，如果你去观察我们在沙滩上留下的足迹，就会发现左右足迹的距离非常接近。马也是如此，下一次你去农场，或者到赛马会小赌一把的时候，留神看一看奔马留下的蹄痕，就会明白我说的是什么意思了。但在动物界当中，这种行走方式是相当罕见的。蝾螈、青蛙和蜥蜴的移动方式就不是这样。它们的胳膊和腿向身体两侧张开。它们是爬行的，也就是说它们的行迹要宽得多，这种鹰翼式展开的四肢在左右两侧留下的印记之间有很大的空隙。

二叠纪是爬行者的世界，但在那次大灭绝之后，一种新的爬行动物从这些爬行者当中分离出来，演化出了直立姿势，这就是主龙类。这是一次意义重大的演化事件。对不需要非常快速移动的冷血动物而言，爬行是毫无问题的。但是，把四肢放在身体正下方，则打开了一种全新的局面——你可以跑得更快，跑动距离更长，更容易追上猎物，狩猎的效率更高，耗费的能量更少，因为你的柱状四肢是有序前后移动的，而不是像爬行者那样扭来扭去。

我们可能永远也无法确切地知道，为什么一些爬行者开始直立行走，这有可能是二叠纪末期大灭绝造成的结果之一。不过，很容易想象，在灭绝后的混乱局面中，生态系统正艰难地从火山灰之中恢复，高温令人难以忍受，生态位空空荡荡，等着那些演化出了可以忍受地狱般生存环境的动物来填补，这时，新的步态让主龙类占据了优势。看来，在地球遭受了猛烈的火山喷发之后，动物们凭借多种新本领逐渐回归，直立行走就是其中之一。

这种具有新的直立步态的主龙类不仅生存了下来，而且逐渐发展壮大。在地球经受重创之后的三叠纪初期，它们以卑微的出身走上多样化的道路，演化出了数量惊人的新物种。最开始，它们分裂成两个主要的谱系，在三叠纪余下的时间里，分属于两个谱系的物种将不停互相搏斗，展开一场演化意义上的"军备竞赛"。尤其值得注意的是，这两个谱系都延续到了今天。第一支为假鳄类，后来这个谱系中出现了鳄鱼。为了方便起见，它们通常被称为鳄系主龙类。另外一个谱系为鸟跖类，后来发展出了翼龙类（会飞的爬行动物，经常被称作翼手龙类）、恐龙以及鸟类（我们后面会谈到，鸟类是恐龙演化来的），这个谱系通常被称为鸟系主龙类。斯列托维赞村的那些原旋趾足迹是化石记录中有关主龙类的最早线索，它们是整个类群的曾曾曾祖母。

那么，到底哪种主龙才是原旋趾足迹的造迹者？足迹中的一些特异之处提供了关键线索。只有脚趾留下了印记，形成足弓的跖骨却没有留下印记。中间的三个脚趾彼此靠得很近，另外两个脚趾退化成小瘤，足迹的后端笔直且如剃刀般锋利。这些看起来像是解剖学方面的细枝末节，而且从很多角度来说，也的确如此。但就好比医生能够根据症状来诊断疾病一样，我能够认出，这些是恐龙及与其亲缘关系极近的亲属的典型特征。这与恐龙足部骨骼的独特性状有关：趾行式，走路时只有脚趾与地面接触；足部非常狭窄，跖骨与脚趾挤在一处，外部脚趾萎缩；脚趾和跖骨之间存在铰链状的关节，表现出恐龙和鸟类踝骨的典型特征，这种结构只能前后方向移动，完全不能左右扭转。

原旋趾足迹是某种鸟系主龙类留下的，这种动物与恐龙有着非常近的亲缘关系。用科学术语来说，这意味着其造迹者是一种恐龙型类动物。这类动物包括恐龙和与恐龙的亲缘关系最为接近的生物，也就是恐龙族谱中紧挨着繁盛期下侧的几个分叉。在直立行走的主龙类与爬行者分道扬镳之后，恐龙型类的起源是下一个重大演化事件。这些恐龙型类不仅能凭借直立的四肢骄傲站立，它们还有长长的尾巴、壮硕的腿部肌肉，有长着额外骨骼用于连接四肢和躯干的臀部。具备了这些特征，它们的行动速度和效率就比其他主龙类更胜一筹。

作为最早的一种恐龙型类，原旋趾足迹的造迹者就相当于恐龙家族的"始祖露西"。露西是出自非洲的一具非常有名的骨架化石，属于一种与人类非常相近的生物，但还不完全是人类，不是我们人类所属的智人种的一员。正如露西看起来恰似我们人类一样，原旋趾足迹的造迹者的外形和行为也应该跟恐龙很相似，但传统上人们并不把它看作一种恐龙。原因在于，科学家们很久以前就认定，恐龙应该被定义为与植食性的禽龙或肉食性的巨齿龙（科学家于 19 世纪 20 年代发现的最早的两类恐龙）属于同一类群的一切生物，以及这两类恐龙共同祖先的所有后代。原旋趾足迹的造迹者却不是从该共同祖先演化而来的，而是比之略早，因此按照定义，它并不是真正的恐龙。不过，这只是语义学意义上的区分而已。

从原旋趾足迹化石中我们可以看到，最终演化成恐龙的那种动物留下的痕迹。这种动物跟家猫差不多大小，重量可能不足 10 磅[1]。它四足行走，留下了前足迹和后足迹。从相同的前肢和后肢留下的连续印记之间有着相当大的空隙判断，它的四肢肯定相当长。它的腿肯定特别长而且瘦，因为后足迹常常落到前足迹的前面，这表明它的后肢迈过了前肢。它的前肢不大，应该善于抓握，长而侧扁的脚表明它极善奔跑。这种动物肯定看上去相当瘦削，速度跟猎豹差不多，但身体比例则跟树懒差不多。也许你会觉得，英武的暴龙和雷龙不应该是从这种动物演化而来的。何况它也不怎么常见：在斯列托维赞村发现的遗迹化石中，原旋趾足迹占比还不到 5%。这就意味着，此类原始恐龙刚刚崛起的时候并不怎么成功，数量也不是很多。在数量上，它们远远比不上小型爬行动物、两栖动物甚至其他种类的原始主龙类。

随着地球在三叠纪初期和中期慢慢恢复，这种数量稀少、长相奇怪、算不上真正恐龙的恐龙型类继续演化。波兰的遗迹化石遗址完整记录了这个过程，这里的遗迹按照时间序列整齐排列，如同小说的书页。人们在缪勒（Wióry）、巴原基（Pałęgi）和巴拉诺夫（Baranów）这些遗址发现了同样不同寻常的恐龙型类后遗迹——旋趾足迹、斯芬克斯足迹、似手兽足迹、阿特雷足迹，随着时间的推移，种类不断增加。越来越多的遗迹类型开始出现，尺寸也开始变大，形状也逐渐多样化。一些种类的外侧脚趾甚至完全退化，只剩下中间的几根脚趾。一些行迹开始没有了前足迹，表明这些恐龙型类只靠后腿行走。到了大约 2.46 亿年前，体形跟狼差不多的恐龙型类已经可以靠着两足到处奔跑，用爪子一样的前肢攫取猎物，行为举止跟迷你版君王暴龙差不多。它们不光生活在波兰，在法国、德国和美国西南部也发现了它们的足迹，在非洲东部以及后来在阿根廷和巴西也相继发现了它们的骨骼化石。它们中的大多数以肉为生，其中也有变成素食者的。这些恐龙型类移动迅疾，生长飞快，新陈代谢水平高，与同时期无精打采的两栖动物和爬行动物相比，它们不但活跃，而且精力充沛。

1　1 磅约合 0.45 千克。

THE RISE AND FALL OF THE DINOSAURS

恐龙的兴衰

Steve Brusatte

A New History of a Lost World

Coelophysis 腔骨龙
生存年代：三叠纪
体长：约1~3米
体重：30~40千克
食性：肉食
发现时间：1881年
分布地区：美国新墨西哥州

Prorotodactylus trackmaker 原旋趾足造迹者
生存年代：早三叠世
体长：与家猫类似
体重：不超过5千克
食性：肉食
发现时间：2005年
分布地区：波兰、巴西及西班牙

Scottish sauropod 苏格兰蜥脚类
生存年代：侏罗纪
体长：超过15米
体重：超过10吨
食性：草食
发现时间：2015年
分布地区：苏格兰西海岸附近的天空岛

Stegosaurus 剑龙
生存年代：晚侏罗世
体长：8~9米
体重：约4吨
食性：草食
发现时间：1877年
分布地区：亚洲、北美洲、非洲

Archaeopteryx 始祖鸟
生存年代：晚侏罗世
体长：约50厘米
体重：约1千克
食性：肉食
发现时间：1861年
分布地区：德国巴伐利亚州

Zhenyuanlong 振元龙
生存年代：早白垩世
体长：超过150厘米
体重：约20千克
食性：肉食
发现时间：2015年
分布地区：中国辽宁

Qianzhousaurus 虔州龙
生存年代：晚白垩世
体长：约9米
体重：约816千克
食性：肉食
发现时间：2010年
分布地区：中国江西赣州

Tyrannosaurus rex 君王暴龙
生存年代：晚白垩世
体长：可达13米
体重：约7吨
食性：肉食
发现时间：20世纪初
分布地区：北美洲西部

Triceratops 三角龙
生存年代：晚白垩世
体长：6~12米
体重：6~12吨
食性：草食
发现时间：1887年
分布地区：北美洲西部

Edmontosaurus 埃德蒙顿龙
生存年代：晚白垩世
体长：约12米
体重：约7吨
食性：草食
发现时间：1892年
分布地区：北美洲

在某一时刻，这些原始恐龙型类之一演化成为真正的恐龙。当然，这仅仅是命名意义上的巨变。非恐龙与恐龙之间的界限相当模糊，甚至可以说是人为划定的，是科学传统的一个副产品。这些跟狗差不多大的恐龙型类演变为另外一种跟狗差不多大的恐龙型类，几乎不存在演化意义上的巨大差异，就跟你从伊利诺伊州进入印第安纳州，除了穿越了两州边界之外，并未发生实质性的改变是一回事。只不过这后一种恐龙型类恰好跨越了恐龙族谱上区分恐龙与非恐龙的那条线。这次演化只是在骨架方面增加了一些新特征：上臂出现一条长肌痕，表明这里曾附着肌肉，可以让上臂里外活动；颈椎多了一些翼片样凸缘，这些翼片样凸缘可以支撑更强壮的肌肉和韧带，在大腿骨与骨盆的连接处多了一个开窗样关节。这些都是细微的变化，而且实话实说，我们并不真正了解出现这种变化的原因，但我们知道的是，从恐龙型类到恐龙的转变并不是一次演化意义上的飞跃。从演化的角度来说，那些奔跑迅速、腿部有力、生长快速的恐龙型类的起源与之相比是一个重要得多的演化事件。

真正的恐龙最早出现在 2.4 亿~2.3 亿年前。为什么不是很确定呢？因为其中存在两个问题，至今仍让我头疼不止，不过相信下一代古生物学家应该能够给出答案。第一个问题是，最初的恐龙与它们的恐龙型类亲戚非常类似，从骨骼上都很难分辨，通过足迹来分辨就更不可能。比如，让人迷惑的尼亚萨龙（一截上臂和几块脊椎骨化石出自坦桑尼亚距今 2.4 亿年前的岩层），这有可能是全世界最古老的恐龙，但也可能只是另外一种恐龙型类，未能跨越区分恐龙与非恐龙的那条线。波兰发现的那些足迹里也存在这种情况，特别是靠后腿行走的那些动物留下的比较大的足迹。其中一部分也许是真正的、如假包换的恐龙留下的。但我们并没有很好的办法把最初的恐龙留下的足迹与它们的恐龙型类近亲留下的足迹区分开来，因为它们脚部骨骼的结构非常相似。不过，也许这件事不太重要，因为相比之下，恐龙的起源远远不如恐龙型类的起源那么重要。

第二个问题就更加突出。很多含有化石的三叠纪岩石，其定年不够准确，特别是那些三叠纪早期和中期的岩石。弄清岩石年龄的最好办法是放射性定年，也就是比较岩石中两种不同元素（比如钾和氩）的百分比含量。这种方法的原理是：当一种岩石从液态冷却为固态，就会有矿物质形成。这些矿物质是由某些特定的元素构成的，比如钾。钾的一种同位素钾-40是不稳定的，会经历一个缓慢的放射性衰变过程。在这个过程中，钾-40变成氩-40，并释放出少量的放射性物质，这会让你的盖革计数器发出"哔哔"声。从岩石固化的那一刻开始，这种不稳定的钾同位素就开始衰变成氩。随着这个过程的持续，氩气开始在岩石中累积，累积到一定程度后就可以被探测到。通过实验室实验我们可以知道钾-40是以怎样的比率变成氩-40的。知道了这个比率之后，我们就可以拿起一块岩石，测量这两种同位素的百分比含量，然后计算这块岩石的年龄。

20世纪中叶，放射性定年在地质学领域引发了翻天覆地的变化。使用这种方法的先驱是英国人阿瑟·霍姆斯（Arthur Holmes），他曾在爱丁堡大学执教，他的办公室跟我的办公室只有几道门之隔。如今的实验室，比如我在新墨西哥矿业理工学院的同事和格拉斯哥附近苏格兰大学联盟环境研究中心的同事负责的实验室，都配有超级现代化的高科技装备，穿着白色实验服的科学家操作着价值数百万美元的仪器（这些仪器比我在曼哈顿的公寓还大），测定显微镜可见的岩石晶体的年龄。这种技术的精度非常高，千百万年前形成的岩石，其年龄可以精确到一个很窄的时间范围，通常不会超过几万或几十万年。这种方法非常精确，不同的实验室用此方法对同一块岩石样本进行盲测时，常常会给出相同的定年结果。优秀的科学家会用这种方法来检验自己的工作，确保他们的方法经得起考验。一次又一次的测试表明，放射性定年是非常准确的。

但这种方法有一个非常大的局限：放射性定年只适用于那些从液态变为固态的岩石，比如熔岩冷却后形成的玄武岩或花岗岩。含有恐龙化石的岩石，比如泥岩和砂岩，却不是以这种方式形成的。它们是由风或者水堆积起来的沉积物形成的。给这种岩石定年要困难得多。有时候，一名幸运的古生物学家发现一块恐龙骨骼化石正好夹在两层方便定年的火山岩中间，这就给这只恐龙生存的时间提供了一个大体框架。也有其他方法可以给泥岩和砂岩中发现的单颗粒晶体定年，但都既费钱又费时。这就意味着，给恐龙化石精确定年通常很难。一些恐龙化石记录的定年工作做得非常好（比如有足够多的散落其中的火山岩，可以提供一个时间框架，或者单颗粒晶体技术取得成功），但三叠纪的化石并非如此。这一时期的化石被准确定年的不多，因此对某些恐龙型类出现的时间顺序（有时候需要比较在相隔遥远的地方发现的物种的年龄，情况就会更加棘手），或者是真正的恐龙是何时从恐龙型类中脱离出来的，我们也不是很有信心。

先暂且把所有这些不确定搁置一边，我们所能确定的是，到了 2.3 亿年前，真正的恐龙已经登场。在经过准确定年并确定属于那个时期的岩石中，若干物种的化石确凿无疑地显示出了恐龙的典型特征。这些化石的发现地位于阿根廷群山环抱的峡谷之中，与早期恐龙型类在波兰的聚居地相隔千山万水。

位于阿根廷圣胡安省东北部的伊斯基瓜拉斯托省立公园看上去就像那种会有恐龙大量存在的地方。这个公园也被称作月亮谷，看过之后你会觉得，这里简直像一个外星世界，到处都是风化侵蚀而成的形状怪异的岩石，狭窄的冲沟，锈色斑斑的悬崖断壁，以及尘土飞扬的劣地。西北方向是高耸的安第斯山脉。远至南部，是覆盖该国大部分地区的干草原。奶牛在这里吃草，正是这里的草才让阿根廷的牛肉出了名地好吃。多个世纪以来，伊斯基瓜拉斯托一直是牲畜从智利向阿根廷迁徙的隘口。如今，这里住的人已经没有多少，大部分都是牧场主。

与此同时，这片令人惊诧的土地恰巧也是全世界最适合用来寻找最古老的恐龙的场所。原因在于，这里被侵蚀成奇怪形状的红色、褐色和绿色岩石都是在三叠纪形成的，这种环境不仅哺育了大量生命，还非常有利于化石保存。从很多方面来说，这里跟波兰保存了原旋趾足迹和其他恐龙型类遗迹的湖区很像。这里的气候溽热，虽然水分可能相对少一点儿，也没有强烈的季风雨侵袭。多条河流蜿蜒流入一个深深的盆地，在罕见的暴雨时节还有可能冲破河岸。在 600 万年的时间里，这里的河流不断沉积出砂岩（在河道中形成）和泥岩（由较细致的颗粒形成，这些颗粒逸出了河流，在周围的泛滥平原中沉积下来）。很多恐龙生活在这些平原上，而跟恐龙生活在一起的，还有大量其他种类的动物，比如大型两栖动物、长得像猪的二齿兽类（它们的祖先从二叠纪末期大灭绝中幸存下来）、嘴像鹦鹉的植食性爬行动物喙头龙类（主龙类的原始表亲），以及被毛的小个子犬齿兽类（看起来就像是大鼠和鼹鳞蜥的结合体）。洪水有时会光顾这片乐土，杀死恐龙和它的朋友，并掩埋它们的骨骼。

如今，这一区域因为侵蚀严重，再加上几乎没有建筑、没有道路，也没有人类其他碍事的东西盖住化石，人们比较容易在这里找到恐龙，至少比在地球上很多别的地方要容易得多。我们曾经在那些地方徒步勘察，只为能够找到点儿什么，哪怕只是一颗牙齿。这里的化石最早是由牧牛人以及其他当地人发现的，科学家直到 20 世纪 40 年代才开始收集、研究并描述来自伊斯基瓜拉斯托的化石，又过了几十年之后才开始进行大规模考察。

最初的几次大型考察是由 20 世纪的古生物学巨擘、哈佛大学教授阿尔弗雷德·舍伍德·罗默（Alfred Sherwood Romer）率领的。我现在在爱丁堡大学讲授研究生课程时，仍在使用这个人写的古生物学教材。在 1958 年进行第一次考察时，罗默已经 64 岁，那时的他已经成了活着的传奇，可他仍然开着一辆快要散架的汽车在劣地里穿行，因为他有预感，伊斯基瓜拉斯托会是个重要的化石发现地。在这次考察中，他发现了一种"体形比较大"（他在田野笔记里这么审慎地写道）的动物的部分头骨和骨架。他用刷子尽可能地把岩石清理掉，用报纸裹住化石，打上一层石膏（石膏会硬化，能对化石形成保护），然后用凿子把化石整个儿取出来。他把化石送回布宜诺斯艾利斯，化石将从那里随船运至美国，这样他就可以在自己的实验室里仔细清理并研究这些化石了。但是化石的路线却拐了个弯。这些化石在布宜诺斯艾利斯港被扣了两年之后，海关官员才终于放行。等到化石运抵哈佛大学的时候，罗默已经在忙其他事情。数年后，其他古生物学家才意识到，罗默发现的正是出自伊斯基瓜拉斯托的第一块真正的恐龙化石。

看到北美的人南下到自己的地盘收集化石，有些阿根廷人大为不悦。当时这些化石正离开阿根廷，被源源不断地运往美国进行研究，这种情形刺激了阿根廷本国的两名积极有为的科学家——奥斯瓦尔多·雷格（Osvaldo Reig）和何塞·波拿巴（José Bonaparte），他们开始自己进行考察。1959 年，他们组建了一个团队，前往伊斯基瓜拉斯托，在 20 世纪 60 年代初又去了三次。在 1961 年的那次考察中，雷格和波拿巴的团队遇到了当地一位名叫维克托里诺·埃雷拉的牧场主，他同时也是个画家，对伊斯基瓜拉斯托的群山和裂隙了如指掌。他回忆说，自己曾看到砂岩中嵌着一些碎骨，并带领这两名年轻的科学家前往查看。

埃雷拉的确发现了骨头，而且这样的骨头有很多，明显属于一具恐龙骨架的后半部分。经过几年的研究，雷格认为这是一种新型恐龙的化石。为了纪念这名牧场主，他把这种恐龙命名为埃雷拉龙。它的体形跟骡子差不多，能够凭借后腿快速冲刺。接下来进行的侦探工作表明，罗默那些被扣押的化石也是这只恐龙的一部分，再之后的发现揭示出，埃雷拉龙是一种凶猛的捕食者，以尖牙和利爪为武器，简直就是原始版的君王暴龙或者伶盗龙。埃雷拉龙属于最早的兽脚类恐龙之一，是兽脚类王朝的奠基人，这群聪明、敏捷的兽脚类捕食者后来站上了食物链的顶端，并最终演化为鸟类。

你或许会认为，这一发现可能会鼓励阿根廷全国的古生物学家蜂拥来到伊斯基瓜拉斯托，像淘金一样疯狂找寻恐龙化石。但这种情形并没有出现，在雷格和波拿巴的考察活动结束后，一切又归于平静。20世纪60年代末至70年代这段时期并不是恐龙研究的黄金时代，当时几乎没有资金支助，而且——信不信由你——公众对此也不太感兴趣。到了20世纪80年代末期，情况有所好转，当时芝加哥一位30岁出头的古生物学家保罗·塞里诺（Paul Sereno）组建了一个团队，团队中既有阿根廷人也有美国人，这些人都是年轻人，野心勃勃，大部分是研究生和青年教授。他们追随罗默、雷格和波拿巴的脚步来到这里，波拿巴还跟这群人会合，一起待了几天，把他最看好的一些化石遗址指给他们。这次考察极为成功：塞里诺发现了另一具埃雷拉龙的骨架，还发现了很多其他恐龙，这证明伊斯基瓜拉斯托还有很多化石等待发掘。

三年后，塞里诺再度出发，几乎带着原班人马重返伊斯基瓜拉斯托，探索新的区域。他有一个说话非常风趣的学生助手，名叫里卡多·马丁内斯（Ricardo Martínez）。有一天，他们外出进行野外考察，马丁内斯捡起一块拳头大小的岩石，岩石外层包裹着一层难看的含铁矿物。"不过又是块废料罢了。"他这样想道，但当他拿起这块岩石准备丢掉的时候，他注意到有什么尖尖的、闪亮的东西从石块中凸出来——是牙齿。回头再看地面的时候，马丁内斯呆住了，他发现自己把一个近乎完整的恐龙骨架的头给揪了下来。这是一只腿长身轻、能快速奔跑的"恶魔"，大小跟金毛寻回犬差不多。他们把它命名为始盗龙。研究表明，那些从头骨中凸出来的牙齿相当不同寻常：颌骨后部的牙齿锋利且呈锯齿形，就像牛排刀，毫无疑问是用来割肉的；口鼻部前端的牙齿则呈叶片状，带有齿状突起，而这种牙齿被后来的一些长脖大肚的蜥脚类恐龙用来磨碎植物。这一线索表明，始盗龙是一种杂食动物，很有可能是蜥脚类恐龙谱系上一个非常早期的成员，是雷龙和梁龙的原始亲戚。

多年后，我遇到了里卡多·马丁内斯，也正是在那时，我第一次看到了这具美不胜收的始盗龙的骨架。当时我还是芝加哥大学的一名本科生，在保罗·塞里诺的实验室受训，那时里卡多来到这里，为一个秘密项目工作，这就是他们后来宣布的从伊斯基瓜拉斯托找到的另一种新恐龙——狈犬大小的原始兽脚类恐龙曙奔龙。我一下子就喜欢上了里卡多。保罗因为在湖岸大道堵车，晚到了一个小时，里卡多就无所事事地蹲在办公室的一个角落里。对他这样一个人来说，这种格格不入的姿势真是太不协调了，因为不久之后人们就发现，他是一个胸怀热血、语速很快、钟爱化石的人，我一直都想成为这样一个人。他看上去有点儿像是电影《谋杀绿脚趾》中的那个"督爷"：头发乱蓬蓬地扭结在一起，嘴边胡子浓密，对时尚抱有一种很奇怪的观念。不过他给我讲述了他在阿根廷野外考察的故事，这对我来说不啻一顿大餐。他讲话的时候手一直不停地挥舞，像是在演戏。他告诉我饿红了眼的队员们如何在全地形车上猎杀离群的牛，用地质锤锋利的那头打出致命伤害。他看得出我对阿根廷产生了一种浪漫的好感，并对我说如果我去阿根廷的话可以找他。

五年后，我参加了有生以来最具硬派摇滚风格的科学会议，并有幸在会上发言，那次我如约去找了他。会议往往大同小异，不是去达拉斯就是去罗利，不是在万豪酒店就是在凯悦酒店举行，科学家们聚在一起，在充满声音回响的宴会厅（通常是举行婚礼的地方）里聆听彼此的发言，喝着酒店提供的啤酒（价格通常比外面高），交流野外考察遇到的趣事。里卡多和他的同事在圣胡安举办了一次会议，但这次会议跟其他的会议完全不同。最后一天的晚宴颇具传奇色彩，就像饶舌音乐 MV（音乐电视）里享乐至上的家庭派对。一名身披彩带的当地政界人士致了开幕词，拿出席会议的外国女性的身体特征开了一个非常不雅的玩笑。主菜是一块电话本大小的草饲牛肉，就着大量红酒咽下了肚。晚餐之后是舞会，接连跳了几个小时，藏有数百瓶伏特加、威士忌、白兰地和一种我记不住名字的当地烈酒的开放式酒吧让气氛更加热烈。直到凌晨三点左右，人们才稍事休息。外面搭起了一个 DIY（自助）小吃吧，跳舞跳累的人可以放松一下，享受美味。直到破晓时分，我们才摇摇晃晃地回到酒店。里卡多说得没错，我真的会爱上阿根廷。

在那晚的尽情玩乐之前，我在里卡多的博物馆里逗留了几天，研究那里的藏品。这座博物馆的名字叫作自然科学研究所及博物馆，坐落在风景宜人的圣胡安市。出自伊斯基瓜拉斯托的大部分宝贝都保存在这里，其中就有埃雷拉龙、始盗龙和曙奔龙，也有很多其他恐龙，比如圣胡安龙，这是埃雷拉龙的近亲，同样是凶猛的捕食者。一个抽屉里装的是滥食龙，跟始盗龙一样，也是后来体形巨大的蜥脚类恐龙的原始缩小版。还有颜地龙，雷龙的亲戚，体形比滥食龙大，成年后有几米长，是位于食物链中部的植食者。这里还有一些皮萨诺龙的零碎化石，这种恐龙跟狗差不多大，牙齿和颌骨有鸟臀类恐龙（鸟臀类恐龙后来演化出了一系列的植食性恐龙，包括三角龙和鸭嘴龙类）的特征。他们现在仍能在伊斯基瓜拉斯托找到新恐龙，如果你运气足够好，说不定能在博物馆里看到新添的恐龙品种。

我拉开标本柜的门，小心翼翼地取出化石，准备测量并拍照。我忽然觉得自己像是一位历史学家——他们要在档案室里花费大量时间，仔细研究古老的手稿。这种类比是相当审慎的，因为伊斯基瓜拉斯托的化石的确就是历史文物，是帮助我们了解遥远的史前时代的第一手资源，与僧侣们开始在羊皮卷上写字的时代相距数千万年。罗默、雷格和波拿巴在伊斯基瓜拉斯托发现的骨头化石，以及后来保罗、里卡多和他们的同事在同一地点发现的化石，正是对真正的恐龙的最初记录。它们在那个时代生活、演化，并开始了称霸世界的漫漫征途。

当然，最初的恐龙还远远没到主宰世界的地步。它们生活在体形更大、种类更多的两栖动物，以及哺乳动物和鳄鱼的亲戚的阴影之下，与这些动物共同生活在三叠纪干燥且时常会洪水泛滥的平原上。甚至就连埃雷拉龙可能都没有站到食物链的顶端，那个宝座属于蜥鳄，一种凶残的、25英尺长的鳄系主龙类。不过，恐龙已经登上了舞台。三种主要的类群——肉食性的兽脚类、长脖子的蜥脚类以及植食性的鸟臀类——已经在族谱上分道扬镳，这些兄弟姐妹将拥有各自不同的后代。

恐龙的征途开始了。

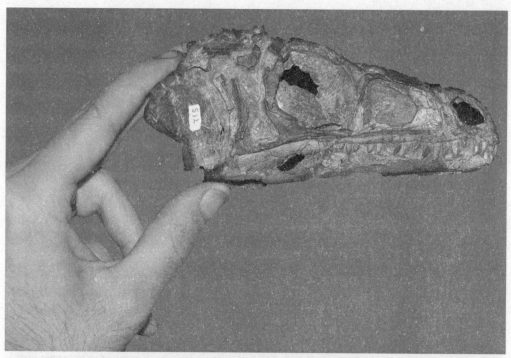

始盗龙的头骨与埃雷拉龙的前肢骨。这是两种最古老的恐龙。

第二章

恐龙崛起

腔骨龙

想象一下，如果国界消失，地球将是什么模样。我可没有夹带私货，不是想让大家都去听约翰·列侬的《想象》(Imagine)。我要说的是，想象这样一个地球：所有陆地都连在一起，各大陆没有被海洋分割得七零八落，只有一块完整干燥的土地，从北极一直延伸到南极。只要有足够的时间和一双好鞋，你就能从北极圈穿过赤道，走到南极。如果你向陆地的腹地进发，而且走得足够远，你会发现自己离最近的海滩都会有几千甚至几万英里远。如果你对游泳情有独钟，那么你可以一个猛子扎进围绕着这一整块陆地——这个你称为家的地方——的浩瀚无边的大洋中，从一侧的海岸开始，环绕地球游到另外一侧的海岸，中间完全不必上岸，至少理论上应是如此。

这听上去像是天方夜谭，但恐龙成长的世界确实就是这样。

当最早的恐龙，比如埃雷拉龙和始盗龙，在2.4亿~2.3亿年前由跟猫差不多大的恐龙型类祖先演化而来的时候，还不存在彼此独立的大陆，没有澳大利亚，没有亚洲，也没有北美洲。没有大西洋将美洲与欧洲和非洲隔开，地球的另一面也没有太平洋。那时，只有一整块没有间断的大陆，地质学家们将这个大陆称作"超大陆"，超大陆被唯一的一个大洋所环绕。那时候的地理课应该很容易：我们把这块超大陆称作泛大陆，把这片大洋称作泛大洋。

恐龙登场时的大陆，对我们来说就如同异星大陆。在这样的地方生存会是一番怎样的体验呢？

首先，我们来分析一下当时的地理状况。在三叠纪的地球上，超大陆从北极向南延展，覆盖了整个半球。这块大陆看起来有点儿像一个巨大的字母C，中部有一块巨大的凹陷，这是泛大洋伸入陆地的一只胳膊。巍峨连绵的山脉蜿蜒曲折，形成各种奇怪的角度，这种地方通常是板块缝合带，是较小的地壳板块互相撞击形成巨型大陆的地方，这些板块是整个大陆拼图的一部分。拼图的拼接过程并不容易，速度也相当缓慢。这些较小的大陆原本是一代又一代生存年代早于恐龙的动物生活的地方，在几亿年的时间里，地球内部的热量一直在拉扯这些大陆，直到它们连在一起，形成了一个幅员辽阔的王国。

那时的气候如何呢？最贴切的说法是：最早的恐龙都生活在桑拿房里。三叠纪时期，地球的温度比现在高得多。原因之一在于，当时大气中二氧化碳的含量更高，温室效应更强，大陆和海洋受到的热辐射更多。而且泛大陆的地理条件导致情况进一步恶化。在地球的一面，干燥的陆地从北极延展到南极，而在另外一面，只有一片汪洋。这就意味着，洋流可以毫无阻碍地从赤道到达两极，在低纬度地区被太阳炙烤过的海水能长驱直入，涌向高纬度地区，提高那里的温度。这样一来，冰盖就无法形成。与今天相比，北极和南极更为温暖宜居，夏天的气温跟伦敦和旧金山差不多，冬天的气温略微低于冰点。那时的两极，是早期恐龙以及与它们同享这个地球的生物的宜居之地。

如果两极地区都如此温暖，那么世界其他地方肯定就像温室一样。不过，这并不是说整个地球就是一片沙漠。原因同样在于泛大陆，它的地理条件令情况更加复杂。超大陆基本上以赤道为中心，当一半陆地在经历冬日严寒的时候，另一半陆地则在承受夏日骄阳的炙烤。南北之间温差很大，形成的强烈气流横贯赤道地区。等到季节变换，气流也改变方向。如今，在地球的某些地方，这样的事情仍在发生，尤其在印度和东南亚一带。季风的出现，旱季和雨季（长时间的降雨，有时会暴雨如注）的交替，原因就在于此。你可能在报纸或者晚间新闻中见过这样的场景：洪水淹没住宅，人们撤离洪流肆虐的地区，泥石流吞没村庄。如今，季风只在局部地区出现，但在三叠纪，季风是在整个地球上呼啸的，而且非常猛烈，地质学家为那时的季风起了一个相当夸张的名字：巨型季风。

这样一来，会有很多恐龙被洪水冲走，或被泥石流掩埋。不过，巨型季风还有另外一个效应。在季风的帮助下，泛大陆形成了几个环境意义上的"省份"。这些省份降水量各不相同，季风烈度彼此迥异，温度也有差别。赤道地区特别湿热，简直是个热带地狱，相比之下，今日亚马孙地区的夏季就像圣诞老人的北极工坊般凉爽。当时，地球上有大片大片的沙漠，覆盖着相当于从北纬 30 度到南纬 30 度的地区，跟撒哈拉沙漠差不多，只不过面积要大得多。这里的气温通常能达到上百华氏度[1]，可能一整年都是如此，而且在泛大陆其他地方肆虐的季风雨到不了这里，降水量聊胜于无。季风给中纬度地区造成了巨大影响。这些地区稍微凉快一些，但远比沙漠地区潮湿，给生

1　摄氏度（℃）和华氏度（℉）之间的换算关系：$℃ = (℉ - 32) \times 5/9$

物提供了一个尤为宜居的环境。埃雷拉龙、始盗龙以及其他伊斯基瓜拉斯托恐龙生活的地方，恰好就位于南部泛大陆的中纬度潮湿带。

不过，虽说泛大陆是连成一体的整块陆地，但多变的天气和极端的气候让这片大陆喜怒无常，危机四伏。这个地方不怎么安全，也不怎么舒适，把它当成"家"似乎并不理想。不过，初代恐龙别无选择。它们进入的这个世界仍在从二叠纪末期的大灭绝中缓慢恢复，风雨肆虐，酷热难当。在大灭绝对地球进行了一番"清洗"之后，很多新型植物和动物开始在地球上出现。所有这些新来者都被扔进演化的战场。尽管恐龙取得了最终的胜利，但在当时，这还是未定之数。毕竟，那时的恐龙体形并不大，性格温顺，在登场之初离食物链的顶端相当遥远。它们与许多物种并肩同行，比如处于食物链中层的中小型爬行动物、早期哺乳动物以及两栖动物。它们都对鳄系主龙满怀恐惧，那些怪物才是那个时期的王者。至于恐龙，它们没有遗产可以继承，一切只能靠自己打拼。

为了寻找化石，我曾在很多个夏季深入泛大陆北部的亚热带干旱带。当然，超大陆早已不复存在，自恐龙走上演化之路后的逾 2.3 亿年时间里，它逐渐分裂为我们现在看到的各个大洲。我所考察的地区，是旧时泛大陆的一点儿残余，位于葡萄牙阳光灿烂的阿尔加维（Algarve）地区，也就是欧洲的最西南端。当早期的恐龙在三叠纪的巨型季风和滚滚热浪中跋涉时，这个葡萄牙的一隅之地位于北纬 15~20 度之间，与今天中美洲所处的纬度大致相当。

在古生物学探险史上，很多冒险都源于一个不经意的线索，这次也不例外。一个偶然的原因让葡萄牙进入了我的视线。自从我和我的英国伙计理查德·巴特勒在波兰第一次一起"郊游"，拜访格热戈日并且研究恐龙的祖先恐龙型类的化石之后，我俩就有些"上瘾"了。我们开始迷恋三叠纪。我们想要知道，当恐龙刚刚登场、仍然弱不禁风的时候，它们所生活的世界是什么样子的。于是，我们在欧洲地图上仔细查找，看看哪里还能找到三叠纪化石。那个时期的沉积岩有可能包含可信的恐龙化石，以及其他与恐龙同时期的动物化石。理查德在一本寂寂无闻的科学期刊上读到了一篇小论文，描述了在葡萄牙南部发现的骨化石残片。这些残片在 20 世纪 70 年代被一位德国地质学学生找到。这位学生来葡萄牙是为了绘制这里的岩层，这是所有地质学专业本科生的"成人礼"。他对化石没什么兴趣，就把这些标本扔进背包，带回柏林。这些化石在一家博物馆里躺了近30年，无人问津。后来，一些古生物学家认出它们都是远古两栖动物的头骨残片，是三叠纪的两栖动物。这个发现足以让我们兴奋不已：在一个位于欧洲的美丽角落，存在着三叠纪的化石，而且几十年来都不曾有人注意。那我们就非去不可。

于是，我和理查德在2009年夏末奔赴葡萄牙，当时正值一年中最热的时节。我们跟另一个朋友奥克塔维奥·马特乌斯（Octávio Mateus）结伴而行。他当时还不到35岁，已经被公认为全葡萄牙最优秀的"恐龙猎人"。奥克塔维奥在一个名叫劳尔哈的小镇长大，小镇位于里斯本北部大西洋沿岸，经常刮风。他的父母都是业余考古学家兼历史学家，每逢周末就下乡探查，他们去的地方恰好有大量侏罗纪恐龙化石出土。马特乌斯一家和当地形形色色的化石爱好者收集到了非常多的恐龙骨头、牙齿和恐龙蛋，但这些东西需要一个地方安置，于是在奥克塔维奥九岁的时候，他的父母开设了一家私人博物馆。如今，劳尔哈博物馆已是世界上最重要的恐龙化石收藏馆之一，其中很多化石都是奥克塔维奥收集到的。奥克塔维奥后来开始研究古生物学，并成为一名教授，在里斯本教书。他那寻找化石的大军也在不断扩大，他的学生、志愿者和本地的帮手纷纷加入其中，为博物馆贡献了不少化石藏品。

奥克塔维奥、理查德和我冒着8月的热浪出发，这样的天气再贴合我们这次的主题不过了，我们所追踪的留下这些化石的动物就生活在泛大陆最干最热的地区。对我们而言，这次旅行毫不轻松。一连几天，我们在阿尔加维被阳光炙烤的山区里跋涉，汗水浸透了地质地图，而地图并没有指引我们找到宝藏。我们把地图中标记的三叠纪岩石几乎勘察了个遍，还找到了那位地质学学生获得两栖动物骨头化石的地点。可是，除了化石残片，我们一无所获。在野外奔波了将近一个星期之后，大家又热又累，觉得这次恐怕要空手而归了。当我们在失败的边缘徘徊之际，大家一致认为应该再去一次那位地质学学生发现化石的地方。那天极其炎热，我们手持GPS（全球定位系统）设备上的温度计显示，当天的温度最高达120华氏度。

我们三个一起考察了一个小时左右，之后决定分头行动。我留在山脚，仔细翻检散落在地上的骨头碎片，权且死马当活马医，看看能不能通过这些蛛丝马迹找到化石来源地。然而，运气并没有站在我这边。没过多久，我听到一声兴奋的尖叫从山脊传来，带着一股浪漫的葡萄牙口音，是奥克塔维奥无疑。我朝着我所认为的声音传来的方向跑过去，但声音已经消失，空余一片寂静。或许是我幻听了，酷暑让我的大脑发了昏。我最终还是看到了远处的奥克塔维奥，他正在揉眼睛，就像一个半夜三更被电话铃声吵醒的人。他跟跟跄跄，看上去像个僵尸。这可太诡异了。

看到我之后，奥克塔维奥振作精神，并放声歌唱："我找到了，我找到了，我找到了。"他一次又一次地重复。他手里握着一块骨头，而不是水瓶。我恍然大悟，他把水忘在了车里。在这么热的天里，这真是一件不幸的事。但他无意间发现了那些两栖动物骨骼的出处，狂喜再加上脱水让他暂时失去了神志。不过，他现在已经恢复了意识。没过多久，理查德也穿过灌木丛与我们会合。我们兴奋地相互拥抱，击掌庆祝，更在返程时路过的一个小咖啡馆里喝了不少啤酒。

奥克塔维奥发现的，是一层半米厚的泥岩，里面布满化石。接下来的几年里，我们又数次回到这里，仔仔细细地在这个化石点进行挖掘。这真是一桩苦差事，因为含有化石的泥岩层似乎一直向着山坡延伸，没有尽头。在一个区块里能聚集这么多化石，我还从未见过。这是一个群葬墓。无数宽额螈（一种两栖动物，是今天的蝾螈的超级版，跟一辆小型汽车差不多大）的骨骼杂乱地堆叠在一起，肯定有数百具之多。大约 2.3 亿年前，在它们赖以维持生命的湖泊干涸之后，这一大群黏糊糊、丑兮兮的怪物突然死亡，被泛大陆变化无常的气候夺去生命。

像宽额螈这样庞大的两栖动物是三叠纪时期泛大陆上一幕幕生命故事的领衔主演。在超大陆大部分的河岸和湖畔，都有这些动物爬来爬去，尤其是亚热带干旱带和中纬度湿润带。如果你像始盗龙一样，是一只弱不禁风的小型原始恐龙，你可能要竭尽所能避开海岸一带。那是敌占区。宽额螈就等在那里，潜伏在阴影中，随时准备伏击任何敢于靠近水边的生物。它的头有咖啡桌大，两颌里长着数百颗尖利的牙齿。又大又宽、几近扁平的上颌与下颌在后部连在一起，能够像马桶座圈一样咬合，吞下一切想吞的东西。不消几口，它就可以吃完一顿美味的恐龙大餐。

体形比人类还大的蝾螈？这听起来简直疯狂。不过，虽然宽额螈形状怪异，但它和它的亲戚并非外星生物。这些令人不寒而栗的捕食者是如今的青蛙、蟾蜍、水螈和蝾螈的祖先。那些在你家花园周围跳跃的青蛙，或是在中学生物课堂上被解剖的青蛙，它们的身体里就有宽额螈的基因。事实上，很多今天极易辨识的动物，其家世都可以追溯到三叠纪。最初的海龟、蜥蜴、鳄鱼甚至哺乳动物，都是在这个时期来到世界上的。所有这些动物——构成我们地球家园的基本要素——都是跟着恐龙一起，在史前泛大陆的艰难环境中逐渐壮大。二叠纪末期的大灭绝是一场末日劫难，地球上的很多地方成为无主之地，为新生物的进化留下了空间。在三叠纪这 5 000 万年的时间里，这些新的生物一路演化，欣欣向荣，没有任何衰败的迹象。这是一个生物学大实验的时代，不仅永远地改变了地球，其影响也一直延续到了今天。难怪很多古生物学家都把三叠纪称作"现代世界的黎明"。

奥克塔维奥·马特乌斯、理查德·巴特勒和我们的团队正在挖掘宽额螈骨床，葡萄牙阿尔加维。

如果你能将自己变身为我们生活在三叠纪长着绒毛、体形跟老鼠差不多的哺乳动物祖先，那么你所看到的世界，可能已经开始有一点儿今日世界的影子了。没错，地球本身完全不同，这是一个超大陆，酷热难耐，极端天气屡见不鲜。然而，没有被沙漠吞噬的土地为蕨类植物和松柏类植物所覆盖，蜥蜴在森林的密荫中神出鬼没，乌龟在水中徜徉嬉戏，两栖动物四处奔跑，很多我们熟悉的昆虫发出嗡嗡的声音，当然还有恐龙。在这幕远古场景中，它们只是龙套，但它们注定会在日后成为大腕儿。

我们在葡萄牙的宽额螈群葬墓里挖掘了几年，收集了很多宽额螈的骨头，足以填满奥克塔维奥博物馆的工作间。另外，我们还发现了在这个史前湖泊干涸时死去的其他动物。我们挖出了一条植龙类的部分头骨，这种恐龙口鼻部较长，是鳄鱼的亲戚，能够在陆地上和水里捕食。我们还挖出了很多不同种类的鱼的牙齿和骨头，这些鱼有可能是宽额螈的主要食物来源。还有另一些小骨头表明，存在着一种体形跟獾差不多的爬行动物。

我们仍未找到任何与恐龙有关的迹象。

这相当奇怪。我们知道恐龙在位于赤道以南的伊斯基瓜拉斯托湿润的河谷里繁衍生息，与此同时，宽额螈在葡萄牙的湖泊称王称霸。我们还知道，伊斯基瓜拉斯托有着种类繁多的恐龙：所有这些生物我都在里卡多·马丁内斯位于阿根廷的博物馆里研究过，比如埃雷拉龙和曙奔龙这样的肉食性兽脚类恐龙，以及滥食龙和颜地龙这样的长着长脖子的原始蜥脚类恐龙，还有早期鸟臀类恐龙（角龙类和鸭嘴龙类的亲戚）。它们没有站到食物链的顶端，数量也不及巨型两栖动物和鳄鱼这些亲戚，但它们至少已经开始崭露头角。

那么，为什么我们在葡萄牙看不到恐龙呢？当然，可能只是尚未找到而已。没有证据并不总是意味着不存在，所有优秀的古生物学家都必须不断这样提醒自己。下一次我们回到阿尔加维的灌木丛林，在骨床中再挖一块下来的时候，也许就会发现一只恐龙。然而，我敢打赌不会找到，因为随着古生物学家在全球发现的三叠纪化石越来越多，一种规律开始显现：恐龙似乎是在 2.3 亿~2.2 亿年前这个时间段开始出现在泛大陆气候潮湿的地方，然后慢慢开始多样化，尤其是在南半球。我们不但在伊斯基瓜拉斯托发现了恐龙化石，还在巴西和印度的一些地区发现了化石，这些地区都曾是泛大陆气候湿润的区域。相比之下，在较为接近赤道的干旱带，恐龙不是完全没有，就是非常稀少。跟葡萄牙的情形类似，西班牙、摩洛哥以及北美洲的东海岸都存在大量化石遗址，能找到许多两栖动物和爬行动物，但连一只恐龙也没有。在那1 000万年的时间里，这些地方都处在泛大陆极度干旱的地带，与此同时，恐龙开始在温度较易忍受的潮湿地区繁衍生息，渐趋壮大。看来，最早的恐龙似乎无法忍受灼热的沙漠。

这个故事的发展相当出乎意料。恐龙没有像某些极易扩散的病毒那样，一登场就席卷整个泛大陆。它们表现出很强的地域性，挡住它们的，不是地理屏障，而是难以忍受的气候。在数百万年的岁月里，它们仿佛是会永远偏居一隅的"乡巴佬"，被绑缚在超大陆南部的某一区域，无法脱逃，恰似一个上了年纪的高中橄榄球明星，仅剩褪了色的光荣之梦，要是当初他能走出自己家乡那块弹丸之地，本可以大有作为。

当时，这群喜潮爱湿的恐龙毫无疑问是弱势群体，不太会引发什么关注。它们不但受困于沙漠，而且就算它们能够维持生计，也只是勉强糊口而已，至少一开始是如此。诚然，在伊斯基瓜拉斯托的确生活着那么几种恐龙，但在整个生态系统之中，它们只占10%~20%。它们在数量上远逊于早期的哺乳动物亲戚（比如以植物的根叶为食、状似家猪的二齿兽类）、其他种类的爬行动物（其中最引人注目的是喙头龙类，这种爬行动物能用锋利的喙切断植物），以及鳄类亲戚（比如强悍的顶级捕食者蜥鳄）。同一时期稍微往东一点儿的地方，也就是在今天的巴西，情形也大致如此。生活在那里的几类恐龙与伊斯基瓜拉斯托的恐龙是亲戚，包括肉食性的南十字龙（埃雷拉龙的亲戚），以及体形小脖子长的农神龙（跟滥食龙非常相似）。但它们的数量非常稀少，远远少于原始哺乳类和喙头龙类。在更往东一点儿的地方，潮湿区延伸到了今天的印度，那里生活着原始的长颈蜥脚类亲戚，比如南巴尔龙和加卡帕里龙。但同样，那里的生态系统由其他物种统治，它们只不过是生活在其中的"角色球员"。

按照当时的情形，恐龙似乎永远都无法摆脱这种平平无奇的单调生活，但那时发生了两件重要的事情，给了它们一个改变命运的机会。

第一，在湿润带，占据统治地位的大型植食性动物喙头龙类和二齿兽类的数量越来越少。在某些地区，它们彻底消失了。我们还无法完全了解这背后的原因，但这件事的影响是确凿无疑的。这些植食性动物的衰落给了同样以植物为食的原始蜥脚类亲戚（比如滥食龙和农神龙）一个机会，它们得以在一些生态系统中找到新的立足之地。不久之后，它们成为南北半球湿润带的主要植食性动物。在阿根廷的拉斯科罗拉多斯组（形成于 2.25 亿~2.15 亿年前的岩石单元，也就是紧接着伊斯基瓜拉斯托恐龙留下化石之后形成的），蜥脚类祖先是最常见的脊椎动物。这些体形在奶牛到长颈鹿之间的植食者的化石比其他任何种类的动物都多，其中包括莱森龙、里奥哈龙和科罗拉多斯龙。总体来看，恐龙在整个生态系统中的占比约为 30%，而曾经占统治地位的哺乳动物亲戚则降到了 20% 以下。

同样的情形不只出现在泛大陆的南部。在赤道的另一侧，史前时代的欧洲还是北半球湿润带的一部分，其他长颈恐龙也在茁壮生长。它们是栖息地上最常见的大型植食者，就跟拉斯科罗拉多斯组的情形一样。板龙是它们之中的一员，在德国、瑞士和法国的超过 50 个化石遗址都发现过它的踪迹。甚至还有类似葡萄牙宽额螈骨床的那种群葬墓，受天气条件恶化的影响，数十只甚至更多的板龙结伴死亡，这一迹象表明，这些恐龙当时在此地成群生活。

第二个重大突破是，在大约 2.15 亿年前，第一批恐龙来到北半球的亚热带干旱环境中，当时这个地区位于北纬 10 度附近，如今是美国西南部的一部分。为何恐龙能在此时走出它们湿润而安全的家园，进入环境恶劣的沙漠，确切原因还不得而知。这可能与气候变化有关，也就是季风和大气中二氧化碳含量的变化使得湿润带与干旱带之间的差别没有那么明显，因此恐龙在两地之间的迁移就变得容易起来。终于有一天，恐龙来到了热带，踏入了此前唯恐避之不及的地区。

生活在沙漠地区的三叠纪恐龙的最完好记录来自今天已再度变为沙漠的区域。亚利桑那州和新墨西哥州北部风景如画，其中大部分都是由深深浅浅的红色和紫色岩石形成的怪岩柱、劣地和大峡谷。这是钦迪组的砂岩和泥岩，也就是在三叠纪后半期（约 2.25 亿~2 亿年前）由远古沙丘和泛大陆热带绿洲形成的约三分之一英里厚的岩石序列。石化林国家公园是每个到访美国西南诸州又喜爱恐龙的游客的必赴之地，钦迪组最令人惊叹的岩石露头就位于公园内部。这里有数千株化石化的巨树，骤发的洪水将这些树连根拔起并埋于地下，时间就在恐龙开始在这一带定居前后。

　　过去的10年间，一些最激动人心的古生物学野外作业就直指钦迪组。新发现描绘了一幅令人称奇的新图景，人们得以了解最早在沙漠生活的恐龙是什么模样，以及它们是如何适应更为庞大的生态系统的。冲锋在最前线的是由一群年轻的研究人员组成的团队，这个团队非常了得，在开始勘察钦迪组的时候，团队成员全都是研究生。团队核心是由兰迪·伊尔米斯（Randy Irmis）、斯特林·内斯比特（Sterling Nesbitt）、奈特·史密斯（Nate Smith）和艾伦·特纳（Alan Turner）四个小伙子组成的"四人组"。伊尔米斯是地质学家，戴着眼镜，文静而内向，但对野外抱有极大热情；内斯比特是化石解剖学专家，总戴着一顶棒球帽，说话时爱引用一两句电视喜剧节目的台词；史密斯来自芝加哥，衣冠楚楚，喜欢用统计学来研究恐龙的演化；特纳是为灭绝生物绘制族谱的专家，大家亲切地称他为"小耶稣"，因为他个头中等，蓄着飘逸的长发和浓密的络腮胡。

　　"四人组"的职业生涯比我早了半代人。当我开始以本科生的身份做研究时，他们已经在读博士了。作为一个年轻的学生，我对他们非常敬畏，就好像他们是古生物学界的"鼠帮"一样。参加研究会议的时候，他们经常和其他共同在钦迪组工作的朋友结伴而行，其中包括：萨拉·韦宁（Sarah Werning），研究恐龙和其他爬行动物如何生长的专家；杰西卡·怀特赛德（Jessica Whiteside），杰出的地质学家，专门研究远古时代的大灭绝和生态系统的变迁；比尔·帕克（Bill Parker），石化林国家公园的古生物学家，也是研究与早期恐龙同时代的某些鳄类近亲的专家；米歇尔·斯托克（Michelle Stocker），研究某些其他种类的原始鳄类（斯特林·内斯比特后来成功说服她跟自己成婚，求婚仪式就是在一次出野外的过程中进行的，他俩结成了另一种类型的三叠纪梦之队）。这些年轻的科学家成就斐然，我景仰他们，并立志成为像他们那样的研究者。

　　钦迪组"鼠帮"已经在新墨西哥州北部度过了很多个夏季，这里是阿比丘小村附近的一片色彩柔和的旱地。19世纪中叶，这个村庄是"西班牙古道"（把附近的圣菲与洛杉矶连接在一起的贸易线）上的一个重要站点。如今，这里只剩下几百号人，看起来就像全球工业化程度最高的国家里的穷乡僻壤。不过，有些人偏偏喜欢这种避世隐居的感觉。美国现代派艺术家乔治亚·奥基弗（Georgia O'Keeffe）就是其中之一，她以画花闻名，其笔下近乎抽象的花洋溢着浓烈的个人风格。奥基弗特别喜欢视野开阔的风景。她被阿比丘地区令人窒息的美和自然光线无与伦比的明暗变化深深打动，并在一个名为幽灵牧场（Ghost Ranch）的沙漠度假村附近买了一所房子。在那里，她可以探索自然，实验新的绘画风格，而不用担心被人打扰。幽灵牧场里的红色悬崖，五彩斑斓、带着糖果条纹图案的峡谷，沐浴在午现的耀眼阳光之中，共同构成了她在这里所绘作品的主题。

20世纪80年代中期，在奥基弗去世之后，这里成为艺术爱好者的朝圣之地，他们希望能亲自捕捉到给大师带来诸多灵感的沙漠之光。然而，几乎没有哪个富有文艺气息的旅行者能够意识到，幽灵牧场里也隐藏着大量的恐龙。

但"鼠帮"知道。

他们知道，1881年，一个名叫戴维·鲍德温（David Baldwin）的科研"雇佣兵"曾被费城古生物学家爱德华·德林克·柯普（Edward Drinker Cope）派往新墨西哥州北部地区。他唯一的任务就是寻找化石，这样柯普就可以把这些化石一一摆在他在耶鲁大学的对手奥斯尼尔·查尔斯·马什（Othniel Charles Marsh）的面前。这两名东海岸人士是历史上有名的冤家对头，他们之间的争斗被称为"化石战争"（当然，这是后来才有的称呼），但在他们职业生涯的这个阶段，谁都不是特别想亲自去这个正在跟美国原住民作战的地方（杰罗尼莫在新墨西哥州和亚利桑那州的斗争要一直持续到1886年）寻找化石。他们自己不去寻找化石，而是依靠一个"佣兵"网络。鲍德温就是那种他们经常会雇用的人：神秘的独行者，随时可以骑上骡子深入劣地，有时候一去就是几个月，就算在凛冽的冬天也不辞劳苦，最终会带着一堆恐龙化石满载而归。事实上，鲍德温与这两位争强好胜的古生物学家都合作过：他原本是马什相当信任的密友，可眼下他已转投柯普。因此，鲍德温在幽灵牧场附近的沙漠里挖出的那些小且中空的恐龙骨头统统归于好运当头的柯普。这些骨头属于一种全新的恐龙，它们生活在三叠纪，跟狗差不多大，身体轻巧，奔跑速度快，牙尖齿利。后来，柯普把这种恐龙命名为腔骨龙。跟在阿根廷发现的埃雷拉龙一样（埃雷拉龙的发现要等到几十年之后），它是兽脚类恐龙最早的成员之一，而这支恐龙族群最终演化出了君王暴龙（又称霸王龙）、伶盗龙和鸟类。

钦迪组"鼠帮"还知道，在鲍德温发现这些骨头的半个世纪之后，另一名东海岸古生物学家埃德温·科尔伯特（Edwin Colbert）也喜欢上了幽灵牧场这片区域。与柯普和马什相比，他是个相当讨人喜欢的人。1947年，科尔伯特动身前往幽灵牧场，当时他才40多岁，就已经稳坐这个领域的顶级职位之一：纽约美国自然历史博物馆（American Museum of Natural History）古脊椎动物馆馆长。那年夏天，当奥基弗在几英里以外的地方描绘平顶山和岩刻时，科尔伯特的野外考察助手乔治·惠特克（George Whitaker）有了一个惊人的发现。他碰上了一个腔骨龙墓地，总共有数百具骨架，都是被一场异乎寻常的洪水埋葬的捕食者。我能想象得到，他当时的心情一定跟我们在葡萄牙找到宽额螈骨床时的心情差不多，那是一种抑制不住的欢欣。一夜之间，腔骨龙成为三叠纪的标志性恐龙，人们一旦开始想象最早的恐龙有着怎样的外表，会如何活动，居住在何种环境，就会立刻想到腔骨龙。在连续几年的时间里，美国自然历史博物馆的团队不停挖掘，把骨床一块一块掘开，这些岩块被送到了世界各地的博物馆。今天，如果你去看大型恐龙展，有可能就会见到来自幽灵牧场的腔骨龙。

钦迪组"鼠帮"还知道最后一条，或许也是最重要的一条线索。因为那么多腔骨龙的骨架都是在同一处被发现的，几十年来，开采这个巨型墓地吸引了所有人的注意。这里吸收了绝大部分野外活动的资金，同时也耗费了野外工作人员大量的时间和精力。但这只是幽灵牧场广袤地带的一个化石遗址而已，还有数万英亩[1]被富含化石的钦迪组岩石覆盖的土地。这里肯定还有更多的恐龙化石。因此，当一个名为约翰·海登（John Hayden）的退休林业管理员于2002年在距牧场大门仅半英里的地方发现了一些骨头的时候，他们一点儿都没有感到奇怪。

数年之后，伊尔米斯、内斯比特、史密斯和特纳重返遗址，拿出携带的工具，又开始挖掘。整个过程不但耗时很长，还耗费了他们大量的体力。有一次，我在纽约的一个爱尔兰酒吧里跟"四人组"闲聊，奈特·史密斯冲着天花板抬起头，用带着一丝不羁的口吻对我说："可不是吗，那年夏天，我们挖出来的岩石，足以填满这个酒吧。"

他们流下的汗水是值得的。"四人组"确认，那个地方的确有骨骼化石。化石不断

---

1 1英亩约合0.40公顷。

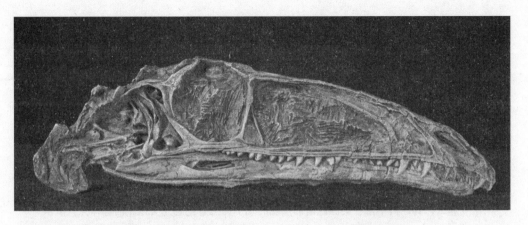

腔骨龙的头骨。腔骨龙是一种原始兽脚类恐龙,幽灵牧场出土了大量腔骨龙化石。

图片由拉里·威特默(Larry Witmer)提供。

涌现,几百块,几千块……事实证明,那里是一处河道沉积,在大约2.12亿年前,水流把大量被不幸卷进河里的生物的骨骼带到了这里。尽管"鼠帮"还是学生,但他们凭借良好的"侦探"技能,再加上想要凭自己的力量找到化石的志向,挖到了三叠纪化石的大宝箱。这个昵称为"海登采石场"(以那位目光锐利的林业管理员的名字命名,正是他第一个发现了凸出地表的化石)的化石遗址已经成为全世界最重要的三叠纪化石遗址之一。

这个采石场为我们描绘了一个远古生态系统,也就是恐龙最初能够生活的几个沙漠之一。不过,这跟钦迪组"鼠帮"的预期有些差异。这些离经叛道的年轻人是在2005年左右开始挖掘化石的,当时盛行的观点是,恐龙在晚三叠世出现之后,很快就征服了沙漠地区。其他科学家已经在新墨西哥州、亚利桑那州和得克萨斯州类似时期的岩石中收集到了丰富的化石。这些化石看起来属于十几种不同的恐龙,既有身体壮实的顶级捕食者和体形较小的肉食者,也有很多不同种类的植食性鸟臀类恐龙,它们是三角龙和鸭嘴龙类的祖先。恐龙似乎无处不在。海登采石场的情形却并非如此。这里有与我们的葡萄牙宽额螈亲缘关系很近的两栖类怪物;有原始鳄类以及它们的一些长吻披甲的亲戚;有被称为范克里夫鳄的爬行动物,身体瘦削,长着短腿,看上去像长着鳞片的腊肠犬;甚至还有名叫镰龙类的小型爬行动物,会从树上吊挂下来,像变色龙一样,非常有趣。这些都是采石场里常见的动物,恐龙却远远算不上。"鼠帮"只发现了三种恐龙：一种是与鲍德温发现的腔骨龙非常类似的健步如飞的捕食者；一种是行动敏捷的肉食性太阳神龙；还有一种更大也更为壮实的肉食性钦迪龙，这是阿根廷埃雷拉龙的亲戚。每种恐龙仅有几块化石而已。

这令整个团队大感意外：在晚三叠世的热带沙漠当中，恐龙相当罕见，出现的似乎也只有肉食性恐龙。没有植食性恐龙，没有在湿润带尤为常见的长颈恐龙，也没有三角龙的鸟臀类祖先。为数不多的几种恐龙，被形形色色体形更大、数量更多也更难对付的动物包围。

那么，其他科学家在美国西南部发现的几十种三叠纪恐龙又该做何解释呢？伊尔米斯、内斯比特、史密斯和特纳仔细审视了他们所能找到的全部证据，亲自造访每一个小镇博物馆（研究人员通常会把他们的化石交到这里）。他们发现，此类样本的绝大多数都是孤立的牙齿或者骨头碎片，并非命名新物种的可靠基础。不过，让他们感到震惊的还不是这个。他们在海登采石场发现的化石越多，团队人员脑海中浮现的画面就越清晰完整。他们几乎已经可以凭借本能把恐龙、鳄鱼和两栖动物这三者区分开了。经过一连串"天启时刻"之后，他们意识到，其他人收集到的所谓"恐龙化石"大都不是真正的恐龙化石，而是恐龙的原始恐龙型类亲戚，也有早期的鳄类及其亲属，它们只是碰巧长得像恐龙而已。

因此，除了在晚三叠世的沙漠地带相当少见之外，恐龙仍在与它们古老的亲戚共同生活，这些动物跟比它们早4 000万年、在波兰留下细小足迹的动物属于同类。这是一个有悖于常理的发现。在此之前，几乎每个人都认为原始恐龙型类是一种没什么特别之处的古生物，它们唯一的使命就是孕育出强大的恐龙，一旦完成了这个任务，它们便可以悄无声息地退场。但是它们就在这里，在晚三叠世的北美洲随处可见，更有甚者，一种跟贵宾狗差不多大的新物种——奔股骨蜥（在海登采石场发现的）跟真正意义上的恐龙共同生活了大约2 000万年之久。

或许，唯一对这些发现不感到意外的就是另一个名叫马丁·埃斯库拉（Martín Ezcurra）的学生。尽管他并不了解美国研究生四人组，但他已经开始怀疑前代古生物学家收集到的某些所谓的北美"恐龙"。可是他没有资源进行研究，因为他来自阿根廷，尚在学习英语。

更何况，他还只是一个十几岁的少年。

不过，他倒有一个优势，那就是他能接触到大量来自他的祖国伊斯基瓜拉斯托的恐龙化石珍藏。这还要归功于里卡多·马丁内斯和其他博物馆人员的慷慨无私，他们对他的请求做出了积极回应，毕竟，一个高中生想要参观他们的博物馆，这个请求相当不同寻常。马丁收集了很多这些神秘的北美物种的照片，并将之与阿根廷的恐龙进行仔细比对，最终发现两者存在重大差异。特别是其中有一个名叫真腔骨龙的北美物种，是瘦骨伶仃的肉食性动物，原本被认作是一种兽脚类恐龙，实际却是一种原始恐龙型类。2006年，他把这一结果发表在了一份科学期刊上，而就在下一年，伊尔米斯、内斯比特、史密斯和特纳也发表了他们的初步发现。写这篇论文的时候，马丁只有17岁。

很难理解，为什么恐龙适应沙漠生活的能力如此之差，而其他动物，包括它们的恐龙型类亲戚，却能应付自如。为了一探究竟，钦迪组"鼠帮"决定与经验丰富的地质学家杰西卡·怀特赛德合作，杰西卡也是我们葡萄牙挖掘团队的一员。杰西卡是"读石"高手，在我认识的人当中，没有谁能比得上她。任何岩石序列，她只需看上一眼，就能判断出年代，还会告诉你成岩时的环境如何，当时有多热，甚至连当时的降雨量都能知道。让她在任意一个化石遗址上绕上几圈，她就能把在遥远的过去发生的一切向你娓娓道来：气候经历了怎样的变化，天气如何改变，还有关于演化爆发和大灭绝的故事。

杰西卡的第六感在幽灵牧场有了用武之地，她认定，海登采石场的动物们的日子并不轻松。它们生活的地方并非一直是沙漠，其气候会随着季节的更替发生巨大的变化。在一年中大部分的时间里，这里非常干燥，但在剩下的时间里，又会变得湿润而凉爽，杰西卡和"鼠帮"把这种现象称为"超季节性"。其罪魁祸首是二氧化碳。杰西卡通过测量发现，在海登采石场的动物还活着的时候，泛大陆热带地区的每100万个空气分子里就约有2 500个二氧化碳分子。二氧化碳的含量是现在的6倍多。尽管如今大气中二氧化碳的含量要低得多，但我们要好好琢磨一下这件事，想一想现在温度上升得有多快，以及我们对未来的气候变化有多么焦虑。晚三叠世的高浓度二氧化碳启动了一个连锁反应：温度和降水量大幅波动，导致一年中某些时候野火肆虐，某些时候潮湿异常，从而很难形成稳定的植物群落。

　　泛大陆上的这块区域不但混乱异常、变幻莫测，还很不稳定。有些动物的适应能力要好于其他动物。恐龙似乎能应付得过去，但还没有能力发展壮大。个头较小的肉食性兽脚类恐龙能生存下来，身材较大、生长迅速的植食性恐龙却不行——它们需要更为稳定的食物来源。哪怕离恐龙诞生在这个星球上已经过去了约2 000万年，哪怕它们已经在湿润的生态系统中占据了大型植食性动物的位置，并开始开拓热带地区，恐龙仍然会因为天气因素陷入困境。

　　如果你能站在安全的地方，亲历一场晚三叠世的大洪水，你就能看到那些最终被埋在海登采石场的动物是如何被季节性河水裹挟并吞没的。尸体漂过的时候，你可能一时间难以分清哪个是哪个。当然，认出庞大的超级蝾螈或者某些像变色龙一样怪异的爬行动物并不难，但你可能很难把腔骨龙、钦迪龙这样的恐龙跟某些鳄类及其亲属区分开来。而且就算你能看到活着的这些动物，它们也都在自顾自地吃东西，走来走去，或者彼此互动，你可能还是无法分辨。

　　为什么难以区分？在美国西南部工作的早一辈古生物学家常常把鳄鱼化石误判为恐龙化石，欧洲和南美洲的科学家也会犯同样的错误，这都出于同一个原因。晚三叠世时期，样貌近似恐龙，行为也与恐龙非常类似的动物有很多。从演化生物学的角度来说，这叫趋同演化：不同种类的生物之所以彼此相似，是因为它们的生活方式和生存环境相差无几。这就是为什么会飞的鸟和蝙蝠都有翅膀，为什么在地下营穴居生活的蛇和蚯蚓都又长又细而且没有腿。

　　恐龙和鳄类之间的趋同演化非常出人意料，甚至可以说令人震惊。虽然在密西西比三角洲地带爬行的短吻鳄和潜伏在尼罗河里的鳄鱼可能还有一点儿史前动物的气息，但看起来跟君王暴龙或者雷龙完全不同。然而在晚三叠世，鳄鱼的模样完全不是这样。

　　让我们回忆一下，之前提到过的恐龙和鳄鱼都属于主龙类。主龙类是对一大群直立行走的爬行动物的统称，这类动物在二叠纪的大灭绝后开始兴盛起来。它们之所以数量激增，是因为比起当时那些爬着行走的动物，它们的移动速度快得多，效率也高得多。三叠纪早期，主龙类分裂成两个主要类群：鸟跖类和假鳄类。前者演化为恐龙型类和恐龙，后者演化为鳄类。在大灭绝之后令人眼花缭乱的演化大戏中，假鳄类也演化出了其他几个亚类,它们在三叠纪迎来了多样化发展,但之后就灭绝了。跟鳄类和恐龙(以鸟的形态存在)的命运不同,这些亚类并没有活到今天,因此几乎被人遗忘。它们被认为是来自遥远过去的古怪存在,走入了演化的死胡同,从未升到食物链的顶端。然而,这种成见是错误的,因为在三叠纪相当长的一段时间里,这些鳄系主龙类相当繁盛。

大多数晚三叠世假鳄类的主要种类都能在海登采石场找到。其中有一种叫作剑鼻鳄的植龙类是长吻、半水生、喜欢伏击的捕食者,它们的骨头在葡萄牙也有发现。剑鼻鳄比摩托艇还大,用上下颌长着的数百颗尖牙捕食鱼类,偶尔也吃路过的恐龙。它们与植食性的正体龙毗邻而居,正体龙身材堪比坦克,全身披甲,尖刺从脖子上伸出。正体龙是坚蜥类的一种,而坚蜥类是一个庞大的家族,属于中层植食性恐龙,与数百万年后出现的披甲的甲龙类非常类似。它们是挖掘好手,甚至还会通过筑巢来照顾下一代,并在巢边守护。另外,其中也有正牌鳄鱼,但跟我们今天熟知的鳄鱼大相径庭。这些生活在三叠纪的原始物种(现代鳄鱼的祖先)看起来就像灵缇犬:体形相似,四腿站立,身材瘦削有如超模,能像百米冠军一样冲刺。它们以昆虫和蜥蜴为食,毫无疑问并非顶级捕食者。那个头衔属于劳氏鳄,这种凶猛的动物能长到 25 英尺,比现今最大的咸水鳄还要大。我们之前提到过劳氏鳄的一个属——蜥鳄,是伊斯基瓜拉斯托生态系统中的老大,是早期恐龙的噩梦。想想看,这就是一只体形略小、四足行走的君王暴龙,头颈肌肉发达,牙齿犹如道钉,一口下去连骨头都能咬断。

人们在幽灵牧场还发现了另外一种鳄系主龙类,不过不是在海登采石场发现的,而是在附近的腔骨龙墓穴。它是在 1947 年被发现的,离惠特克发现该骨床没过多久,也就是在挖掘开始后的前几周。美国自然历史博物馆的团队挖出了特别多的腔骨龙化石,以至于没过多久,大家就没那么激动了,甚至会感到有些无聊。因为不管挖出来什么,看上去都像是腔骨龙。因此,当他们收集到一具大小跟腔骨龙差不多的骨架时,谁都没怎么在意。这具骨架的腿也挺长,身形轻巧,但在其他方面略有不同,尤其是它长了一个喙,却没有满口尖利的牙齿。纽约的技术人员同样没有注意到这一点。他们开始把化石从岩石中挖出。在认定这无非又是一具腔骨龙化石之后,他们也就只顾着挖掘没再多想了。于是,这具骨架随其他腔骨龙骨架一起进了库房。

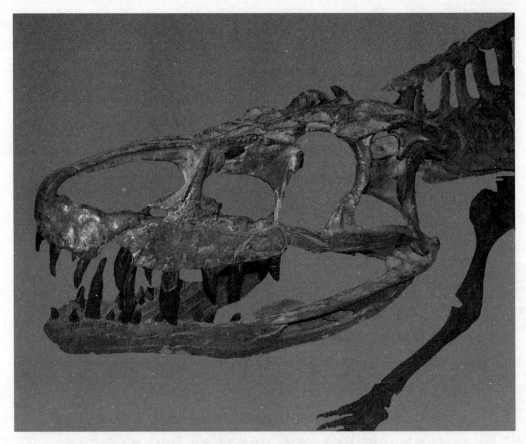

凶猛的捕食者撕蛙鳄。这是一种鳄系主龙类（劳氏鳄类），以早期的恐龙为食。

　　这具化石骨架被随意摆放在这家博物馆的最里面，无人看管，备受冷落，就这样一直持续到了 2004 年。那一年，斯特林·内斯比特——幽灵牧场四人组成员之一——开始在纽约的哥伦比亚大学攻读博士学位。他当时正在筹划一个关于三叠纪恐龙的研究项目，于是就把科尔伯特、惠特克和他们的团队在 20 世纪 40 年代收集到的化石全部重新检查了一遍。很多化石仍被封在石膏里，但是 1947 年挖掘的那块已经被保管人员打开，并经过了部分处理，因此斯特林能够看个仔细。半个世纪前，野外科考人员的激情被工作的疲惫消磨殆尽，而斯特林现在满怀激情，用闪烁着兴奋的双眼发现，自己眼前的动物与以往的腔骨龙并不一样。他发现它长着喙，也注意到它有着不同的身体比例——上臂过于短小。最后他注意到，它的踝部特征几乎跟鳄类一模一样。这样看来，他眼前的根本就不是腔骨龙，而是一种与鳄类高度趋同的假鳄类。

当青年科学家们带着自己的想法，孤身一人在博物馆的藏品抽屉中竭力搜求时，他们所憧憬的，往往就是这样的发现。斯特林发现了这种动物，就得给它命名，于是他选择了一个颇具怀念意味的名字：奥氏灵鳄（Effigia okeeffeae）。在组成名字的两个单词中，第一个词在拉丁语里意为"幽灵"，借指幽灵牧场，第二个词则是向该牧场最有名的居民奥基弗致敬。灵鳄成了国际媒体的宠儿，媒体非常喜欢这个试图把自己装成一只恐龙，长相笨拙，没有牙而上臂短小的远古鳄类生物。斯蒂芬·科尔伯特（Stephen Colbert）甚至还专门在自己的节目里谈论这项新发现，并以调侃的口吻抱怨道，不该用这位女性主义艺术家的姓氏来命名，用埃德温·科尔伯特的姓氏才对（这位喜剧演员与这名古生物学家的姓氏恰巧相同）。我仍然记得，我是在本科的最后一年看到这档节目的。一名年轻博士生的研究能造成如此之大的影响，令当时正在为研究生生活做规划的我深感震撼。

这件事也激励了我。在那以前，我一直在研究恐龙，而且只研究恐龙，但那天我恍然大悟，要想理解恐龙如何登上权力之巅，灵鳄和其他与恐龙长得很像的假鳄类至关重要。我开始阅读大量关于恐龙古生物学研究的经典文章，诸如罗伯特·巴克（Robert Bakker）和艾伦·查理格（Alan Charig）这些巨匠的论文。他们热情洋溢地为"恐龙特别论"辩护：它们天赋异禀，速度更快，行动更敏捷，代谢能力更强，头脑更聪慧，因此在竞争中胜过了三叠纪其他一切动物，比如巨大的蝶螈、早期类似哺乳动物的下孔类动物以及鳄系假鳄类。恐龙是天选之子，它们注定要与弱势物种为敌，击败它们，建立一个全球性的帝国。其中一些文章中流露出一种近乎宗教的情感，也许这并不令人意外，因为巴克本人也时常客串基督教会布道者，并以活力四射的讲课风格著称，据称他上课的时候就好像一名为会众做见证的布道者。

恐龙在晚三叠世的战场上击败了对手。这的确是一个不错的故事，却没能完全把我说服。新的发现似乎正在推翻这一解释，而大多与假鳄类有关。这些鳄系主龙类中有很大一部分都酷似恐龙，或者也可以反过来说，三叠纪时期的恐龙在竭力成为假鳄类。无论如何，既然这两类生物在很多方面都非常相似，那么怎么就能断言恐龙种族是更为优越的呢？而且值得深究的并非只有恐龙和假鳄类趋同演化这一件事。在晚三叠世，假鳄类比恐龙更多：不但种类更多，而且在每个独立生态系统中的数量也更多。幽灵牧场就出现了大量鳄类亲戚（比如植龙类、坚蜥类、劳氏鳄、类似灵鳄的动物、真正的鳄类），而这并不是个别现象，全世界大部分地区都有种类不一的鳄类在蓬勃发展。

但就像科学家们在含蓄地批评对方时常说的那样，这听起来太过笼统了。我们有没有办法能明白无误地比较，恐龙和假鳄类在晚三叠世是如何演化的呢？有没有办法可以鉴定，一个类群是否比另一个类群更成功，以及这是否会随着时间的推移发生变化？于是，我埋头于统计学文献。对我这样一个完全沉迷于恐龙、对其他的领域和技术所知有限的人来说，这是一片陌生的天地。我惊讶地发现，古无脊椎动物学家（这群研究者跟我们算是"近亲"了，他们的研究对象是蛤蜊和珊瑚这类没有骨头的动物的化石）在20多年以前就想出了一种解决办法，而恐龙研究者对此一无所知，这未免让人有些尴尬。这种方法叫作表形分异度法。

"表形分异度"这个说法听起来非常高级，实际上不过是一个衡量多样性水平的指标。测量多样性水平的方法有很多，清点物种数量就是其中之一：你可以说南美洲的多样性水平高于欧洲，因为南美洲的物种数量更多。另外还可以通过多度来衡量：昆虫的多样性水平高于哺乳动物，因为在任何一个生态系统当中，昆虫的数量都更多。而表形分异度则是通过解剖学特征来测量多样性水平。打个比方，你可以说鸟类的多样性水平高于水母，因为鸟类的身体可以被分成很多不同的部分，其构造要复杂得多，而水母不过是一团一团的黏性物质。这种衡量多样性的方法能够让我们深入地理解演化，因为动物的生理、行为、食谱、生长和新陈代谢的很多方面都是由解剖学特征控制的。如果你真的想了解一个族群是如何随着时间而演变的，或者想知道该如何比较两个族群的多样性水平，我敢说，表形分异度是最有用的方法。

清点物种的数量，或者测算个体的多度并不难，你所需要的也就是一双好眼睛，再加上一个计算器罢了。但如何测量表形分异度呢？如何处理动物身体这么复杂的东西，并将之转化为统计数据呢？我沿用了古无脊椎动物学家率先使用的办法，大体是这样的：我先列了一张包含所有三叠纪恐龙和假鳄类的清单，因为我想比较的就是这两种动物。之后，我花了几个月的时间研究这些物种的化石，逐一列出数百处彼此相异的骨架特征。有些动物有五个脚趾，有些有三个；有些动物四肢着地行走，有些靠后肢行走；有些动物有牙齿，有些没有。我把这些特征在电子表格中以 0 和 1 的方式编码，这个工作跟计算机程序员差不多。埃雷拉龙靠双腿行走，那么值就是 0。蜥鳄四足行走，值就是 1。经过差不多一年的努力，我的数据库里有了 76 种三叠纪物种的特征数据，每份数据都包括就骨架的 470 种特征对该物种进行的评估。

数据收集这份苦差事干完之后，就该利用数学工具了。下一步是制作一个距离矩阵，这个矩阵能够量化出每个物种与其他物种之间的差异到底有多大，其基础就是这个解剖学特征数据库。如果两个物种的特征完全一致，那么二者之间的距离为 0，也就是说它们是完全等同的。如果两个物种之间不存在相同特征，那么它们之间的距离就是 1，也就是说它们是完全不同的。另外就是处于 0 和 1 之间的情形，比如说，埃雷拉龙和蜥鳄有 100 个特征相同，有 370 个特征不同，它们之间的距离就是 0.79，也就是用不同特征的数量 370 除以全部特征数量 470。如果用类比来说明的话，你可以想象一下公路地图中的那些表格，它们显示的是不同城市之间的距离。芝加哥距离印第安纳波利斯 180 英里，印第安纳波利斯距离凤凰城 1 700 英里，凤凰城距离芝加哥 1 800 英里。这个表格就是一个距离矩阵。

关于地图上的距离矩阵，我在这里告诉大家一件好玩儿的事。你可以把城市间公路的距离表输入一个统计软件当中，对它进行多变量分析，然后软件就会生成一份图表。每个城市都是这张图表上的一个点，各个点之间都存在一定的距离，比例与真实情况完全相同。换句话说，这张图表就是一份地图，一个在地理方位意义上完全正确的地图，所有的城市都处在正确的位置，城市之间的相对距离也是正确的。那么，如果我们把记载了骨架差异的三叠纪恐龙和假鳄类的距离矩阵输入之后，会得出什么结果呢？统计软件也会生成一份图表，每个物种都用一个点来表示，科学家将该图表称为形态空间。实际上，这也是一份地图，能直观地体现出所研究的动物之间解剖学多样性的离散程度。若两个物种之间的距离非常接近，那么它们的骨架就很相似，正如从地理角度而言，芝加哥与印第安纳波利斯相对较近。图中相隔遥远的两个物种，其解剖学特征则存在显著差异，就像凤凰城与芝加哥之间的距离比较远。

有了这份三叠纪恐龙和假鳄类的地图，我们就能测量表形分异度了。我们把图中的动物按照大的类群分组，恐龙一组，假鳄类一组，然后计算哪个组在地图上所占地盘比较大（意味着解剖学特征的多样性水平也就更高）。我们还可以按照生存年代对这些动物进一步分组，比如中三叠世一组，晚三叠世一组，然后看随着时间的推移，它们的解剖学特征多样性水平是变得更高了，还是更低了。我们这样做了，并在 2008 年的一项研究中发表了该结果，这也帮助我开启了自己的职业生涯。这一研究发现令人瞠目结舌：在整个三叠纪时期，假鳄类的形态多样性水平显著高于恐龙。它们在地图上的离散程度更高，也就是说，它们的解剖学特征范围更广，这表明它们的饮食习惯更为多样，行为更复杂，为生手段更多。随着时间的流逝，这两个组的多样性水平都越来越高，但假鳄类总是高于恐龙。在恐龙与假鳄类共存的这 3 000 万年的时间里，恐龙根本就不是大肆屠杀对手的超级武士，相反，在与鳄系对手的竞争中，它们一直处于下风。

请你回到三叠纪，化身为我们那毛茸茸的、体形非常小的哺乳动物祖先，在三叠纪即将结束的时候（约 2.01 亿年前），对泛大陆上的情景进行一番考察。你能看到恐龙，但肯定不会被一大群恐龙所围绕。如果所处位置不对，你甚至可能连一只都看不到。在湿润地区，它们的多样性水平相对更高。原始蜥脚类恐龙长得像长颈鹿一样大，而且是数量最丰富的植食者，不过，食肉的兽脚类以及兼有植食性和杂食性的鸟臀类体形则小得多，也没有那么常见。在较干旱的地区，只有小型食肉动物，植食性动物和体形较大的物种经受不住超季节性天气和巨型季风。所有这些恐龙的大小远远比不上雷龙或君王暴龙，在整个超级大陆上，与多样性水平高得多同时也成功得多的假鳄类相比，它们根本不是对手。你甚至会认为，恐龙是一个相对边缘化的族群。它们的日子过得还算可以，但很多其他新演化出来的动物也都是如此。如果你喜欢打赌的话，你可能会赌某个别的族群——很有可能是那些不怎么讨人喜欢的鳄系主龙类——最终会占据主导地位，长成巨无霸，并征服整个世界。

自诞生起过了大约 3 000 万年，恐龙仍没有掀起征服全球的革命。

第三章

恐龙称霸

苏格兰蜥脚类

大约 2.4 亿年前，地球开始出现裂缝。这时真正的恐龙还没有演化出来，但它们的祖先——跟猫大小差不多的恐龙型类已经存在了。恐龙型类应该亲身经历了这场"裂变"，不过分裂本身并没什么值得看的，至少当时是这样。或许有一些烈度不太大的地震，但恐龙型类可能根本没注意到，它们有更重要的事要做，比如抵御超级蝾螈的袭击，以及在巨型季风的魔爪下求得生存。在恐龙型类让位于恐龙的过程中，在地表之下数千英尺深的地方，分裂仍在继续。这些裂隙慢慢地移动，扩大，并且彼此融合，虽然在地表无法察觉，但对埃雷拉龙、始盗龙和其他最早期的恐龙来说，这是一个潜藏于它们脚下的危险。

泛大陆的"地基"正在开裂，但恐龙并没有意识到，它们的世界正在经历巨大的变化。对它们来说，这未尝不是一件幸事，就像某些没有意识到地下室出现裂痕的房主，在房子轰然倒塌之前，一直处于"幸福的无知"状态。

在三叠纪最后 3 000 万年里，最早出现的恐龙正缓慢地演化着，而巨大的地质营力正在从东方和西方用力拉扯泛大陆。这些力量是行星尺度的重力、热力和压力的合力，假以时日，其强度足以让大陆发生位移。由于拉扯的力量来自两个相反的方向，泛大陆开始绷紧，并逐渐变薄，而每场小型地震都会带来新的撕扯。你可以把泛大陆想象成一块巨大的比萨饼，两个饥肠辘辘的家伙在桌子两端将之拉扯：饼皮会越变越薄，直到出现裂痕，最终断作两半。这也正是超级大陆正在经历的事情。在东西方进行了几千万年缓慢而坚定的"拔河"之后，裂缝浮现在了地表，巨大的陆地开始从中间裂开。

正是因为远古时期东西泛大陆的这次分手，北美洲的海岸才与西欧脱离，南美洲才与非洲分开。也是出于同样的原因，才有了现在的大西洋。在海水涌入并填补了这两块彼此远离的大陆的间隙之前，大西洋并不存在。2 亿多年前的地质营力和断裂塑造了当今的地形。但"分手"的影响还不止于此，各大陆并非一拍两散之后就相安无事了。就像人与人之间的关系一样，这些大陆在"分手"后也会发生相当不愉快的事情。对生长在泛大陆上的恐龙和其他动物来说，它们的生活将永远被改变，而原因正是它们的家园裂成两半所产生的"后遗症"。

简单地说，它们遇到的问题是：大陆的撕裂会伴随着大量熔岩涌出。用简单的物理知识就能解释清楚：地球的外部地壳被拉扯、变薄，使得地球较深处的压力下降。而随着压力降低，地球内部黏稠的岩浆就会上升到地表，并通过火山喷发出来。如果地壳仅有一个微不足道的裂缝，比如说，大陆的两个小块彼此脱离，那么后果还不至于太糟。可能会有几次火山喷发，流一些熔岩，喷一些火山灰，局部区域出现一些毁坏，但最终，一切将归于平静。今天的东非仍在上演这样的事情，远远谈不上毁天灭地。但如果你正在撕裂整块超大陆，那么你离大劫难也就不远了。

2.01 亿年前，三叠纪行将结束，整个世界发生了巨变。在之前 4 000 万年的时间里，泛大陆一直在开裂，岩浆不断从地下涌出。如今，超大陆终于分崩离析，岩浆有了去处。积蓄在地底的液态岩石向上奔流，就好像热气球在空中上升，冲破泛大陆破碎的地壳，喷涌出地表。正如 5 000 万年前二叠纪末期的火山喷发（那次喷发导致了大灭绝，恐龙和它们的主龙类亲戚因此得以出现）一样，三叠纪末期的这次喷发也与人类见过的任何火山活动都不一样。我们在这里谈论的火山可不是像皮纳图博这种，喷发时伴随着一股股火山灰形成的云涌入天空。我们所说的，是在大约 60 万年的时间里发生的四次大规模震动。大量熔岩从泛大陆的裂隙区喷涌而出，铺天盖地，恰似来自地狱的海啸。我这么说并不夸张，有些地方喷发出的熔岩堆积起来足有 3 000 英尺厚，足以吞噬有两座帝国大厦那么高的建筑。总而言之，泛大陆中央有大约 300 万平方英里的区域被熔岩淹没。

不用说，在这个时期做只恐龙并不容易，或者也可以说，做任何动物都不容易。这几次火山喷发可以跻身地球历史上规模最大的火山喷发之列。地表覆盖着熔岩，大气也被随着熔岩喷发出来的有毒气体污染，全球迅速变暖。这些因素的共同作用导致了称得上生命史上规模最大的几次大灭绝之一，超过 30% 的物种彻底消失，也许更多。然而吊诡的是，也正是因为这次大灭绝，恐龙才得以突破早期的藩篱，逐渐成长为体形巨大、占据支配地位的物种，让后世的我们无限遐想。

如果你在纽约沿着百老汇大道向南走，透过高楼间的空隙，你就能看到哈德孙河对面的新泽西。你会注意到，哈德孙河在新泽西州的那一侧有一片悬崖峭壁，由色泽黯淡的棕色岩石组成，约 100 英尺高，布满纵向裂纹。当地人将之称作帕利塞兹（Palisades）。到了夏天，这里几乎难以辨识，峭壁被生长于其上的密林和灌木丛吞没。

像泽西城和利堡这样的通勤镇就坐落在峭壁顶部，乔治·华盛顿大桥的西端深入其中，成为这条全世界最繁忙的水上通道的理想落脚点。如果你愿意，完全可以沿着帕利塞兹走上50英里，从它在斯塔滕岛的起点，沿着哈德孙河一直走到纽约北部。

每周都有数百万人看到这片峭壁，生活在这片峭壁上的人也有数十万，但几乎没有人意识到，它正是撕裂泛大陆、开启恐龙时代的远古火山喷发的遗留物。

按地质学家的术语，帕利塞兹是一片岩床，也就是岩浆侵入地底深处两层岩石之间，在以熔岩的形态喷发出来之前就硬化为岩石后形成的。岩床是火山的内部通道系统的一部分。在成岩之前，它们是管道，运输地下岩浆。有时候，它们是把岩浆引向地表的通道；有时候，它们是火山系统内部的断头路，也就是岩浆无法逃脱的死胡同。帕利塞兹岩床是在三叠纪末期形成的，当时泛大陆正在沿着后来成为北美东海岸的地带裂开，离如今纽约的所在地仅几英里之遥。正是在超大陆破裂成两半时从地球深处升上来的岩浆形成了这片岩床。

不过，形成帕利塞兹岩床的岩浆未能到达地表，没能成为从泛大陆裂隙流出的3 000英尺厚的熔岩的一部分（这些熔岩吞噬了当地的生态系统，它们释放出的二氧化碳影响了全球很大一部分地区）。不过，在往西大约20英里的地方，岩浆的确喷出了地表，由这些熔岩形成的玄武岩可以在新泽西州北部沃昌山脉的低处看到。称之为"山脉"似乎有点儿过于慷慨了，因为这些山丘的高度不过几百英尺，占地也不够广阔，从北到南约40英里。然而，这处山脉位于全球城镇化程度最高的地区之一，它所呈现的自然之美备受青睐，宛如沙漠里的一片绿洲。

利文斯顿小镇就坐落在山脉中部，人口稀少，只有大概3 000人。1968年，一些人在该镇以北几英里的地方发现了恐龙足迹。那里是一个废弃的采石场，曾被用来开采红色页岩，这些页岩都是在远古火山附近的河流和湖泊中形成的。当地报纸为此刊登了一则简讯，这吸引了一位母亲的注意。她对自己14岁的儿子保罗·奥尔森（Paul Olsen）说了这件事。得知恐龙曾在离他这么近的地方生活过，保罗大为惊讶。他约上自己的朋友托尼·莱萨（Tony Lessa），跨上自行车，风风火火地去往采石场。那里已经非常破败，成了一个荒草丛生、岩石遍地的大坑。然而，恐龙足迹的发现在当地引发了不小的轰动，一些业余化石收集者已经赶到这里，想要找到更多遗迹。奥尔森和莱萨同其中几位成了朋友。这些人教给他们一些化石收集的基础知识：如何辨识恐龙足迹，如何将之从岩石中取出，以及如何研究。

这两个十几岁的少年一下子就着了迷。他们不断回到这座采石场。没过多久，他们就开始在这里一直工作到深夜，在火光下把一块又一块嵌着恐龙足迹的岩石挖出来，即使是数九隆冬也乐此不疲。白天他们要上学，因此只能趁晚上来这里。他们辛苦忙碌了一年多，比其他"化石猎人"坚持得更久。随着对这次发现的激动之情渐渐消散，"化石猎人"慢慢也就不来了。两个男孩收集了数百个属于不同生物的遗迹，包括与幽灵牧场发现的腔骨龙类似的肉食性恐龙、植食性恐龙以及与它们生活在一起的披甲和被毛的动物。但收集到的遗迹越多，他们就越灰心：在夜间挖掘的时候，他们被非法倾倒垃圾的卡车不停地打断，而当他们白天在学校的时候，不检点的收集者会悄悄溜进来，偷走他们还没来得及取出的足迹。

那么，作为 20 世纪 60 年代的一名少年，在他最热爱的化石遗址面临着被毁掉风险的时候，他能做些什么呢？保罗·奥尔森越过了中层，选择直接与最高层对话。他开始给新当选的美国总统理查德·尼克松写信，那时，尼克松还没有因为"水门事件"而颜面尽失。奥尔森写了很多信。他恳求尼克松利用总统职权保住这座采石场，把它建成保护公园，甚至还给白宫寄去了一个兽脚类恐龙遗迹的玻璃纤维铸模。奥尔森还发起了一场媒体攻势，《生活》杂志也对他进行了报道。他的不懈努力终于获得了回报：1970 年，拥有该采石场的公司把土地捐给了县政府，县政府在这里建立了一座恐龙公园，并将之命名为赖克山化石遗址。第二年，这个遗址被正式授予"国家级地标"的称号，奥尔森也因为他的工作得到了总统的嘉奖。他还差一点儿收到来自白宫的访问邀请，尽管他并不知情。尼克松的一些幕僚非常在意总统的形象，他们认为，让下颌宽厚的总统与一名热衷科学的年轻人合影是一个非常棒的公关创意，但在最后一刻，尼克松的顾问约翰·埃利希曼（John Ehrlichman）否决了这个提议。埃利希曼就是后来"水门事件"中最关键的反派之一。

对一个孩子来说，收集了大量恐龙遗迹，把化石遗址保留给子孙后代，与总统成为笔友，这样的成就相当值得称道，但保罗·奥尔森并没有止步于此。他进入大学学习地质学和古生物学，并在耶鲁大学完成博士学位，之后被哥伦比亚大学聘为教授，而哥伦比亚大学就隔着哈德孙河与赖克山相望。他后来成为全世界数一数二的古生物学家，并当选为美国国家科学院院士，这是美国科学家所能获得的最高荣誉之一。我在纽约读博士的时候，他还是我的博士答辩委员会成员（当然，这对他来说就远远谈不上什么荣誉啦）。在那段时间里，他成为我最信赖的导师之一。他是无所不能的"回音板"，在研究方面不管有什么疯狂的想法，我都会向他征询意见。我给他当过两年的助教，他在哥伦比亚大学教授的恐龙课程在本科生中很受欢迎，总是有很多其他专业的学生报名听课。这位留着白色热拉尔多式胡须的杰出科学家对他们有着致命的吸引力。上课之前，他往往会喝上几杯能量饮料，这样他在课堂上就能满怀激情地昂首阔步。我的讲课风格也是生动活泼、激情澎湃，这在很大程度上都是跟保罗学的。

保罗·奥尔森延续了他在少年时期就开始的事业，并在学术领域大获成功。他专注于研究恐龙在新泽西留下足迹的那段时间里发生的事件：泛大陆在三叠纪末期的断裂，难以想象的火山喷发，大灭绝，以及恐龙在三叠纪到侏罗纪过渡时期的崛起与称霸。

尽管他第一次骑车去采石场的时候还是个孩子，完全不知道那是一个怎样的地方，但保罗成长的地区是全世界研究晚三叠世和早侏罗世的理想之地。他少年时代玩耍的地方位于一个名叫纽瓦克盆地的地质构造之中，这是一种碗状凹陷，盛满了三叠纪和侏罗纪时期的岩石。类似的构造——在泛大陆撕裂过程中形成的裂谷盆地（rift basins）——还有很多，沿着北美东海岸绵延逾1 000英里，纽瓦克盆地只是其中之一。此处往北，位于加拿大的芬迪湾与其中一个盆地合二为一。再往南是哈特福德盆地，穿过了康涅狄格州中部和马萨诸塞州的大部分区域。接着是纽瓦克盆地，紧跟着的是葛底斯堡盆地，就是美国南北战争中那场著名战役发生的地方。这种岩石地貌对军事战略的制定有着非常重要的作用，毕竟在军事上占领高地的重要性不言而喻。葛底斯堡南边有很多小一点儿的盆地，散布在弗吉尼亚州和北卡罗来纳州人烟稀少的地区，终端是卡罗来纳州腹地巨大的深河盆地。

这些裂谷盆地全都沿着东西泛大陆之间的裂隙分布。它们是分界线，是边缘带，是超大陆裂开的地方。在东西两侧拉力的作用下，泛大陆一分为二，地壳内部深处形成了断层，原本坚固的岩石发生断裂。每一点拉扯都会引发地震，而地震又会让断层两侧的岩石发生相对运动。经过数百万年，断层抵达地表，一侧继续陷落，就形成了盆地：断层下落的一侧形成凹陷，上升的一侧形成周围的高山。北美洲的所有裂谷盆地都是这样形成的，是压力、张力和地震共同作用了超过 3 000 万年的结果。

非洲东部目前正在发生一模一样的事情，非洲正在以每年1厘米的速度与中东分离。在大约 3 500 万年前，这两块陆地是连在一起的，如今却被狭长的红海隔开。红海每年都会变宽一点儿，终有一天会成为一个大洋。往南，在非洲大陆上，有一条南北走向的盆地带，随着每一次会把非洲板块和阿拉伯板块拉得更远的地震，这些盆地也都在逐渐扩大，逐渐加深。其中一些盆地形成了全球最深的湖，比如近 1 英里深的坦噶尼喀湖。其他的盆地则被奔腾的河水迂回冲刷，河流从山间奔流而下，灌溉下方的热带生态系统。在这些生态系统当中，生长着一些非洲最常见的动物和植物。在整个盆地地区，乞力马扎罗山这样的火山随处可见，这些火山都是积聚在地底的岩浆在陆地裂开时升向地表的出口。火山喷发时有发生，将盆地覆盖在熔岩和火山灰之下，与盆地一同被埋在下面的，还有生活在这里的生物。

保罗·奥尔森勘察的纽瓦克盆地以及沿北美洲东海岸分布的很多盆地，都经历了相似的演化过程：它们都是在多次地震中逐渐形成的，盆地里面的河流供养过形形色色的生态系统，在河水的不断冲刷下，这些盆地变得越来越深，又因为积蓄了很多水，河就变成了湖。之后，在变化无常的气候作用下，有些湖会干涸，河流又再次形成，整个过程便重新开始。周而复始，永不停歇。恐龙、鳄鱼的假鳄类亲戚、宽额螈以及哺乳动物的早期亲戚都在沿河地带繁衍生息，鱼类大量繁殖，把这些湖全都塞满。这些动物在数千英尺厚的砂岩、泥岩和河湖沉积形成的其他岩石中留下了化石，其中就包括保罗·奥尔森从少年时代开始收集的足迹化石，另外还有骨骼化石。再后来，泛大陆被拉伸到了极限，地壳裂开，火山开始喷发，将盆地和生活在其中的生物全部掩埋。

火山喷发最初并非发生在纽瓦克盆地这片区域，而是在今日的摩洛哥。当时，这片区域被推高，与后来形成北美洲东部的区域相对运动，距离今天的纽约市仅数百英里。熔岩开始从泛大陆上正在形成的其他裂口中涌出，包括纽瓦克盆地、今天的巴西，以及我们在葡萄牙发现的宽额螈墓穴所在的湖相环境——全都位于缝合线沿线，而数百万年之后，缝合线将会变成大西洋。熔岩共有四波，每一波都把一度繁茂葱郁的裂谷盆地化为焦土，每一波将有毒烟雾扩散至全球，每一波都让糟糕的局面雪上加霜。火山喷发仅仅维持了大约50万年——从地质年代的角度来看，就相当于一眨眼的工夫，但地球已经被永远地改变了。

生活在裂谷盆地中的恐龙、假鳄类鳄系主龙、大型两栖动物以及早期哺乳动物的亲戚根本不知道会发生什么，它们就生活在这种"无知的幸福"当中。然而，情况很快就恶化了。

最初发生在摩洛哥的火山喷发释放出二氧化碳云。二氧化碳是一种强效温室气体，会使全球气温迅速升高。后来，温度升得太高了，原本埋在海床之下的奇怪的"笼形包合物"开始融化，而且是全球所有海洋中的笼形包合物同步融化。笼形包合物跟我们所熟悉的固态冰块（比如我们加在饮料中的冰块，或者在派对上使用的造型精美、形状各异的冰块）不一样，这种冰疏松多孔，是冻结的水分子形成的格状结构，能够包裹住困在里面的其他物质。其中一种物质就是甲烷。这种气体不断从地球深处升上来，渗入海水中，但还没进入大气就被笼形水合物困住了。甲烷非常讨厌，它是一种比二氧化碳还要强力的温室气体，增温能力约为后者的35倍。因此，当火山喷发释放出来的第一波二氧化碳导致全球温度升高，使笼形包合物融化后，困于其中的甲烷突然被释放出来。全球变暖开始变得不可遏止。在几万年的时间里，地球大气中温室气体的含量增加了约两倍，温度上升了3~4摄氏度。

陆地上以及海洋内的生态系统无法适应这么快的变化。温度大幅升高之后，很多植物都不能生长了，超过95%的植物都灭绝了。靠这些植物维持生命的动物没了食物来源，很多爬行动物、两栖动物和早期哺乳动物都死光了，食物链上的各个环节就像多米诺骨牌一样接连崩溃。化学上的连锁反应导致海水酸性升高，有壳的有机体数量骤减，食物网络遭到破坏。气候变化无常，危机四伏，酷热的天气与凉爽的天气交替出现。泛大陆南部与泛大陆北部的温差越来越大，巨型季风也因此变得更加强烈，沿海地区越发潮湿，大陆腹地则越发干旱。泛大陆从来就不是一个理想的宜居之地，但对那些已经习惯于被季风、沙漠和假鳄类竞争对手制约的早期恐龙来说，现在的处境更差了。

那么，仍然处于演化早期的恐龙是如何应对这个快速变化的世界的呢？线索就在保罗·奥尔森研究了近50年的足迹当中。在美国和加拿大的东部沿海一带，有70多个地方发现了恐龙的足迹，保罗在新泽西州勘察的采石场就是其中之一。这些化石遗址按地质年代顺序一个叠在另一个之上，时间跨度超过3 000万年：从第一批恐龙在今天的南美洲（但在今天的北美洲仍然找不到）出现，经过晚三叠世火山喷发造成的灭绝，到接下来的侏罗纪。在这些周期性于裂谷盆地沉积形成的砂岩和泥岩中，一代又一代的恐龙和其他动物留下了它们的遗迹。通过研究这些遗迹，我们就能了解这些生物是如何演化的。

这些岩石讲述了一个动人心魄的故事。当裂谷盆地在晚三叠世（始于约2.25亿年前）刚刚开始形成的时候，就已经有恐龙留下了足迹，尽管数量稀少。这里有三趾的跷脚龙足迹，长度从2到6英寸不等，来自一种奔跑迅速的小型肉食性恐龙。跷脚龙跟幽灵牧场的腔骨龙一样，靠两条后腿站立。还有一种阿特雷足迹，形状和大小跟跷脚龙足迹相差无几，但三趾足迹旁还有小小的前足迹，这表明造迹者是四足行走的。这种足迹很有可能来自某种原始鸟臀类恐龙（三角龙和鸭嘴龙类最古老的亲戚），也可能来自某种恐龙型类。从数量上看，恐龙的遗迹远远比不上假鳄类、大型两栖动物、原始哺乳类和小型蜥蜴的遗迹。恐龙就生活在那里，但在裂谷盆地生态系统当中，仍然只是角色球员，这种情形一直持续到三叠纪结束。

随后，火山开始剧烈活动。在最早的侏罗纪岩石（位于熔岩流的上方）中，非恐龙遗迹的多样性骤降。很多非恐龙遗迹突然消失，包括假鳄类留下的一些最醒目的印记。此前，这类遗迹比恐龙遗迹数量更多，种类也更为多样。在火山活动之前，恐龙遗迹在所有遗迹中仅约占20%；但在火山活动之后，半数的足迹都来自恐龙。岩石记录下了一系列全新的恐龙遗迹：包含前足迹和后足迹的异样龙足迹（造迹者可能是一种鸟臀类恐龙），大尺寸的四趾大龙足迹（来自第一批生活在裂谷山谷中的长颈原始蜥脚类恐龙），以及三趾的实雷龙足迹（造迹者是另外一种行动迅捷的捕食者）。这些实雷龙足迹略长于1英尺，比跷脚龙足迹大了不少。跷脚龙足迹的造迹者是一种与实雷龙足迹的造迹者类似的肉食性恐龙，但体形比后者小得多。其足迹是在三叠纪火山爆发前留下的。

这可能出乎你的意料。在远古的一些大规模火山喷发破坏了生态系统之后，恐龙的多样性水平提高，数量更多，体形也更大。全新种类的恐龙不断出现，并进入新的环境，而其他类群的动物则灭绝了。在整个世界逐渐沦为地狱之时，恐龙却生生不息，也许是利用了周遭混乱不堪的形势。

等到火山不再流出熔岩，60万年的恐怖时期告终，此时的世界已经与晚三叠世大不相同。地球变得更温暖，暴雨也更强烈，野火随时可能出现，新的蕨类和银杏类植物取代了繁盛一时的阔叶松柏类，很多独具魅力的三叠纪动物都消失了。状似猪的哺乳动物亲戚二齿兽类和长着喙的植食性喙头龙类都灭绝了；两栖动物超级蝾螈几乎彻底退场。而身为鳄系主龙类的假鳄类，在三叠纪最后的3 000万年里盛极一时，让恐龙黯然失色，而且很有可能在与恐龙的竞争中胜出，它们怎么样了呢？几乎每一个种的假鳄类都倒下了。长吻的植龙类，坦克一般的坚蜥类，顶级捕食者劳氏鳄，以及状如灵鳄又很像恐龙的奇怪生物，就此全部销声匿迹。在泛大陆撕裂之后唯一幸存下来的假鳄类就是为数不多的几种原始鳄鱼，它们是历尽艰辛的流浪者，最终演化成现代的短吻鳄和鳄鱼。它们在晚三叠世的辉煌永远成了历史，尽管彼时它们似乎已经做好了主宰整个世界的准备。

然而，最终的胜利属于恐龙。它们经受住了泛大陆撕裂、火山喷发、气候变化无常以及大火等种种它们的对手未能经受住的考验。我希望我能很好地解释这背后的原因。这个谜团曾经让我夜不能寐。难道恐龙有什么特别之处，才让它们在竞争中超越假鳄类和其他灭绝了的动物吗？是它们生长得更快，生殖周期更短，新陈代谢水平更高，还是运动更高效？在酷热和极寒侵袭的时候，它们有更好的呼吸方式，还是说它们更善于躲藏，能够更有效地将身体与恶劣环境隔绝？也许吧，但很多恐龙和假鳄类不仅看上去非常相像，而且行为模式也非常类似，这个事实让上述想法听起来不太能站得住脚。也许只是因为它们非常幸运。也许是因为此类毁天灭地的突发性灾难打破了正常的演化规则。也有可能是因为恐龙交上了好运，就像"空难"之后毫发未伤的人一样，在大量其他动物未能生还的大劫难之后幸存。

不管答案是什么，这都是一个谜，等待下一代古生物学家来解开。

　　侏罗纪才标志着"恐龙时代"的真正开始。诚然，真正的恐龙最迟在侏罗纪开始前3 000万年就已登场，但我们已经看到，这些出现较早的三叠纪恐龙还远远没有占据主导地位。之后，泛大陆开始撕裂，恐龙从灰烬中走出，步入一个空空荡荡的新世界，开始了对这个世界的征服。在侏罗纪最初的几千万年里，恐龙变得多种多样，出现了大量新物种，令人眼花缭乱。全新的亚类不断出现，其中几类的存在时间将超过1.3亿年。它们越长越大，遍及世界各地，占据了湿润区、沙漠以及两者之间的所有地区。到了侏罗纪中叶，恐龙的主要类型在全球各地都有分布。经常能在博物馆的展览或童书中见到的典型画面就是当时的真实场景：恐龙行走在陆地之上，发出轰然巨响，位于食物链顶端的凶猛肉食者与长脖子巨兽、披甲或长着骨板的植食者同框，而弱小的哺乳动物、蜥蜴、青蛙以及其他非恐龙生物，都在恐惧中瑟瑟发抖。

　　泛大陆火山爆发之后，有几种人们耳熟能详的恐龙开始在侏罗纪出现，其中包括：肉食性兽脚类恐龙双嵴龙，它头骨上长着两个形状怪异的莫霍克式头冠，身长约20英尺，比骡子大小的腔骨龙和其他三叠纪肉食性恐龙要大得多；植食性、披甲的鸟臀类恐龙，如肢龙和小盾龙，不久之后就会让位于我们所熟悉的状如坦克的甲龙类和背部长着骨板的剑龙类；体形不大、行动迅速、可能属杂食性鸟臀类的畸齿龙和莱索托龙，它们所属的谱系后来演化出了角龙类和鸭嘴龙类，而畸齿龙和莱索托龙是该谱系的早期成员。还有一些其他我们耳熟能详的恐龙，它们在三叠纪就已经出现，但当时仅生活在某些特定环境中，包括长颈原始蜥脚类恐龙，以及最原始的鸟臀类恐龙，它们终于也开始向全世界迁移。

　　恐龙变得种类繁多，并逐渐登上霸主的宝座，其中最具代表性的非蜥脚类莫属。蜥脚类恐龙很容易辨认，它们通常都是巨兽，虽然脑袋不大，但是脖子很长，四肢粗壮，大腹便便，喜食植物。最著名的恐龙之中也有一些蜥脚类，比如雷龙、腕龙和梁龙。几乎所有的博物馆里都有它们的身影，同时它们也是电影《侏罗纪公园》中的明星；《摩登原始人》当中的弗雷德·弗林特斯通在开采页岩的时候曾把一只蜥脚类恐龙当起重机用；标准石油公司曾把一个绿色卡通蜥脚类恐龙形象当作自己的标志，一用就是几十年。它们跟君王暴龙一样，都是人们心目中恐龙的典型代表。

　　蜥脚类恐龙是从三叠纪末期一个非常古老的类群演化而来的，我一直把这个类群

板龙的头骨。板龙是一种原始蜥脚类，而原始蜥脚类是蜥脚类恐龙的祖先。

叫作原始蜥脚类。这些原始类群是体形介于狗和长颈鹿之间的植食者，有着相当长的脖子。它们是 2.3 亿年前最早生活在伊斯基瓜拉斯托的恐龙中的一员。后来，它们成为三叠纪泛大陆湿润带的主要植食者，但由于无法适应沙漠环境，它们没能充分发挥出自己的潜能。到了侏罗纪早期，情况发生了变化。此时，蜥脚类恐龙终于能够打破环境的制约，向全球迁移。在这一过程中，它们演化出了面条一样的标志性长脖子，也逐渐长成了巨无霸。

最初的某些蜥脚类恐龙算得上真正的庞然大物。它们的体重超过 10 吨，身长超过 50 英尺，脖子能向空中伸到几层楼高的地方。过去几十年间，它们的化石陆续出现在苏格兰西海岸附近的一座美丽的小岛上。这座小岛叫作天空岛（Isle of Skye）。岛上的化石线索支离破碎，这里出现一块粗壮的肢骨化石，那里找到一颗牙齿或是一截尾椎骨，但它们都暗示着这是一种生活在 1.7 亿年前的巨型生物。彼时，侏罗纪已经开始很久了，泛大陆的撕裂以及火山喷发造成的末日惨景都成了遥远的故事，不过，恐龙离登上霸主之位仍有一步之遥。

2013 年，我前往苏格兰，赴爱丁堡大学任教。当时，我刚在纽约拿到博士学位，为即将拥有自己的研究实验室兴奋雀跃。天空岛的蜥脚类恐龙化石激起了我的兴趣。履新的前几周，我就跟我们系的另外两位科学家混熟了。他俩一位是马克·威尔金森（Mark Wilkinson），另一位是汤姆·查兰兹（Tom Challands）。马克是资深野外地质学家，梳着马尾，留着邋遢的胡子，看起来像个嬉皮士；汤姆则是一个任劳任怨的老实人，也拥有古生物学的博士学位，不过他的研究对象是 4 亿年前的微体化石。不久前，汤姆结束了在一家能源公司的短期工作，他运用地质学技能为那家公司寻找石油。那时，他在一辆定制的露营车内住过一段时间，里面有床和小厨房。不管在哪个遗址进行勘察，他都把车停在附近。婚后，他的新婚妻子就终结了这种生活方式。但在进行野外工作的时候，这辆露营车仍然能提供不少便利。汤姆常常在周末的时候沿着雾气蒙蒙的海岸行驶，寻找化石。马克和汤姆都在天空岛做过一些地质工作，对这一带的地形了如指掌，所以我们决定去寻找这种神秘的蜥脚类巨兽留下的品相更好的化石。

随着我们对天空岛的研究不断深入，有一个名字在文献资料里反复出现：杜格尔·罗斯（Dugald Ross）。我对这个名字没什么印象。他不是古生物学家，也不是地质学家或任何一个领域的科学家，不过天空岛的很多恐龙化石都是他发现并描述的。杜格尔是当地人，在一个叫作埃利沙德（Ellishadder）的小村庄里长大。那里位于天空岛的东北角，是一片多岩区域，危崖丛生，青山连绵，溪流有着泥炭一样的颜色，海岸被风侵蚀，看上去就像奇幻小说里的景色，洋溢着浓烈的托尔金风格。杜格尔在一个讲盖尔语的家庭里长大。盖尔语是苏格兰高地人的母语，如今，只有大约 5 万人还在使用这种语言。但在像天空岛这样偏远的岛屿上，我们仍能在路牌和学校里看到这种语言。杜格尔 15 岁时，在离家不远的地方发现了一个"藏宝穴"，里面埋着一些箭镞和几件青铜时代的物品，这让他一下子迷上了这座岛的历史。这种痴迷一直伴随着他长大成人，后来，他成了职业建筑师，同时还是一个小农场主。

　　我联系上了杜格尔，告诉他我们想要在岛上找到巨型恐龙的愿望。这是我发过的给我带来最大幸运的电子邮件之一，这封邮件开启了一段友谊，也促成了一次成果斐然的科研合作。几个月后，我们登上了天空岛，杜格尔（他喜欢别人叫他杜吉）邀请我们去他那里。岛的东北沿岸有一条双车道主路，曲曲折折，他指示我们沿着那条主路行驶。我们在一座很长的庄园式建筑前会合。建筑由大小不一的灰色石头砌成，屋顶覆盖着黑色的瓦片，外部的草坪上放满了老式的农耕器具。建筑前面竖着一块牌子，上面写着：TAIGH-TASGAIDH（在盖尔语中意为博物馆）。杜吉从红色的厢式货车中走出来，身上挂着一串超大号万用钥匙。那辆货车是他的工作室。他做完自我介绍之后，就骄傲地把我们领进那幢建筑里。他说话的声音柔和动听，结合了肖恩·康纳利式的苏格兰口音和爱尔兰土腔，充满魅力。他向我们讲述了他是如何在仅有一间房的校舍废墟上建起斯塔芬博物馆的，也就是我们现在身处的地方。创建这座博物馆的时候，他只有 19 岁。如今，博物馆里也只有一间房子，没有咖啡厅，没有大大的礼品店，也

苏格兰天空岛的美景。

没有其他大城市博物馆里那些烦冗昂贵的装饰，甚至没有电力供应，但是有很多他在天空岛发现的恐龙化石，还有其他一些可以追溯这座岛人类居住历史的物品。这是一种超现实的体验：巨大的恐龙骨头和足迹与古旧的磨盘、采收萝卜的铁棍并排陈列在一起，还有高地农民曾经用过的古董鼹鼠捕杀器。

那一周剩下的时间里，杜吉带着我们去了很多他钟爱的"狩猎点"。我们发现了很多侏罗纪化石：有体形跟狗差不多大的鳄鱼的下巴，有鱼龙类（一种爬行动物）的牙齿和脊骨。鱼龙类跟海豚长得很像，当恐龙开始主宰陆地的时候，它们还生活在海里。但我们并未发现巨大的蜥脚类的踪迹。接下来的几年里，我们不断重返此地。

终于，在 2015 年的春天，我们发现了当初来这里想要找的东西，不过一开始我们并没有意识到。那一整天，我们几乎都跪在地上寻找细小的鱼牙和鱼鳞。这些牙齿和鳞片都嵌在一个侏罗系地台里，地台径直伸进北大西洋冰冷的海水中，位于一处 14 世纪城堡遗迹的正下方。这是汤姆的主意：他正在研究鱼化石，却在帮我找恐龙，作为交换，我答应帮他收集鱼化石。我们眯着眼睛在这些岩石里找了几个小时。尽管穿着三层防水的衣服，我们仍然感到冰冷刺骨。潮水上涌，白日将尽，很快就要到晚餐时间。汤姆和我收拾好东西，拿上装着鱼牙的袋子，信步朝着他停在海滩另一侧的厢式货车（这辆车配备了很多新奇的装置）走去。就在这时，有什么东西映入了我们的眼帘。岩石上有一个形状怪异的凹陷，大小跟汽车轮胎差不多。之前我们都没发现，因为我们的注意力全都集中在尺寸小得多的鱼骨上，头脑中的搜索图像完全无法让我们注意到这么大的东西。

我们继续往前走，又发现了很多类似的凹陷。在夕阳的余晖中，这些坑依然可见，大小都差不多。我们看得越仔细，就越觉得这些坑是以我们为中心，向四周发散，似乎蕴含着某种规律。单个坑洞列成了长长的两排，呈 Z 字形排列：左右、左右、左右……带状图案在我们白天工作的地台上纵横交错。

汤姆和我对视了一下。这是兄弟之间心照不宣的眼神，一种共事多年培养出的默契。这种类型的东西我们都见过，不是在苏格兰，而是在西班牙和北美洲西部这些地方。我们知道它们是什么。

我们面前的这些坑都是化石化的遗迹，非常巨大。恐龙遗迹，确凿无疑。我们凑

杜吉正把恐龙骨化石从天空岛上的一块巨石中取出。

我和汤姆·查兰兹在天空岛发现的"恐龙舞池"，布满蜥脚类的行迹。

近观察，看到了前足迹和后足迹，有些还留有手指和脚趾的印记。这些化石遗迹具有蜥脚类遗迹的典型形状。我们发现了一个 1.7 亿年前的恐龙舞池，布满庞大的蜥脚类恐龙的遗迹：这些恐龙大约 50 英尺长，有 3 头大象那么重。

遗迹是在一个远古潟湖中形成的，但潟湖并不是蜥脚类恐龙常见的生活环境。我们往往认为，这些庞大的恐龙在陆地上行走时会重重地跺脚，每走一步都会引起一次小地震。它们曾经的确如此。但到了侏罗纪中期，蜥脚类恐龙已经足够多样化，并开始向其他生态系统挺进。它们需要消耗大量叶类食物为巨大的身体供能。我们在天空岛发现的行迹遗址至少包含三层不同的足迹，分别来自不同世代的蜥脚类恐龙。它们在盐潟湖中跋涉而过，留下了这些印记。与这些庞然大物共同生活的，还有个头小一点儿的植食性恐龙、不怎么多见的皮卡大小的肉食性动物，以及各种鳄鱼、蜥蜴和长着海狸那样的扁尾巴又会游泳的哺乳动物。那时，苏格兰比现在温暖得多，是一块由沼泽、沙滩和奔腾的河流组成的土地，位于大西洋的一座岛屿之上。当时，大西洋还在不断扩大，两侧分别是随着泛大陆的分裂而彼此逐渐远离的北美洲大陆和欧洲大陆。这片土地的主宰者就是蜥脚类恐龙和其他种类的恐龙，此时，恐龙的脚步终于遍及世界各地。

必须得说，在那个远古苏格兰潟湖中留下印记的蜥脚类恐龙真是卓尔不凡。所谓卓尔不凡，就是说它们令人惊叹，令人生畏，令人敬服。如果有人递给我一张白纸和一支笔，让我创造一种神话中的野兽，我恐怕永远想象不出蜥脚类恐龙这样的生物。它们是演化的创造物，它们真实存在过：它们诞生，它们成长，它们运动、进食和呼吸，它们要躲避捕食者，它们要睡觉，它们会留下足迹，它们也会死亡。如今，根本没有哪种生物能跟蜥脚类恐龙相提并论：没有什么动物能有它们那样的长脖子和它们那样的大腹体形，没有哪种生活在陆地上的生物能在个头上接近它们分毫。

蜥脚类恐龙的体形之大，令人难以想象。当最早的蜥脚类恐龙化石于 19 世纪 20 年代被发现的时候，科学家还因此误入歧途。同一时期，人们还发现了某些早期恐龙，比如肉食性的巨齿龙和长着喙的植食者禽龙。不用说，这些恐龙都很大，但跟留下了巨大的蜥脚类恐龙化石的生物相比，就显得微不足道了。因此，科学家并没有把这些化石跟恐龙联系在一起，而是认为它们属于唯一一种他们知道能够长到这么大的生物——鲸。几十年后，这个错误才得以纠正。令人称奇的是，后续的发现表明，很多蜥脚类恐龙的个头要超过绝大部分的鲸类。蜥脚类恐龙曾是地球上最大的生物，是演化所能创造的极限。

这就产生了一个让古生物学家苦思冥想了一个多世纪的问题：蜥脚类恐龙是如何长到这么大的？

这是古生物学中最经典的谜题之一。但在解谜之前，我们先得弄清楚一些更为基本的问题：蜥脚类恐龙有多大？身体有多长？脖子能伸多高？最重要的是，体重有多少？事实证明，这些问题很难回答，特别是体重，因为你不可能把恐龙直接放在秤上称量。古生物学家都知道的一个行业秘密是：你在书中和博物馆的展览里看到的很多漂亮数字（比如雷龙重100吨，比一架飞机还大）大都是编造的。有些还是基于某些证据的猜测，而有些就真的"纯属猜测"罢了。不过，古生物学家最近想出了两种不同的测算方法，能根据骨骼化石，更加准确地估测恐龙的重量。

第一种方法相当简单，用的是基础物理知识：动物越重，其四肢就越粗壮，这样才能承受身体的重量。动物的身体构造体现了这一逻辑原则。科学家在测量了很多现生动物的肢骨后发现，支撑动物的每一肢的主要骨头——对两腿行走的动物来说就是股骨，对四足行走的动物来说就是股骨和肱骨，其粗壮程度与该动物的体重在统计方面存在强相关关系。换言之，有个等式适用于几乎所有活着的动物：如果你能测量出肢骨的粗细，就能计算出身体的重量，虽然会有误差，但在可接受的范围之内。这样简单的代数计算，一个基本款计算器就能完成。

第二种方法更精细，也更有意思。科学家们在模拟软件中建立恐龙骨架的三维数字模型，并添加皮肤、肌肉和内脏器官，然后利用计算机程序计算出体重。这个方法由几名年轻的英国古生物学家——卡尔·贝茨（Karl Bates）、夏洛特·布拉西（Charlotte Brassey）、彼得·法尔金汉姆（Peter Falkingham）和苏西·梅德门特（Susie Maidment）——和他们的合作者网络率先使用。他们之中，既有专门研究现生动物的生物学家，也有计算机科学家和程序员。

几年前，在我即将完成博士学业之际，卡尔和彼得邀请我参加一项用数字模型测算蜥脚类恐龙大小和比例的研究。他们有一个野心勃勃的目标：对骨架足够完整的所有蜥脚类恐龙进行详尽的计算机模拟，测算出这些动物有多大，并弄清楚它们在长成

纽约美国自然历史博物馆的雷龙。旁边为一具人类的骨架比例对照模型。

图片由美国自然历史博物馆图书馆提供。

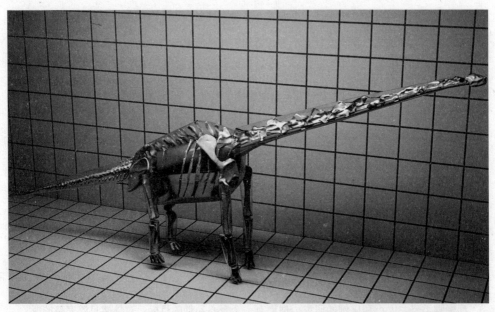

用计算机建立的蜥脚类长颈巨龙骨架数字模型。数字模型能帮助科学家计算出这只恐龙的体重。

图片由彼得·法尔金汉姆和卡尔·贝茨提供。

庞然大物的过程中，身体发生了怎样的变化。我之所以受到邀请，完全是出于实用主义的原因：一些世界上保存得最完好的蜥脚类恐龙骨架正在纽约美国自然历史博物馆展出，而当时这个博物馆正是我的大本营。他们需要其中一种名为重龙的骨架数据，它是晚侏罗世物种。他们指导我如何收集用于建立模型的信息，让我感到意外的是，我所需要的全部工具，也就是一台普通的数码相机、一副三脚架和一把比例尺而已。我把相机固定在三脚架上，从各个角度给搭好的重龙骨架拍了大约100张照片，确保比例尺能照进绝大部分照片里。然后，卡尔和彼得把图像导入一个计算机程序，程序对照片中的对应点进行匹配，通过比例尺计算出彼此间的距离，然后不停重复这个操作，直到一个基于原始二维图像的三维模型建立起来。

这项技术叫作摄影测量法，它给我们研究恐龙的方式带来了革命性的变化。通过这种方法建立的超级精准的模型能体现精确的细节。模型也可以加载到模拟软件当中，加以设置让恐龙奔跑跳跃，这样就能确定恐龙能够做出什么样的运动，拥有什么样的行为。模型甚至还可以用在动画电影或者电视纪录片当中，确保屏幕上出现的是还原程度最高的恐龙。这些模型让恐龙得以重生。

我们的计算机建模研究得出了跟以肢骨测量为基础的更为传统研究相同的结论：蜥脚类恐龙真的非常、非常大。像板龙这样原始的蜥脚类恐龙在三叠纪时期就具有比较大的体形。某些板龙的体重高达两三吨，相当于一到两头长颈鹿的重量。但随着泛大陆开始分裂，火山喷发，三叠纪转变为侏罗纪，蜥脚类恐龙的体形大幅增长。在这个苏格兰潟湖留下遗迹的蜥脚类恐龙，体重在10~20吨。到了侏罗纪较后期，像雷龙和腕龙这样出名的巨兽已经长到了30多吨。不过，跟某些白垩纪的超大型物种——无畏龙、巴塔哥尼亚龙和阿根廷龙（它们属于巨龙类，体重超过50吨，比一架波音737还要重）——相比，这些恐龙又不值一提了。

如今，陆地上体形最大、体重最高的动物是大象。它们的体形因生活地点和所属种类的不同而有所差别，但体重大多为5~6吨。有案可查的最重的一只大象体重高达11吨。它们完全比不上蜥脚类恐龙。这样一来，我们又回到了当初那个问题：这些恐龙是如何演化出如此庞大的身躯，而没有其他任何一种生物能与之匹敌？

第一件需要考虑的事情是，动物要长到那么大，得具备哪些条件。有一点显而易见：它们需要消耗大量食物。从它们的体形和侏罗纪最常见食物的营养质量来判断，像雷龙这样的大型蜥脚类恐龙，每天可能需要吃掉 100 磅左右的叶、茎和嫩枝，甚至更多。因此它们需要想办法采集并消化这么多的食物。第二，它们要迅速长大。每年都长大一点点固然是种不错的办法，但要是你得花 100 多年去长大，那就意味着在你发育完全，具有成年的体形之前，你就会被捕食者吃掉，或者在狂风暴雨之际被一棵大树砸中，或者因罹患某种疾病而死亡，这些事情发生的概率很大。第三，它们的呼吸必须非常高效，这样才能吸入足够的氧气，为它们巨大身体内的新陈代谢提供动力。第四，从身体构造来说，它们的骨骼必须非常强壮结实，但又不能太过笨重，否则就没法走路了。最后，它们需要散发掉过多的热量，在酷热的天气里，大型动物很容易因过热而死。

可以肯定的是，蜥脚类恐龙能做到以上这些事情。但它们是怎么做到的？很多从几十年前就开始思考这个谜题的科学家都认同一个最简单的答案：三叠纪、侏罗纪和白垩纪的物理环境可能有所不同。也许那时的重力作用更弱一些，因此大型动物的移动和生长会更容易。也许当时大气中的氧气含量更高，因此大型蜥脚类恐龙的呼吸效率更高，生长和新陈代谢的效率也就更高。这些猜想可能听起来很有说服力，但根本经不起推敲。没有证据表明恐龙时代的重力有什么明显的差异，而且当时大气的含氧量跟现在差不多，甚至还略低一些。

那么，合理的解释就只剩下了一种：蜥脚类恐龙本身就有不同之处，这让它们得以打破制约所有其他陆生动物（哺乳动物、爬行动物、两栖动物甚至其他种类的恐龙）进化出庞大体形的枷锁。其中的关键似乎是它们独特的形体构型，这种形体构型结合了在三叠纪和侏罗纪初期逐步演化出的各种特征，最终形成了一种能茁壮生长的巨兽。

一切都要从脖子说起。纤细瘦长、摇曳生姿的脖子可能是蜥脚类恐龙最与众不同的特征了。最古老的三叠纪原始蜥脚类恐龙已经演化出比一般动物更长的脖子。随着时间的推移，它们的身体越来越大，脖子也相应地越来越长，蜥脚类恐龙颈椎骨的数量更多，每块颈椎骨都变得更长。就跟钢铁侠的战甲一样，长长的脖子赋予了蜥脚类恐龙某种超能力：与其他植食性动物相比，它们够得着更高处的树叶，从而获得了一种全新的食物来源。它们可以在一个地方站上几个小时不动，脖子像动臂装卸机一样上下左右活动，只需花费极少的能量就能获得食物。这意味着它们能吃到更多食物，因此跟竞争对手相比，它们摄入能量的效率更高。这是第一项适应性优势：长脖子让它们吃到大量食物，为庞大身躯提供物质基础。

接着是它们的生长方式。我们可以回忆一下，与很多两栖动物和爬行动物相比（这些动物在三叠纪初期也在实现多样化发展），恐龙的恐龙型类祖先已经有了更高效的新陈代谢系统，它们生长得更快，也更活跃。它们可不是整天懒洋洋的，它们也不像鬣蜥或鳄鱼那样，要花很长时间才能发育为成体。同样的情形也适用于它们的恐龙后代。对骨骼生长的研究表明，大多数蜥脚类恐龙从刚孵化出时如荷兰猪般的大小长到像飞机那么大只需30或40年。对于如此显著的变态发育而言，它们所花的时间短得不可思议。这是第二项优势：它们从身材跟猫差不多大的远祖那里继承了快速生长的天赋，这对庞大身躯的形成至关重要。

蜥脚类恐龙还继承了另外一项优势：效率非常高的肺。蜥脚类的肺跟鸟类的肺非常相似，但跟我们人类的肺大不相同。哺乳动物的肺构造简单，在一次循环中吸入氧气并呼出二氧化碳，但鸟类拥有一种使气体单向流动的肺，也就是说，空气只能从一个方向进入，呼气和吸气的时候都会有新鲜空气流经肺部。鸟类的肺效率极高，每次呼气和每次吸气都能吸收氧气。这是生物工程学上一个令人叹为观止的设计。这种结构之所以可能，是因为有多个气球一样的气囊与肺部相连。吸气时，气囊会储存部分富含氧气的空气，而在呼气的时候这部分空气就会经过肺部。这听起来让人摸不着头脑，不过没关系，毕竟这种结构的肺真的非常奇怪，生物学家也花了几十年才搞明白它的工作原理。

我们知道，蜥脚类恐龙拥有跟鸟类相似的肺，其胸腔的很多骨头都有相当大的开口，这些开口叫作气腔，气囊会伸入气腔内部。该构造只能由气囊形成，现代鸟类身上也有一模一样的构造。这是蜥脚类恐龙的第三项适应性优势：蜥脚类恐龙的肺效率非常高，能吸入足够氧气，为庞大身躯的新陈代谢提供动力。蜥脚类恐龙的肺跟鸟类的肺如出一辙，这可能是暴龙类和其他巨型猎食者能长这么大的原因之一。然而，鸟臀类恐龙没有这样的肺，这也是为什么鸭嘴龙类、剑龙类、角龙类以及甲龙类不曾拥有蜥脚类恐龙那么大的身体。

事实证明，气囊还有一个功能。除了可以在呼吸过程中储存空气，侵入骨头的气囊还减轻了骨骼的重量。实际上，气囊让骨头变得中空，这样一来，骨头的外部构造仍然坚硬，但重量要轻得多。充气的篮球比同等大小的石头轻，道理就在于此。想知道为什么蜥脚类恐龙能在脖子抬那么高的情况下，不会像一个失去平衡的跷跷板那样翻倒吗？原因就在于，布满气囊结构的颈椎骨，状似蜂巢，非常轻，但仍然非常结实。这是第四项优势：气囊使蜥脚类恐龙拥有足够坚固而轻巧的骨架，这样恐龙才能四处行走。没有气囊的哺乳动物、蜥蜴和鸟臀类恐龙就没有这样的好运了。

散发身体多余的热量是蜥脚类恐龙的第五项特殊的适应性优势，肺和气囊亦在此发挥了作用。众多气囊遍及身体大部分地方，延伸进骨头内部，游走在器官之间，形成了一大块用来散热的表面。每次吸进来的热空气都会由这个中央空调系统进行冷却。

把这些优势综合在一起，我们就能创造一只超大恐龙。如果蜥脚类恐龙缺少上述任何一个特征——长脖子、非常快的生长速度、高效的肺、能够减轻骨重并给身体降温的气囊系统，它们很可能就没法长成这样的巨兽。从生物学的角度来说，那是不可能完成的任务。但演化提供了所有这些条件，并按照正确的次序组装到一起。当套装终于在侏罗纪时代（火山爆发已经成为过去）组合完成，蜥脚类恐龙发现它们能做到其他动物不管是在此之前还是在这之后都不曾做到的事。它们硕大无朋，席卷世界；它们以最为"辉煌"的方式登上王位，在王位上一坐就是一亿年。

第四章

恐龙与漂移的大陆

剑龙

在康涅狄格州纽黑文绿树成荫的街道旁，也就是耶鲁大学校园的北缘，坐落着一座"圣殿"——耶鲁大学皮博迪博物馆的恐龙大厅。尽管大厅没有自我标榜为"朝圣之地"，但对我而言，这里无疑就是精神圣地。每次来到这里，我都能感受到身体的震颤，恍如小时候参加天主教弥撒。这不是一座寻常的圣殿，没有圣贤的塑像，没有摇曳的烛光，也没有一丝燃香的气味。何况，这里也不怎么庄严宏伟，至少从外表看不出来。这是一座毫不起眼的砖结构建筑，跟这所大学其他报告厅毫无二致，但里面保存着不少圣物。在我眼中，它们的神圣程度跟任何宗教圣殿的圣物都不相上下。这种圣物就是恐龙。在我看来，如果想找一个地方让自己沉浸在神奇的史前世界之中，恐龙大厅是最好的选择，世界上没有比它更好的地方。

大厅最初建成于20世纪20年代，为的是让耶鲁大学无与伦比的恐龙化石藏品有一个去处。化石藏品是"化石雇佣兵"花了好几十年收集的。这些人在美国西部四处奔波，只要价钱合适，他们就会把化石宝藏运往东部，供常春藤大学联盟的精英研究。尽管已近百年，这个大厅仍完好保留着最初的魅力。这里不是"新时代"展馆，没有闪烁的计算机屏幕，没有恐龙全息影像图，也没有恐龙的吼叫充当背景音。这是科学的殿堂，灯光幽暗，静默的气氛颇似教堂。一些最具代表性的恐龙骨架肃立于此，不眠不休。

整面东侧墙壁是一幅壁画，长逾100英尺，高逾16英尺，花了四年半的时间才完成。壁画的作者鲁道夫·扎林格（Rudolph Zallinger）出生于西伯利亚，后移居美国，在大萧条期间成为专业插画师。若他今天仍然在世，很可能会在一家动画工作室担任分镜画家。他是一位布景大师，精通组织安排各种不同的角色，擅长用画笔叙述宏大的故事。他最著名的作品无疑是《进步的行进》（The March of Progress，其戏仿作品随处可见），描绘了人类演化的时间线。在这幅作品中，一只指关节着地行走的猿逐渐演变为一个手持短矛的人。通过这幅画理解或者误解演化理论的人恐怕比通过教科书、课堂或博物馆展览理解这一理论的人的总数还要多。

但在绘制人类之前，扎林格曾痴迷于恐龙。他在大厅里创作的壁画《爬行动物时代》（The Age of Reptiles）是他那段时期的巅峰作品。这幅画曾出现在美国的邮票上，曾以特稿的形式在《生活》杂志上连载，也曾被各类恐龙相关制品复制或者盗用。这是古

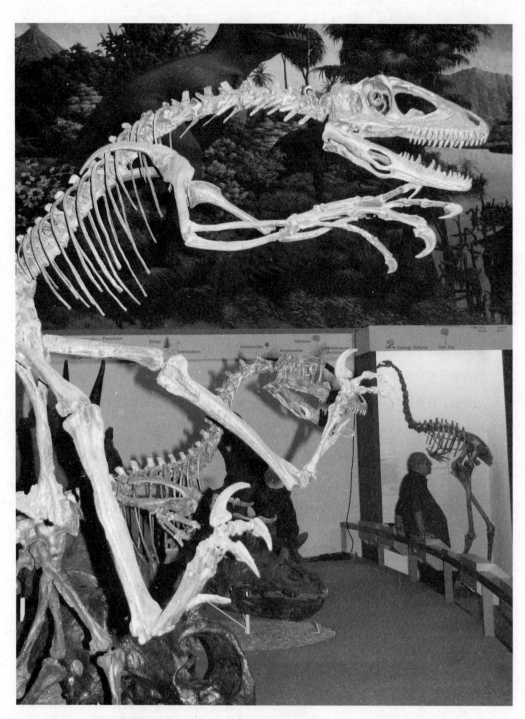

耶鲁大学皮博迪博物馆内，兽脚类恐爪龙守卫着扎林格壁画。

生物学界的《蒙娜丽莎》，也是有史以来引发最多讨论的恐龙艺术品。实际上，它与贝叶挂毯的关系更近，因为它讲述的是一个关于征服的史诗故事：类似鱼的生物最先出现在陆地上，它们征服了新的环境，并演化成爬行动物和两栖动物；接下来，这些爬行动物分别演化为哺乳动物和蜥蜴，先是原始哺乳动物的兴盛期，接着是蜥蜴的兴盛期，最终恐龙登上舞台。

在壁画即将结束之处，也就是与开始之处相隔 60 英尺的地方，经过 2.4 亿年的漫长旅程，穿过有着原始鳞甲野兽的奇异景象，画作终于被恐龙填满。随着蜥蜴和原始哺乳动物过渡到恐龙的过程在画中渐次展开，恐龙好像一下子就出现了。它们到处都是，形态繁多，大小各异，有的无比庞大，有的则与背景融为一体。壁画仿佛突然换了一种截然不同的风格，就好像萨达姆宫殿中极尽自我吹捧之能事的湿壁画。只要看上这些恐龙一眼，我就能感受到它们的威严。这里充满力量、控制、主宰。恐龙掌控全局，这是属于它们的世界。

扎林格壁画的这一部分非常美妙地展示了恐龙登上成功之巅时是怎样一番景象。前景只有一只巨大的雷龙在沼泽中徜徉，嘴里嚼着蕨类植物，水边环绕着常绿树木。在雷龙的一侧是一只公共汽车大小的异特龙，正在用尖牙利爪撕开鲜血淋漓的尸体，它巨大的脚踩着猎物，这是对猎物的又一重侮辱。与异特龙保持着安全距离的，是一只正在安静进食的剑龙，它全身的骨质背板和尖刺悉数展开，这是它防范肉食者的武器。背景深处，沼泽渐渐消失，连绵的群山开始出现，山顶覆盖着积雪，另外一只蜥脚类恐龙正在用长脖子像吸尘器一样吸食低处的灌木。与此同时，两只翼龙类（它们是会飞的爬行动物，恐龙的亲戚，常被叫作翼手龙类）正在头顶互相追逐，在宁静蔚蓝的天空中下坠和俯冲。

很多人想到恐龙的时候，脑海中出现的很有可能就是这样一幅画面。这是巅峰时期的恐龙。

扎林格壁画并非虚构的场景。跟任何优秀艺术品一样，这幅画中偶尔会有天马行空的想象，但大体都是有据可考的。这幅画的基础就是那些立在大厅壁画前的恐龙，其中有雷龙、剑龙和异特龙这些熟悉的名字。它们生活在大约 1.5 亿年前的晚侏罗世。那时，恐龙已经成了陆地上的主导力量。5 000 万年之前，它们战胜了假鳄类，距离最早的长脖子物种涉水走过苏格兰的潟湖也已过去了 2 000 万年。再也没有什么能挡得住恐龙前进的步伐。

我们知道不少有关晚侏罗世恐龙的事，因为这一时期留下了相当丰富的化石，在世界上的很多地方都有发现。这是地理学上的某种异常：总有某些时期的化石记录好于其他时期。原因通常在于，那一时期形成的岩石更多，或者那个时期的岩石更好地经受住了侵蚀、洪水、火山喷发，以及其他导致化石难于被发现的力量的考验。就晚侏罗世而言，我们在两方面运气非常好。首先，全世界的河边、湖边和海边曾生活着大量高度多样化的恐龙类群，而这样的地方是将化石埋入沉积物并最终形成岩石的理想场所。其次，这些岩石如今已经暴露出来，分布在美国、中国、葡萄牙以及坦桑尼亚境内人口稀少而干旱的地区，没有建筑、公路、森林、湖泊、河流或海洋的阻碍，对古生物学家来说，地理位置十分便利。

晚侏罗世最负盛名的恐龙——也就是扎林格壁画里的那些——来自一个很厚的沉积岩层，该岩层在美国西部很多地方都能见到。它的正式名称叫作莫里森组，取自科罗拉多州一个小镇的名字。小镇里有五颜六色的泥岩和略带淡棕的砂岩露出地表，非常漂亮。莫里森组可不得了：如今，在美国的 13 个州都能发现莫里森组岩石，覆盖着近 40 万平方英里的美国灌木丛林地。这些岩石很容易形成低矮的山峦或是高低起伏的劣地，也就是你能在西部片中看到的典型地貌。它们还蕴藏着美国最重要的一些铀矿资源。不仅如此，这里还是恐龙的温床，它们骨骼化石中含有的铀能让盖革计数器哔哔作响。

读本科的时候，我在莫里森组工作过两个夏天，那也是我第一次尝试挖掘恐龙化石。当时我正在芝加哥大学保罗·塞里诺的实验室里受训。我上一次见到保罗的时候，他带领一群人进入阿根廷，并发现了全世界最早的恐龙的化石，包括三叠纪的埃雷拉龙、始盗龙和曙奔龙。但保罗似乎什么都研究，四处进行野外考察。他在非洲发现了一种长相奇特、以鱼为食的长颈恐龙，他还去过中国和澳大利亚，甚至还描述了一些重要的鳄鱼、哺乳动物和鸟类的化石。

此外，跟所有需要教学的古生物学家一样，保罗还得把时间投入课堂。他每年都会开设一门名叫"恐龙科学"的本科生课程，课程把理论与实践结合到一起，非常受

保罗·塞里诺在怀俄明州。

欢迎。由于在芝加哥附近找不到恐龙化石，班上的同学每年夏天都会前往怀俄明州进行为期十天的野外考察。学生们能在那里与著名的科学家一起挖恐龙，这是他们"一生只有一次"的机会。虽然在那之前，我几乎没有什么相关经验，但我仍然以助教的身份加入其中。我是保罗的左膀右臂，我们带着这群学生——什么专业的都有，从医学预科到主修哲学——在高原沙漠里穿行。

保罗要考察的遗址邻近谢尔小镇。谢尔小镇是一个与世隔绝之地，东邻比格霍恩山脉，西侧约 160 千米之外是黄石国家公园。上一次人口普查时，这里只有 83 位居民。当我们于 2005 年和 2006 年去那里的时候，路牌上只显示了 50 位居民。对古生物学家

在怀俄明州谢尔小镇附近的莫里森组挖掘蜥脚类恐龙骨头。中央后方是萨拉·伯奇（Sara Burch），
她后来成为研究君王暴龙上臂的专家（见第六章）。

来说，人少是件好事——在通往化石的路上，人越少越好。尽管谢尔是地图上一个很容易被忽略的小点，但它完全有资格自称"全球恐龙之都"。小镇坐落在莫里森组岩石上，环绕着美丽的山峦。山峦由墨绿色、红色和灰色岩石组成，而岩石里往往都藏着恐龙化石。这里发现的恐龙数量之多，难以追踪和记录。不过迄今为止，在这里发现的恐龙骨架应该远远不止 100 具了。

我们从谢里登驱车西进，穿越比格霍恩山脉。这一路崎岖不平，出乎意料地难走。我感觉我们正在接近巨兽的踪迹。一些体形最大的恐龙就是在谢尔地区发现的，包括雷龙和腕龙这样的长颈蜥脚类恐龙，也有异特龙之类的以蜥脚类恐龙为食的大型肉食性恐龙。不过，我也感觉到我正在沿着另一种伟大的脚印前行，而造迹者就是 19 世纪末首次在这个区域发现化石的探险家，以及引发了"恐龙淘金热"的铁路工人和劳工（这些人抓住机会，摇身一变，成了"化石雇佣兵"，很多精英机构都向他们付钱，比如耶鲁大学）。这是一群自由散漫的乌合之众，头戴牛仔帽、蓄须、头发蓬乱，恰似《狂野西部》里的恶棍。他们往往连续工作数月，把巨大的骨头从岩石里挖出来；忙碌之余，他们会闯进彼此的领地，捣乱不停，争吵不休，酒精不断，枪声不止。但正是这些看似不太可能的人揭开了不为人知的史前世界的面纱。

毫无疑问，最早注意到莫里森组化石的是遍布西部的众多原住民部落，但最早被记录的骨骼化石来自一个勘察队在 1859 年的收集。真正的热潮始于 1877 年 3 月。一个名叫威廉·里德的铁路工人打猎归来，肩上扛着步枪，手里拖着一只叉角羚羊的尸体，走在回家的路上。他突然发现从科摩崖长长的山脊上凸出来几块巨大的骨头，那里离铁路轨道不远，位于怀俄明州东南部一个不知名的开阔地。他不知道那是什么东西。与此同时，往南数百英里，大学生奥拉梅尔·卢卡斯（Oramel Lucas）在科罗拉多州的花园公园（Garden Park）也发现了类似的骨头。同月早些时候，一位名叫亚瑟·雷克斯（Arthur Lakes）的老师在丹佛附近发现了一个化石坑。到了 3 月底，这股发现浪潮已经席卷整个美国西部，甚至包括最偏僻的村庄和铁路前哨站。

跟任何热潮一样，"淘恐龙热"吸引了不少形迹可疑的人来到怀俄明州和科罗拉多州的边远地区。其中很多人都是鬓染秋霜的机会主义者，他们的使命只有一个：将恐龙骨头变成现金。没过多久，他们就盯准谁出手最大方了：来自东海岸的两名学者，费城的爱德华·德林克·柯普和耶鲁大学的奥斯尼尔·查尔斯·马什。我们在第二章就简单提过这两个人，他们对北美洲西部发现的一些最初的三叠纪恐龙进行了研究。这两位科学家原本过从甚密，但自负和骄傲导致他们分道扬镳并反目成仇，两人之间的明争暗斗异常激烈，为了胜过对方一筹可以不惜一切代价。他们之间展开了一场疯狂的决斗：看谁命名的新恐龙最多。柯普和马什也都是机会主义者，每次有庄园帮工或修路劳工写信报告说，又在莫里森劣地发现了新的恐龙骨头，他们知道，自己梦寐以求的机会终于来了：一个能彻底击败对方的机会。他们各自开始了行动。

爱德华·德林克·柯普，"化石战争"的主角之一。

图片来自美国自然历史博物馆图书馆。

柯普和马什把西部当作战场，各自雇用"化石猎人"去寻找恐龙化石，这些人多多少少有些军人的做派，走到哪里挖到哪里，一有机会就给对方搞破坏。他们的忠诚也并非一成不变。卢卡斯一开始为柯普工作，雷克斯则跟马什一伙。里德为马什工作，但他的团队成员叛逃到了柯普阵营。掠夺、盗挖和贿赂都是常规手段。这场疯狂的争斗持续了十多年，等到结束的时候，已经很难分清哪些人是胜利者，哪些人是失败者了。这件事有利有弊。有利的一面是，这场"化石战争"发现了一些大名鼎鼎的恐龙，它们的名字每个上学的小朋友都能脱口而出：异特龙、迷惑龙、雷龙、角鼻龙、梁龙和剑龙等等。而另一方面，定要一争高下的决斗心态导致了很多不顾后果的行为：化石挖掘非常随意，研究也很匆忙，一些骨头残片被错误地认作新物种，同一具恐龙骨架的不同部位被认为来自完全不同的动物。

战争总有打完的时候。时间从 19 世纪进入 20 世纪，人们也逐渐清醒起来。在美国西部，仍然不断有新的恐龙被发现，而且美国大多数顶级自然历史博物馆和很多顶尖大学都派团队去莫里森组进行探查。"淘恐龙热"的混乱局面已经成为过去，随着秩序逐步恢复，人们有了一些重大发现。在科罗拉多州和犹他州边界附近发现了一个有着超过 120 只恐龙的群葬墓，后来这里竖起了恐龙国家纪念碑。犹他州普赖斯县的南部发现了一个坑，里面有 10 000 多块骨头，这些骨头大多属于超级捕食者异特龙，后来这里被称作克利夫兰－劳埃德恐龙采石场。一个骨床在俄克拉何马州潘汉德尔被一支修路队发现，开采的是一队在大萧条期间失去了工作的劳工，凭着罗斯福新政提供的资金，他们又有了挖恐龙的工作。还有就是保罗·塞里诺正在勘察的这个谢尔附近的遗址，我和一大群支付了高昂学费才换来这一特权的本科生为他提供帮助。

保罗在全球各地发现了不少恐龙化石遗址，但并不包含这座谢尔附近的采石场。相反，发现这个遗址的，是当地的一名化石收集者，正是她最早报告了出自这一区域的化石。1932 年，她向旅经该镇的纽约古生物学家巴纳姆·布朗（Barnum Brown）说起了这些化石。（我们将在第五章再次见到布朗，因为他在职业生涯的更早阶段发现了君王暴龙）布朗被这位化石收集者的故事迷住了，就跟着她来到了一个偏远的牧场，牧场的主人年逾八旬，名叫巴克·豪（Barker Howe）。连绵的山峦环绕着他的牧场，山上的鼠尾草发出阵阵香气，行踪不定的美洲狮在山间出没，正在吃草的叉角羚四处徜徉。

柯普 1874 年野外笔记的一页，描绘了出土了大量化石的新墨西哥州岩石区。

图片来自美国自然历史博物馆图书馆。

柯普手绘的一种长角的恐龙（角龙类），时间为 1889 年。这幅图展示了在柯普眼中活着的恐龙长什么样。（相较而言，他的科研才能远高于艺术才华。）

图片来自美国自然历史博物馆图书馆。

柯普在"化石战争"中的对手奥斯尼尔·查尔斯·马什(后排中央)和他的学生志愿者团队。照片摄于 1872 年他们远赴美国西部期间。

图片由耶鲁大学皮博迪博物馆提供。

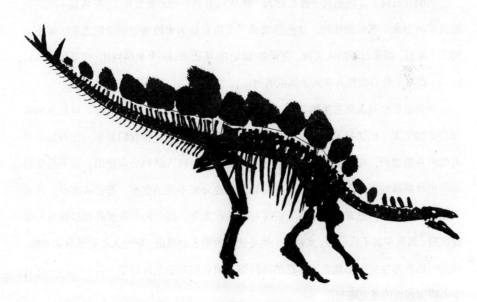

剑龙,这是"化石战争"时期在莫里森组发现的最著名的恐龙之一。骨架在伦敦自然历史博物馆展出。

图片来自 PLoS ONE。

布朗非常喜欢这里，就在牧场住了一周。他发现这里似乎大有可期，于是辛克莱石油公司全资支持了一次全面的考察。1934 年的夏天，考察队赶赴这里，对如今被称作"豪采石场"的地方进行挖掘。

事实证明，这是有史以来收获最丰的恐龙挖掘行动之一。布朗的团队刚开始挖掘，各种化石就从四面八方源源不断地涌现，到处都是，一块摞着一块。总共挖出了 20 具骨架，还有 4 000 多块骨头，挖掘总面积约 3 000 平方英尺[1]，接近一个篮球场的大小。原始化石材料非常多，大家每天都在挖掘，花了大概六个月才完成。团队到了 11 月中旬才解散，之前还下了两个月的大雪。挖掘者们发现岩石里保存着一个完整的生态系统：这里有体形巨大的长颈植食性恐龙，比如梁龙和重龙，还有牙齿锋利的异特龙和体形略小、双腿行走的草食性恐龙——弯龙。大约 1.55 亿年前，这里肯定发生过非常恐怖的事情。从骨架扭曲的角度来看，这些恐龙不但死得缓慢，而且非常痛苦。一些蜥脚类恐龙是站姿，它们壮硕的四肢犹如立柱，深陷在远古的泥潭中。看起来，这些恐龙经受住了洪水的考验，但当洪水退去，它们想要离开的时候，却陷入泥潭无法脱身。

布朗开心极了。他把这个遗址称为"绝无仅有的绝妙恐龙宝库"，并兴高采烈地把挖出来的恐龙全都运回纽约。这些恐龙成了美国自然历史博物馆的镇馆之宝。接下来的几十年里，豪采石场陷入沉寂。直到 20 世纪 80 年代末，一个名叫柯比·西贝尔（Kirby Siber）的瑞士化石收集者来到了怀俄明州。

西贝尔是个商人型古生物学家，他的工作是挖恐龙化石，然后卖掉。对很多学术型古生物学家（比如我）来说，这是一个非常棘手的问题。在我们看来，化石是不可再生的自然遗产，应该放在博物馆里好好保存，供科研人员和公众使用，而不是卖给那些出价最高的人。但是，商人型古生物学家也分成不同的类型，有枪不离身、非法贩运化石的罪犯，也有勤勉认真、训练有素的收集者，他们的专业素养和经验堪与学者比肩。西贝尔属于后一种。实际上，他是这类收集者的典范。研究人员对他尊重有加，他甚至还在苏黎世东部创立了自己的博物馆，馆名就叫恐龙博物馆，拥有欧洲一些最令人叹为观止的恐龙陈列。

1　1 平方英尺约合 0.09 平方米。

经过种种安排，西贝尔来到了豪采石场，但没有发现多少恐龙，它们早已被布朗的团队清走。因此，这位瑞士化石收集者开始在周围的隘谷和山地中勘察，寻找新遗址。没过多久，他就发现了一个好地方，位于原来那个采石场往北约1 000英尺处。反铲挖土机先是挖到了一些蜥脚类的骨头，接着又挖出了一连串来自一种大型肉食性兽脚类恐龙的脊椎骨。西贝尔一块一块地仔细查看这些线轴形的骨头，很快发现了这些骨头不同寻常之处：它们组成了一副近乎完整的恐龙骨架，属于莫里森组生态系统中的顶级捕食者异特龙。西贝尔找到的，是迄今为止保存最完好的异特龙骨架，此时距离马什第一次给这种恐龙命名（当时"化石战争"正如火如荼地进行着）已经过去了120多年。

异特龙号称"侏罗纪的屠夫"，这既是一种比喻，也是一个事实。这种凶猛的捕食者潜伏在莫里森组的泛滥平原与河岸边，跟君王暴龙差不多，只是个头更小也更轻。其成年个体重量在两吨到两吨半之间，身长30英尺左右，非常善于奔跑。但它们之所以能获得"屠夫"这个称号，是因为古生物学家认为，它把自己的脑袋当成手斧来"砍"猎物，直到把对方砍死。从计算机模型可以看出，异特龙的牙齿不是很粗，咬合力不怎么强，但它的头骨能承受非常大的冲击。我们还知道，异特龙上下颌骨能张开很大的角度，因此我们可以猜想，一只饥饿的异特龙会张开大嘴攻击猎物，用头劈砍使之倒地，再用细而尖利的牙齿撕开猎物的皮肤和肌肉。异特龙上下颌都布满了牙齿，状如一排排剪刀刃。很多剑龙和雷龙可能就是死于这种攻击方式。要是嗜血的异特龙一时间未能用"死亡之颌"将猎物击晕，它只需再将上臂挥动几下，就能了结猎物的性命。异特龙上臂的爪子上长着三根手指，跟君王暴龙粗短的前肢相比，它的前肢更强壮，用处也更大。

找到这样一条完整又被完好保存的异特龙，是西贝尔职业生涯中的高光时刻之一，但他的心情很快就会急转直下。夏季挖掘结束后，西贝尔组织了一次化石展览，向人兜售他找到的这些宝贝，而那具异特龙骨架仍埋在地下。此时，一名美国土地管理局的工作人员恰好从怀俄明州北部、豪采石场附近这片尘土飞扬的区域飞过。他当时正在检测火灾信号，那是他监测美国政府管理的公共土地工作的一部分。他从这片劣地上空滑翔而过时，注意到豪采石场周围的土路上全是轮胎印痕。夏天的时候一定有人在这里干了什么重活儿。在豪采石场附近动土没有什么问题，因为那块地属于私人，西贝尔也得到了土地所有人的许可。但管理局工作人员对私人土地和公共土地的界定没有那么确定，只有符合资格且获得土地管理局许可的科学家才能在公共土地上动土。他在进一步确认后发现，西贝尔偏离了几百英尺，已经进入了管理局领地。由于西贝尔无权在那里动土，他也就不能继续挖那条异特龙的骨架了。这虽说是一个无心之失，但代价高昂。

土地管理局现在面临着一个问题：地里躺着一具精美绝伦的恐龙骨架，而发现骨架的人又受到阻碍，无法继续挖掘工作。于是，管理局组建起一支专业队伍，领衔的是传奇古生物学家杰克·霍纳（Jack Horner）在蒙大拿州落基山脉博物馆的团队（霍纳以两件事闻名：其一，他在 20 世纪 70 年代发现了最早的恐龙营巢遗址；其二，他是系列电影《侏罗纪公园》的科学顾问）。在电视台摄像机和一大群报纸记者的注视下，这些学者把骨架从地里取出，又用卡车运往蒙大拿州，准备好好存放在那边的实验室里。事实证明，这只恐龙比西贝尔设想的还要惊艳。它大约95%的骨头都被保存了下来，对于大型掠食性恐龙来说，这可是一个前所未有的数字。这只恐龙长约 25 英尺，只长到了成年个体 60%~70% 的大小。它尚是少年，却已走完了艰辛的一生。它的身体千疮百孔：有的骨头断了，有的骨头感染了，有的骨头变形了。这些足以说明晚侏罗世是个争斗不休、你死我活的世界：对体形最大的捕食者来说，猎食梁龙和雷龙这样的庞然大物绝非易事，尖牙利爪也不一定挡得住剑龙长着尖刺的尾巴的沉重一击。

这只异特龙的绰号叫作"大艾尔"，它成了一个明星。BBC（英国广播公司）甚至还为它制作了一期特别节目，在全球播出。但舆论热度冷却之后，地上的大坑仍然存在，大艾尔的埋骨地之下仍然有各种各样的化石等待挖掘。保罗·塞里诺从土地管理局拿到了许可，把遗址用作一个野外实验室，向自己的学生传授挖掘技术。正因如此，我们才开着三辆满载本科生的大 SUV 来到这里。

我第一次去怀俄明州正值 2015 年的夏天。我在高地沙漠里驻扎了很多天，小心翼翼地搬运一块又一块爆米花纹路的泥岩，帮助团队挖掘一只圆顶龙的骨架。圆顶龙虽然名气不大，但在莫里森组比较常见。它也属于蜥脚类恐龙，是雷龙、腕龙和梁龙的近亲。圆顶龙长着普通蜥脚类的身体：长长的脖子能伸到几层楼高去吃树叶；头部不

梁龙头骨（左）和圆顶龙头骨（右）。这两种蜥脚类恐龙的头骨和牙齿形状不同，它们所吃植物的种类也不相同。

图片由拉里·威特默提供。

是很大，长着铲形牙齿，可以方便地把树叶从树枝上剥下来；结实的身体长约 50 英尺，重约 20 吨。圆顶龙会是大艾尔和其他异特龙爱吃的那种"美味的植食者"，不过它的身体非常大，最令人胆寒的肉食者有时也要望而却步。大艾尔的累累伤痕也许就是拜某只圆顶龙所赐。

人们在莫里森组发现了很多巨大的蜥脚类恐龙，圆顶龙是其中之一。其著名的蜥脚类亲戚还包括雷龙、腕龙和梁龙这"三巨头"。此外，也有一些不太出名只有专家（或者痴迷恐龙的小伙伴）才知道的恐龙，比如迷惑龙和重龙。更默默无闻的还有需盔龙、小梁龙、难觅龙、简棘龙和春雷龙。还有一些仅靠骨头残片命名的蜥脚类恐龙，或许这些残片属于其他种类的恐龙。莫里森组的时间跨度很长，化石埋藏地也覆盖了很大一片地理区域。并非所有这些蜥脚类恐龙都生活在一起，但生活在一起的的确不少，它们都是在同一个遗址找到的，骨架混杂在一起。莫里森组展示出了一个恐龙世界，其情形通常如此：种类繁多的蜥脚类恐龙共同生活在河谷中，每天要吃数百磅的植物茎叶来维持生命。它们四处行走找寻食物，沉重的步伐撞击着地面，发出雷鸣般的巨响。

这是多么怪异的一幅画面啊！这就像有五六种不同的大象在非洲草原上你拥我挤，都在竭力寻找足够的食物以生存下去，与此同时，背景当中又有狮群和土狼在巡游。莫里森世界也同样危险。如果一只蜥脚类恐龙腹内空空，步履蹒跚，那么可以很有把握地说，一只异特龙正藏在丛林里，准备在这个长脖子家伙最无力防御的一刻一跃而出。

在食物链上，位置低于异特龙的捕食者还有很多：有长约 20 英尺的角鼻龙，口鼻部长着骇人的尖角，算是中层猎手；以"化石战争"一方的姓氏命名的马什龙，跟马大小相似；还有跟驴一般大的史托龙，是君王暴龙的原始亲戚。接下来还有一群杀手，它们身轻体捷，行动迅疾，如虚骨龙、嗜鸟龙和长臂猎龙，它们是莫里森组的猎豹。所有这些肉食者，甚至包括异特龙，可能都生活在另一种怪兽的恐怖统治之下，它是接近食物链顶端的捕食者——蛮龙。我们对蛮龙所知不多，因为它的化石极其稀少。但我们拥有的蛮龙骨头已然描绘出了一个可怖的形象：体长约 30 英尺，体重至少两吨半，牙齿如尖刀一般的顶级捕食者。就身形而言，它与很晚之后才出现的某些大型暴龙类相差无几。

这么多捕食者在莫里森生态系统中出没，原因不难理解：这里有很多蜥脚类恐龙可供食用。但要解释这么多巨型蜥脚类如何在一起生活，就难得多了。再考虑到另外一个因素，这就更令人不解了：生活在一起的还有很多体形较小、以更接近地面的灌木为食的植食者。有长着背板的剑龙和西龙，有身体像坦克一样的甲龙类，比如迈摩尔甲龙和怪嘴龙，有鸟臀类的弯龙，还有大量身材小巧、跑得飞快、以蕨类植物为食的恐龙，比如德林克龙、奥斯尼尔龙、奥斯尼尔洛龙和橡树龙。蜥脚类恐龙也与这些植食者共享同一片蓝天。

那么，蜥脚类恐龙是如何做到的呢？事实证明，多样性是它们成功的关键。没错，蜥脚类恐龙有很多种，但每一种之间都有着细微的差异。一些蜥脚类是当之无愧的庞然大物，比如腕龙重约 55 吨，雷龙和迷惑龙的体重则在 30~40 吨。不过，其他的蜥脚类就要小一些了。以蜥脚类恐龙的标准来衡量，梁龙和重龙就是瘦弱的小家伙，重量仅在 10~15 吨。相比之下，某几种蜥脚类需要更多的食物。这些蜥脚类的脖子也各有不同：腕龙的脖子能高高扬起，像长颈鹿的一样直立起来，完全可以够到最高处的叶子；梁龙的脖子可能只能抬到肩部的位置，能像吸尘器一样吃低矮的树叶和茎叶。最后一个差异是它们的头和牙齿。腕龙和圆顶龙的头骨很高，肌肉密布，上下颌布满铲状牙齿，因此它们能吃粗茎和蜡质叶片这类比较硬的东西。但是，梁龙的头部比较长，由脆弱的骨头构成，一排铅笔状细小的牙齿分布在口鼻部的前端。如果吃的东西太硬，牙齿就会崩断。实际上，它会花时间从树枝上剥下较小的叶子来吃。梁龙进食的时候头部会前后摇动，就像一个耙子。

不同种类的蜥脚类恐龙吃的食物也不尽相同，而且可供选择的食物五花八门，繁茂的侏罗纪森林既有高耸的针叶树，也有低矮的蕨类植物、苏铁植物，更低的地方还有灌木。蜥脚类恐龙不会一哄而上争抢相同的植物，而是划分资源，各取所需。这种行为可以用一个科学术语来描述：生态位分区，指共同生活在一起的物种为避免彼此竞争，在行为或进食方面会形成席位的差异。莫里森世界是高度分区的世界，体现了这些恐龙是多么成功。在远古北美洲炎热湿润、水分充沛的森林和沿海平原里，恐龙塑造着生态系统中几乎每一平方英尺的区域，大量令人眼花缭乱的物种在这里共同生活，生生不息。

那么生活在世界其他地方的晚侏罗世恐龙，它们的情况又如何呢？目光所及之处，故事全都大同小异。在中国、非洲东部和葡萄牙等晚侏罗世化石大量出土的国家和地区，也存在类似的恐龙群体：种类不一的蜥脚类恐龙、个头较小的植食性剑龙类，以及大大小小跟角鼻龙和异特龙差不多的肉食性恐龙。

一切都可以从地理因素中找到答案。泛大陆在这之前就已经分裂了数千万年，对一个超大陆而言，分裂的过程会非常漫长。大陆块每年只能彼此远离几厘米，跟我们指甲的生长速度差不多。因此，直到侏罗纪末期，全世界大部分地区都有大片陆地相连。欧洲和亚洲仍然连在一起，两者通过一系列岛屿与北美洲相连，恐龙可以轻松地徒步穿越岛屿，进入北美洲。这些北方陆地（即后来所称的劳亚古陆）开始与南方的泛大陆（后来所称的冈瓦纳古陆，包括大洋洲、南极洲、非洲、南美洲、印度和马达加斯加）分开。当海平面处于低位时，劳亚古陆和冈瓦纳古陆之间有断断续续的陆桥相连，而当海平面升高，其他岛屿也可以为南北迁移提供一条便捷的通道。

由此看来，晚侏罗世是一段"全球一致性"时期，结构相同的恐龙群体统治了全球的每一个角落。不可一世的蜥脚类恐龙在内部分配食物，其多样性在这个时期达到巅峰，地球历史上没有任何一种大型植食性动物能与之相比。小一点儿的植食者在蜥脚类恐龙的阴影中繁衍生息，形形色色的肉食性恐龙在一旁伺机而动。其中一些肉食者，像异特龙和蛮龙，是最早的真正巨型兽脚类恐龙。其他恐龙，例如嗜鸟龙，最终演化出了伶盗龙和鸟类，缔造了一个新的王朝。地球炎热异常，恐龙想去哪里就能去哪里。这是真正的侏罗纪公园。

1.45 亿年前，侏罗纪宣告终结，恐龙演化的最后阶段白垩纪开始。有时，地质时期的转变会伴随着生物繁盛期的出现，正如巨型火山喷发终结了三叠纪之后出现的情形。但也有一些时候，这种转变几乎无法察觉，只是科学家为了纪年方便而人为创设的时间点。若在很长一段时间内没有发生重大变革或是灾难，地质学家就会利用"科学簿记法"对之进行分期。侏罗纪与白垩纪之间的分割就是如此。没有一场大灾变导致侏罗纪终结，比如小行星撞击或者火山大喷发，也没有植物或者动物突然灭绝，白垩纪的黎明到来的时候，世界一仍其旧。实际上，只消时钟嘀嗒一声，高度多样化的侏罗纪生态系统（包括巨型蜥脚类恐龙、长着背板的恐龙以及大大小小的肉食性恐龙）就跨入了白垩纪。

然而，这并不意味着一切都保持原状。在侏罗纪和白垩纪的过渡时期，发生了很多事情，只不过没有末日灾难。在大约 2 500 万年的时间里，大陆、海洋和气候并非一成不变。晚侏罗世温室般的地球突然变冷，之后又变得干旱，但到了早白垩世，一切又回到正轨。侏罗纪末期，海平面开始下降，并一直处于低位。白垩纪开始了 1 000 万年之后，海平面才再度慢慢升高。海平面下降导致更多陆地裸露出来，与晚侏罗世相比，恐龙和其他动物四处迁移就更加容易。泛大陆继续分裂，随着时间的流逝，超级大陆的碎片彼此相距越来越远。南部巨大的冈纳瓦古陆终于也开始分裂，塑造了今天南半球诸大陆的形貌。首先，连在一起的非洲大陆和南美大陆从包含南极洲和大洋洲的冈瓦纳古陆中脱离出来，接着，包含南极洲和大洋洲的冈瓦纳古陆也开始分裂。在裂隙出现的地方，火山开始喷发，虽然规模比不上二叠纪或三叠纪末期的大喷发，但同样产生了大量熔岩和有毒气体，环境随之恶化。

这些变化独立来看并不是特别致命，可一旦交织在一起，环境就变得危机四伏。恐龙可能完全察觉不到温度和海平面的长期变化。对恐龙或者人来说，要是当时人类已经出现的话，这种变化终其一生都感受不到。此外，晚侏罗世和早白垩世是个恐龙吃恐龙的世界，雷龙和异特龙还有更重要的事情要做，无暇顾及潮水线的微小变化，或是冬季气温略微降低。然而，只要时间充裕，这些变化就会不断累积，最终成为无声的杀手。

到了大约 1.25 亿年前，自侏罗纪结束过去了约 2 000 万年，一个全新的白垩纪世界开始出现，主宰者是另外一群截然不同的恐龙。最明显的变化发生在最受瞩目的恐龙身上——硕大无朋的蜥脚类。在晚侏罗世的莫里森组生态系统当中，蜥脚类恐龙一度种类繁多，异彩纷呈，但这些长脖子恐龙在早白垩世受到了毁灭性打击，像雷龙、梁龙和腕龙等人们耳熟能详的种类几乎都灭绝了。与此同时，一种名为巨龙类的亚类开始兴起，在白垩纪中期演化出了阿根廷龙这样的巨兽。阿根廷龙长逾 100 英尺，重达 50 吨，是迄今为止地球上生活过的最大的动物。但是，尽管新的白垩纪物种体形不同寻常，蜥脚类恐龙再也不复晚侏罗世睥睨众生的主宰地位；其脖子、头骨和牙齿的多样性也大不如前（它们能占据如此之多的生态位，原因就在于多样性）。

随着蜥脚类恐龙一蹶不振，小一点儿的植食性鸟臀类恐龙发展壮大，成为遍布全球各个生态系统的中型植食者。禽龙毫无疑问是它们之中最著名的一员。禽龙的化石于 19 世纪 20 年代在英格兰被发现，是最早被冠以恐龙名称的化石之一。禽龙长约 30 英尺，重约数吨。拇指上有一枚尖刺，用于防御；口鼻部前端有喙，用于剪断植物。禽龙既能四足行走，也能靠两只后腿进行短距离冲刺。这一支恐龙最终将进化出鸭嘴龙类，后者是一个非常成功的草食性动物类群，在白垩纪末期与它们的天敌君王暴龙共同发展壮大。虽说那还是数千万年以后的事，但伏笔在早白垩世就已经埋下了。

就在禽龙取代体形较小的蜥脚类恐龙之际，以地面植物为食的恐龙类群也在发生着变化。长有背板的剑龙类步入漫长的衰退期，一步一步走向覆灭，仅余的一些种类也在早白垩世的某个时期灭绝了，这个标志性类群从此不复存在。取而代之的是甲龙类，这种动物相当奇特，全身骨骼都被铠甲一样的骨板覆盖着，就像爬行动物中的装甲战车。它们的祖先可以追溯到侏罗纪，是在大多数生态系统中处于边缘位置的无名小卒。剑龙类式微后，甲龙类出现了多样性大爆发。在所有的恐龙当中，甲龙类可归入最迟缓、最蠢笨的行列，但它们过着幸福的生活，以蕨类植物和其他低矮的植物为食，体甲可保护它们免遭攻击。即使是牙齿最锋利的捕食者，要想大快朵颐一番也必须先用牙齿穿透几英寸厚的骨板。

接下来是肉食者。既然它们的猎物——植食性恐龙经历了这么多变化，那么在侏罗纪过渡到白垩纪之际，兽脚类恐龙自身发生一些变化也根本不足为奇。小型肉食者的多样性水平大幅提高，其中某些种类甚至开始尝试奇怪的食物，用坚果、种子、昆虫和贝类代替肉类。一个长着镰刀状爪子的恐龙类群——镰刀龙类甚至变成了完全的素食者。在体形光谱的另外一端，一种怪异的大型兽脚类恐龙棘龙类演化出了背帆和长长的、布满圆锥形牙齿的口鼻部。它们还向水域进军，行为举止犹如鳄鱼，并以鱼类为食。

然而，对兽脚类恐龙而言，最惊心动魄的故事往往来自顶级捕食者。与小个头的弟兄们一样，从侏罗纪过渡到白垩纪之后，食物链顶端的超级肉食者也经历了非常大的变化。它们之中，有我最钟爱的几类，因为我最早研究的恐龙就是来自早白垩世非洲的大型兽脚类。那时我还是跟着保罗·塞里诺学习的本科生，那几年的夏天，我们一起在怀俄明州挖掘晚侏罗世蜥脚类恐龙。

十几岁时的我热衷看电影、听音乐、看棒球比赛，都是些男孩子经常做的事。不过我的英雄既不是什么运动员，也不是什么演员，而是一位古生物学家。他叫保罗·塞里诺，是国家地理学会驻会探险家，杰出的"恐龙猎人"，曾经在世界各地带队考察。他还是《人物》杂志选出的"最美50人"之一，跟汤姆·克鲁斯一道登上了该杂志的封面。那时，我正在读高中，是个恐龙迷，我用追摇滚明星的热情追随塞里诺的研究。他在芝加哥大学任教，离我住的地方不远，而且他是在伊利诺伊州内珀维尔长大的，我的一些亲戚也生活在那里。他虽然是一个小地方的孩子，但后来闯出了名堂，成为声名卓著的科学家兼探险家，我想要成为像他那样的人。

我在15岁时见到了心目中的英雄，当时他正在我们当地一家博物馆做讲座。我相信保罗对迷弟已经司空见惯，但我比别的迷弟更"怪胎"。我直接塞给他一个棕色信封，里面装满了杂志文章的复印件，满到连口都封不上。你们可能不知道，当时我还是个满怀雄心壮志的记者，至少我是这么认为的，我在不断炮制文章以在业余古生物学杂志和网站上发表，产出速度可以用"毛骨悚然"来形容。其中很多文章都跟保罗和他的发现有关，我希望他能看到我写的关于他的文章。把信封交到他手里的时候，我的声音都沙哑了。这真让人尴尬。但那天下午保罗对我很友善，一番长谈之后，他叮嘱我要保持联系。接下来的几年里，我又跟他见过几次面，我们还互相发了很多电子邮件。因此，当我决定放弃成为一名记者而要以古生物学为业的时候，我想读的大学就只有芝加哥大学这一所，这样我就能跟着保罗学习了。

芝加哥大学接受了我的申请，我于 2002 年秋季入学。"新生周"期间，我见了保罗，恳求他让我在他的化石实验室工作。那是一间地下室，来自非洲和中国的新宝贝都会在这里"现出原形"：除去岩屑，骨头露出，全新的恐龙展现在眼前。为此，我愿意做任何事，哪怕是擦地板或是打扫储物架。不过谢天谢地，保罗把我的热情引向了其他方向。他开始教我如何保存化石，如何给化石编目录，之后的每一天里他都会教给我新的东西。"你想不想描述一个新的恐龙物种？"有一天，他在领着我走向一排柜子的时候向我问道。

展现在我面前的，是一个接一个的抽屉，里面装着早白垩世和中白垩世恐龙的化石。它们都是保罗和他的团队刚从撒哈拉沙漠带回来的。大约 10 年前，在阿根廷考察（正是这次考察发现了原始恐龙埃雷拉龙和始盗龙）大获成功之后，保罗将注意力转移到了北非。当时，人们对非洲恐龙几乎一无所知。欧洲人在殖民时代组织过几次远途考察，在坦桑尼亚、埃及和尼日尔等地发现了一些颇有特色的化石。不过，殖民者的离开也带走了人们收集恐龙化石的热情。不仅如此，一些最重要的非洲藏品——德国贵族恩斯特·斯特莫·冯·赖兴巴赫（Ernst Stromer von Reichenbach）收集的从早白垩世到中白垩世的埃及岩石——也不复存在。它们当时被保存在慕尼黑的一家博物馆里，离纳粹在慕尼黑的总部仅几个街区之遥，在 1944 年盟军的一次空袭中惨遭厄运。

当保罗将注意力转向非洲之时，他所能利用的无非是几张照片、几份发表了的报告，以及藏于欧洲博物馆里的寥寥几块幸免于战火的骨头。这并未成为他的阻碍。1990 年，他发起了一次尼日尔之旅，直指撒哈拉沙漠的心脏。他的团队在那里发现了大量化石，于是他们在 1993 年和 1997 年重返故地，之后还数次重访。每次旅程都相当艰辛，跟印第安纳·琼斯相比也不遑多让。旅程经常会持续数月，偶尔还会遭遇土匪袭击，或者被内战波及。1995 年，他们没有去尼日尔，而是改道摩洛哥放松一下。在那里，他们也发现了许多骨头，其中就包括那个保存得非常完好的鲨齿龙头骨。当初，斯特莫根据来自埃及的一个残缺不全的头骨及骨架为这种大型食肉恐龙取了名字，而那块头骨和骨架也在那次慕尼黑空袭中随着其他化石一道化为灰烬。保罗的非洲考察总共收集了大约 100 吨恐龙骨头，其中很多都被保存在芝加哥的一个仓库里，等待着有人来研究。

没有入库的化石都在保罗的实验室里放着，我眼前的正是这些化石。有些化石属于一种名为尼日尔龙的蜥脚类，它们十分怪异，堪称植物吸入机，上下颌的前部边缘密布着数百颗牙齿。另外还有一些细长的椎骨，属于以鱼为食的似鳄龙（棘龙类的一种）。这些骨头支撑起似鳄龙高高的背帆。不远处是皱褶龙多瘤的头骨，这种肉食性恐龙可能既捕猎，也吃动物的尸体。

这里除了恐龙化石，还有帝鳄的头骨，跟成人的颅骨大小相似。这种鳄类身长 40 英尺，惯于跟媒体打交道的塞里诺给它起了个恰如其分的绰号：超鳄。其他化石还包括一只大型翼龙类的翅骨，甚至还有一些海龟和鱼。含有这些化石的岩石都是在早白垩世到白垩纪中期用了 1 000 万~1 500 万年的时间形成的，有的是在河流三角洲形成的，有的是在环绕着红树林的热带海洋沿岸形成的。撒哈拉当时还不是一块沙漠，而是一片热气蒸腾的沼泽丛林。

每打开一个抽屉，化石的种类就跟着增加，简直让我目不暇接。保罗停下来，拿起了一块骨头。这是恐龙面部骨骼的残片，来自一种跟君王暴龙体形类似的大型肉食性恐龙。抽屉里面还有其他东西：一块下颌骨残片，几颗牙齿，还有头骨后部的残片粘连在一起形成的一大块东西，应该是大脑和耳朵周围的骨头。保罗对我讲了这些骨头的来源：尼日尔有个名叫伊吉迪的地方，位置偏远，就在一片沙漠绿洲的西侧。几年前，他在那里的红色泥岩里发现了这些化石，而泥岩是一条河流在 1 亿~9 500 万年前留下的。他感觉这些骨头跟他在摩洛哥发现的鲨齿龙骨头很相似，却又不是特别匹配。他希望我能找出其中的差异。

我 19 岁，这是我第一次尝到当个恐龙侦探是什么滋味。我醉心于这项工作，把那个夏天剩下的时间都用来仔细研究这些骨头，又是测量又是拍照，将这些骨头跟其他恐龙的骨头进行对比。我最终得出的结论是，这些来自尼日尔的恐龙骨头的确跟摩洛哥的撒哈拉鲨齿龙头骨非常相似，但也有很多不同之处，因此它们俩不会是同一物种。

保罗表示同意，然后我们合作写了一篇论文，把这些来自尼日尔的化石描述成一个新物种，跟摩洛哥的鲨齿龙虽是近亲，但又截然不同，并将之命名为伊吉迪鲨齿龙。它是白垩纪中期非洲潮湿的沿海生态系统中的顶级捕食者，长 40 英尺，重 3 吨，保罗在撒哈拉找到的所有其他恐龙都要匍匐在它的脚下。

从早白垩世到中白垩世这段时间，全世界有一大群像鲨齿龙这样的恐龙，它们全都属于鲨齿龙类——显然这个名字有点儿缺乏创意。在鲨齿龙类的家谱中，有三个物种——南方巨兽龙、马普龙，以及光是名字就让人不寒而栗的魁纣龙——来自南美洲，而在这一时期，南美洲仍然与非洲相连。这个属的其他恐龙则生活在更为遥远的地区：高棘龙生活在北美洲；假鲨齿龙和克拉玛依龙生活在亚洲；昆卡猎龙生活在欧洲。同样来自撒哈拉的还有始鲨齿龙，保罗和我根据他在尼日尔的另一次考察中发现的部分头骨对这种恐龙进行了描述。始鲨齿龙比鲨齿龙早了大约 1 000 万年，大小仅约为鲨齿龙的一半。这大概是最凶残的一种恐龙了，双眼上方各有一个突起，看上去既阴险又邪恶，这两个突起还能用来撞击猎物，使猎物失去反抗能力。

这些鲨齿龙类深深地吸引着我。它们所做的一切跟数千万年之后的暴龙类相差无几：把身体长到超级大，开发一系列掠食武器，雄踞在食物链顶端威慑众生。它们来自何处？它们何以能遍布全球，并成为主宰？它们后来又发生了什么？

回答这些问题的办法只有一个。我需要制作一张族谱。族谱是理解历史的一把钥匙，正因如此，很多人对自己的家谱非常痴迷，我也不例外。了解亲属关系，能够厘清我们的家族在几百年间经历了哪些变化：我们的祖先生活在何时，生活于何地，何时迁移，何时发生了意外死亡，本族如何通过婚姻与他族融合。恐龙也是如此。如果我们能够读到恐龙的族谱——按照古生物学家的专业说法，叫作种系发生学，那么我们就可以用它来理解恐龙的演化。恐龙的族谱该如何构建呢？鲨齿龙又没有出生证，南方巨兽龙的祖先离开非洲前往南美洲时也没有拿着签证。话虽如此，我们还有另一条线索，就隐匿在化石之中。

经年累月的演化才会引起变化，在有机体的外形方面尤其如此。当两个物种刚刚彼此脱离的时候，两者通常差异很小，很难一眼就把它们区分开，但随着时间的流逝，两个系谱各走各路，不同之处就会越来越明显。正因如此，尽管我跟我父亲很相像，但跟我的三代表亲就没什么相似之处了。演化还能时常制造出新的东西，比如多出来的一颗牙齿，或是额头上凸出来的一个角，又或是导致一根手指消失的突变。这些新质会从第一个个体遗传给它的后代，但在已经分离出来并开始独立演化的远亲身上则不会体现。我的各种特征都来自我的父母，而我的子女也会从我这里遗传这些特征。就算我的某个远房亲戚发生突变，长出一对翅膀，这也肯定不会在我身上出现，因为我们两人之间没有直接的血缘关系。这同时也意味着，我的子女也不会长出翅膀——真是谢天谢地。

由此可见，我们的表征体现了我们的谱系。总体而言，有些恐龙的骨架看起来大相径庭，而有些恐龙的骨架看起来大同小异，相比之下，后者之间的关系很可能比前者之间的关系更为密切。不过，如果你想知道两种恐龙是不是真正的兄弟，就得寻找演化新质。那些因演化而多出一根手指的动物，相比没有多指的动物，彼此之间可能有着更近的亲缘关系。这是因为，它们一定是从某个共同祖先那里继承了这一特征，那位祖先最先出现了这个特征，并由此开始了演化上的多米诺骨牌效应，一代又一代的后裔将这个特征在种系中传递下去。任何多了一个手指的物种都是这个种系的一部分；而任何没有这根手指的物种有可能属于族谱的另一分支。因此，若要编制恐龙的谱系，我们需要仔细研究它们的骨头，找到一个评估其相似性或相异性水平的方法，辨识演化新质，以及哪些有待判定的恐龙子集拥有这些新质。

被鲨齿龙类迷住之后，我就开始竭尽所能地搜寻这个族群中每个物种的信息。我去博物馆研究第一手骨架，收集各种关于异国出土化石的照片、手绘图、已出版文献和笔记，因为像我这样一个没什么资金来源的本科生，是不可能去那么远的地方进行实地考察的。我做的工作越多，就越熟悉不同物种在骨骼方面的差异。一些鲨齿龙类在大脑周围有很深的空腔，其他种则没有。体形大的，比如鲨齿龙，拥有巨大的像刀刃一样的牙齿，跟鲨鱼的牙齿差不多（这是它们被命名为鲨齿龙的原因，鲨齿龙的本义是"有着鲨鱼牙齿的蜥蜴"），但体形较小的物种，其牙齿也小巧得多。这个差异清单相当长，最终我找出了这些捕食者互不相同的 99 种特征。

现在是时候把这些信息进行一番解读了。我把这份列表转换成了一张电子表格，每一行代表一个物种，每一列代表一个解剖学特征，每一个单元格的赋值为 0、1 或 2，用以区别每一特征在不同物种之间体现出的区别。始鲨齿龙拥有小巧的牙齿，单元格里填 0；鲨齿龙牙齿跟鲨鱼相似，单元格里填 1。然后，我用一个计算机程序打开这张表格，该程序借助算法在数据迷宫中进行搜索，并生成一份族谱。它能够精确地定位出哪些解剖学特征属于新质，然后识别出哪些物种拥有同样的特征。虽说特别提到计算机似乎有些小题大做，但事实上计算机必不可少，因为新质的分布可能会非常复杂：有些新质在很多物种中都出现过，比如大多数鲨齿龙类都有的脑周空腔；其他的则没那么常见，比如像鲨鱼一样的牙齿，这种特征只在鲨齿龙、南方巨兽龙和它们的亲戚身上出现。计算机能够涵盖所有这些复杂之处，并识别出一种类似俄罗斯套娃的规律。如果两个物种共同拥有很多新质，而且这些新质只有它们才有，那么这两个物种的亲缘关系肯定是最近的。如果这两个物种与另外一种恐龙共同拥有其他新质，那么这三者之间的亲缘关系肯定比与其他恐龙之间的亲缘关系更近。这样一直运算下去，就可以生成一份完整的恐龙族谱。我们这行的人把这个过程叫作支序分析。

在这份鲨齿龙类族谱的帮助下，我理解了它们的演化之路。首先，族谱阐明了这些巨型肉食性动物来自何处，它们如何登上辉煌的顶峰。这个类群始于晚侏罗世，与侏罗纪最具威慑力的捕食者——"屠夫"异特龙有着非常近的亲缘关系。实际上，鲨齿龙类演化自一种已经处于食物链顶端的超级肉食者。当它们的祖先在侏罗纪末期灭绝之后（那是 1.45 亿年前，在环境及气候变化的漫漫长夜期间），鲨齿龙类更进一步，变得更大、更强壮、更凶猛。是它们把其他异特龙类赶尽杀绝了吗？还是说在异特龙类由于某种原因灭绝后，它们趁机崛起了呢？我们现在还没有答案。不管是哪种情况，鲨齿龙类设法霸占了它们祖先所占据的位置，而且在白垩纪到来之时，这个王国已经属于它们了。在接下来的 5 000 多万年时间里，直至白垩纪中期，鲨齿龙类一直统治着这个世界。

族谱还让我了解到一些别的事情：为什么这些吃肉的巨兽生活在它们所生活的地方。当它们在晚侏罗世诞生的时候，大多数大陆仍然连在一起，最初的鲨齿龙类很容易就能走遍全球。随着时间的推移，各大陆进一步分裂，不同的物种便被隔绝在不同的区域。族谱的结构表明了这一点，它反映出了这些大陆的运动。某些最晚演化出的鲨齿龙类属于南美和非洲的种群分支（在与北美洲、亚洲和欧洲的联系被切断很久之后，南美洲和非洲仍然彼此相连）。被孤立在赤道以南的这个家族的成员——南方巨兽龙、马普龙以及塞里诺跟我研究过的来自尼日尔的鲨齿龙——长成了真正的巨兽，在此之前，肉食性恐龙从未长到过这么大。

　　不过，鲨齿龙类虽然凶猛无比，但也无法永远居于顶端。与鲨齿龙类生活在一起的，或者说，生活在鲨齿龙类阴影中的，还有一种肉食性恐龙。这种恐龙个头更小，跑得更快，也更聪明。它们就是暴龙类。它们很快就将发动一场革命，缔造一个全新的恐龙王朝。

第五章

凶暴的蜥蜴之王

虔州龙

2010 年夏季闷热难耐的一天，在中国东南部城市赣州，一名挖掘机操作工听到一声清脆的巨响。他心里一紧，感觉坏事了。他所在的施工队正在为一个工业园区项目抢工，园区里充斥着大片单调的办公楼和仓库。过去的 10 年里，这样的建筑在中国随处可见。工期一旦拖延，就有可能增加大量成本。他觉得自己挖到的要么是基岩，要么是老旧的总水管，要么是别的什么可能耽搁项目进度的东西。

待到灰尘散尽，他没有看到任何残缺不全的管道或电线，更不用说基岩。然而，一些他全然不曾想到的东西进入了他的视野：化石化的骨头，为数不少，有一些还非常之大。

施工暂停。这名工人既没有古生物学学位，也没有接受过相关训练，但是他能感觉到，这个发现非常重要。他知道这肯定是一只恐龙。他的家乡早已是发现新恐龙的中心。如今发现的新物种当中，约有半数都出自那里。于是他把工头叫了过来，一系列混乱不堪的事件由此拉开序幕。

这只恐龙已经在地里埋了不下 6 600 万年了，如今它的命运却取决于在危机中做出的一连串仓促的决定。消息慢慢走漏。慌乱的工头叫来了镇上的一个朋友，人们只知道他姓谢，是一名化石收集者，也是一个恐龙迷，他的名字能让人想起 007 电影里的阴险人物。意识到这一发现的重大意义之后，这位谢姓男子跑到工地，给他在赣州市矿产资源管理局的朋友打电话，矿产资源管理局是当地政府的一个部门。电话不断打下去，最终该机构召集了一小队人马去挖骨头。他们花了 6 个小时，收走了他们找到的每一块骨头。这些骨头一共装了 25 个袋子，都被送往镇上的一个博物馆，交由那里保管。

他们对时机的把握堪称完美，幸好如此。就在团队即将收工的时候，三四个化石贩子突然出现。这些黑市交易者有如嗜血的猎犬，能够嗅到新恐龙的气味，他们想买下这只恐龙化石。如果能把新恐龙的化石卖给某个对新奇化石感兴趣的外国富商，那么今朝的一点儿贿赂就会变成明日天大的横财。在世界各地，这种事再寻常不过了，尽管往往并不合法。想想那些因为非法交易和有组织犯罪而流失于黑暗世界中的化石，真让人痛心疾首。但这一次，正义的一方获得了胜利。

科学家们在当地博物馆对化石进行了检查，然后动手把骨头拼接到一起，很快他们就意识到，这个新发现是多么令人难以置信。这可不是一堆寻常的骨头，而是一具近乎完整的恐龙骨架，来自一只体形巨大、牙齿锋利、在电影或者纪录片里总是扮演反面角色的捕食者恐龙。这具骨架看起来跟生活在世界另一个半球、大名鼎鼎的君王暴龙非常相似。君王暴龙在北美森林中巡游的年代，跟这次挖掘机挖到的赣州红色岩石的形成年代几乎相同。

他们豁然开朗：眼前这具骨架应该属于一只亚洲版暴龙类恐龙。6 600万年以前，这种凶猛的恐龙是世界的统治者。当时，地球上遍布茂密的灌木丛，终年湿润，闷热黏腻，在蕨类、松柏类和针叶类树木之间，散布着沼泽，间或有流沙坑。这个生态系统当中有大量蜥蜴、长着羽毛的杂食性恐龙、蜥脚类恐龙和成群的鸭嘴龙类，其中一部分恐龙被淤泥坑夺去了性命，并形成化石。而对这种机缘巧合下被工人挖出来的暴龙来说，那些有幸活下来的动物就成了它们的盘中美味，毕竟，它可是与君王暴龙亲缘关系最近的物种之一。

这位工人肯定是受到了幸运之神的眷顾。对大多数古生物学家来说，这样的发现可遇而不可求。幸运的是，我也参与了这次发现，还省去了最繁重的"狩猎"工作。

"赣州疯狂夏日"过去了数年之后，在一个凛冽的冬日，我参加了一场在伯比自然历史博物馆举办的会议，地点位于伊利诺伊州北部荒原，离我长大的地方不远。来自世界各地的科学家齐聚一堂，共同讨论恐龙灭绝这个问题。当天早些时候，吕君昌的一场报告让我心醉神迷，一张张幻灯片让我的眼睛越睁越大，幻灯片里的每一张照片都是来自中国的新化石，美不胜收。吕教授的大名我早有耳闻，他被公认为中国顶尖的"恐龙猎人"之一。中国能在恐龙研究领域拥有如此重要的地位，并成为全世界最激动人心的恐龙研究之地，他的众多发现功不可没。

吕教授是个明星。我只是个青年研究者，但让我大感意外的是，吕教授竟然找到了我。我握着他的手，对他精彩的演讲表示祝贺，然后我们又分享了一些趣闻逸事。但他的声音透出一股焦急，我注意到，他抓着一个文件夹，里面塞满了照片。我感觉其中必有缘故。

吕教授告诉我，他被委派研究一种新恐龙，它是几年前在中国南部被一个建筑工人发现的。他知道这种恐龙属于暴龙类，但看上去又不同寻常。它跟君王暴龙差别很大，肯定是个新物种。而且从外形来看，这种恐龙跟我几年前读研究生时描述过的一种怪异的暴龙类有几分相像。那是在蒙古发现的一种名为分支龙的捕食者，身材修长，有着长长的口鼻部。但吕教授不太有把握，他想要别人帮他参谋参谋。当然，我尽我所能为他提供了帮助。

吕教授（熟了之后我就叫他君昌）给我讲了他的过往经历。他老家在山东，是中国东部沿海的一个省份。他成长于"文革"期间，家里很穷，经常要靠野菜充饥。政治风向转变之后，他考上大学攻读地质学专业，后来又去得克萨斯读博。回到北京之后，他开始从事中国古生物学界最受尊敬的工作：在中国地质科学院担任教授一职。

君昌这位农民出身的教授成了我的朋友。在那次会议上碰面后不久，他就邀请我

阿氏分支龙的面部骨骼。这是一种新发现的口鼻部较长的暴龙类，出土于蒙古。我在读博的时候描述了这种恐龙。

图片由米克·埃利森（Mick Ellison）拍摄。

去中国，帮助他研究这种新暴龙，并撰写一份描述这具骨架的科研论文。我们仔细检查了骨架的各个部分，把它跟所有其他暴龙类进行对比。我们确信，这种暴龙是君王暴龙的近亲。一年多后，也就是在 2014 年，我们终于能够宣布，建筑工人无意间发现的这只恐龙是暴龙类族谱上的最新成员，我们称之为中华虔州龙。由于正式名称有点儿拗口，我们就给它起了个外号，叫匹诺曹暴龙，因为它长了一个滑稽的长鼻子。媒体探听到了这次发现的消息（记者们似乎很喜欢这个傻气的外号），正式宣布之后的第二天，我们的面孔就出现在了英国各个小报上，我和君昌对此深感好笑。

过去 10 年里出现了一股暴龙类的发现潮，虔州龙是其中一种。这些发现改变了我们过去对这种最具代表性的肉食性恐龙的认知。君王暴龙于 20 世纪初被首次发现，此后 100 多年的时间里，它一直处于聚光灯下。它是恐龙中的王者，长达 40 英尺，重达 7 吨。这个星球上几乎人人都能叫出这种巨兽的名字。科学家们在 20 世纪陆续发现了君王暴龙的几位亲戚，体形也都大得惊人。他们意识到，这些大型捕食者应该在恐龙谱系中占据一个独立的分支，也就是我们所称的暴龙类（正式的科学叫法是暴龙超科）。然而，当时的古生物学家仍被一些问题所困扰：这些非同凡响的恐龙出现于何时？演化自哪种动物？它们是如何长到这么大，又是如何登上食物链顶端的？这些问题至今仍待解答。

过去的 15 年里，研究人员在世界各地发现了近 20 种新的暴龙类恐龙。虔州龙所在的中国南部那个尘土飞扬的建筑工地可能是最平平无奇的发现地点之一了。其他的发现地要奇怪得多，有英格兰南部被海浪拍打的悬崖，有北极圈冰冻的雪原，还有戈壁滩的茫茫沙漠。根据这些发现，我和我的同事们构建了一份暴龙类族谱，用来研究暴龙类的演化。

研究的结果令人不可思议。

我们发现，暴龙类是一个非常古老的类群，出现时间比君王暴龙早了 1 亿多年。那是中侏罗世的黄金时代，恐龙正欣欣向荣，长颈蜥脚类，像是那些在古老的苏格兰潟湖留下足迹的生灵，正迈着沉重的脚步在陆地上缓慢前行，发出低沉的轰鸣。早期的暴龙类不怎么起眼，尚在边缘徘徊，个头近似人类，以肉为食。它们就这样度过了大约 8 000 万年，一直生活在体形更为庞大的捕食者的阴影下，先是侏罗纪的异特龙及其亲戚，又是白垩纪上半期凶猛的鲨齿龙类。当这段寂寂无名的漫长岁月过去之后，暴龙类开始变得越来越庞大，越来越强壮，也越来越凶残。在恐龙时代的最后 2 000 万年里，它们攀上了食物链的顶端，统治着整个世界。

暴龙类的故事始于 20 世纪初君王暴龙的发现，"暴龙类"是对一类恐龙的统称。研究君王暴龙的科学家是西奥多·罗斯福总统的好朋友，他是总统儿时的伙伴，跟总统一样喜爱自然，热爱探索。他就是亨利·费尔菲尔德·奥斯本（Henry Fairfield Osborn），20 世纪初期美国最引人注目的科学家之一。

奥斯本曾任纽约美国自然历史博物馆馆长和美国人文与科学院院长，1928 年，他甚至登上了《时代》杂志的封面。不过，奥斯本可不是位普通的科学家，他有着深厚的家世背景：他的父亲是铁路大亨，他的舅舅是"公司掠夺者"约翰·皮尔庞特·摩根。在美国，他似乎出入于每一家镶着木质墙板、烟雾缭绕、"好老弟"聚集的俱乐部。在测量骨头化石之余，他还与纽约社交界的精英唱和往还，上东区的阁楼里经常能看到他的身影。

如今，奥斯本在人们记忆里的形象可不怎么样，他不是一个讨人喜欢的人。他利用自己的财富和政治人脉大肆宣传自己优生学理论和种族优越论，移民、少数族裔和穷人都被他视为敌人。有一次，奥斯本甚至组织了一次赴亚洲的科考活动，希望在那里找到最古老的人类化石，以证明他所属的物种不可能源自非洲。从演化角度而言，人类竟然是一个"劣等"种族的后裔，这让他无法接受。现在，他常常被看作一个"过去年代的偏执狂"，也就不足为奇了。

我如果生活在镀金时代的纽约，是不会想要跟奥斯本这样的人一起喝啤酒或者精致的鸡尾酒的。当然，这是我异想天开，他本来也不会跟我坐在同一张桌子上。我这个充满少数族裔色彩、意大利风味浓厚的姓氏很可能不对他的胃口。不过，无可否认的是，奥斯本是一个非常聪明的古生物学家，而作为科学管理人员，他的能力甚至还要更强。正是在担任美国自然历史博物馆馆长（这幢威严肃穆的建筑坐落在中央公园西侧，像一座天主教堂，我的博士学位就是在这里读的）这一职务时，他做出了职业生涯中最有意义的一个决定：他指派了一位目光独到，名叫巴纳姆·布朗的化石藏家去美国西部寻找恐龙。

　　第四章里，我们与布朗有过一面之缘，那个故事里的他正在怀俄明州的豪采石场挖掘侏罗纪恐龙，年纪也大很多。尽管很难想象，但他的确是故事的主角。他在堪萨斯大草原上的一个小镇里长大，那是一个以煤炭公司为核心形成的小镇，仅有几百位居民。父母给他起了这么一个花哨的名字，也许是受到了马戏团经纪人兼演出者费尼尔司·泰勒·巴纳姆名字的启发，以期他能逃离一成不变的乡野生活。年轻的巴纳姆

巴纳姆·布朗（左）和亨利·费尔菲尔德·奥斯本（右），他们正在怀俄明州挖掘恐龙，时间为1897 年。

图片来自美国自然历史博物馆图书馆。

虽然没有什么人可以聊天，但他被大自然环绕着，因此他对石头和贝壳非常着迷。他甚至在自己家里建了一座博物馆，我那同样在中西部一个平静的小镇上长大、沉迷于恐龙的弟弟在电影院看了《侏罗纪公园》之后也做了同样的事。后来，布朗进入大学读地质学专业，又在20多岁的时候从小地方来到了纽约。他就是在纽约遇到奥斯本的，奥斯本把他雇为野外助手，让他前往蒙大拿州和达科他州无人涉足的荒地，把那里巨大的恐龙带到五光十色的曼哈顿。在这里，美丽的化石会让从未在野外睡过一晚的社交名流们瞠目结舌。

因为这个机缘，1902年，布朗来到了蒙大拿州东部人迹罕至的劣地。在勘察这片山地的时候，布朗发现了一堆骨头：里面有一块连着颌骨的头盖骨残片，一些脊椎骨和肋骨，还有肩胛骨和臂骨的残片，以及相对完整的骨盆。这些骨头非常之大，骨盆的尺寸表明，这只动物站立时能有数米高，显然比人类大得多。可以肯定的是，这些骸骨来自某种肌肉发达的动物，它能靠两条腿奔跑，速度还相当快。这是肉食性恐龙的典型身体特征。以前也发现过其他掠食性恐龙，比如晚侏罗世的屠夫异特龙，但没有哪一种能在体形上接近布朗发现的新恐龙。那时，他将满30岁，而这个发现足以让他的一生都熠熠生辉。

布朗把他发现的骨头送回纽约，奥斯本正在那里焦急地等着。这些骨头太大了，他们花了几年的时间才清理完毕，并组合成一个残缺不全的骨架，向公众展出。这项工作的绝大部分都是在1905年完成的，那一年，奥斯本向全世界宣布了一种新恐龙的发现。他发表了一篇正式的科研论文，将这种恐龙命名为君王暴龙（*Tyrannosaurus rex*）。这个名字是希腊语和拉丁语的美妙结合，意思是"凶暴的蜥蜴之王"。新恐龙在美国博物馆展出（科学家们通常把美国自然历史博物馆称作美国博物馆），引起了轰动，全国各大报纸争相报道。《纽约时报》不吝溢美之词，将之称为古往今来"无坚不摧的战斗猛兽"。人们蜂拥来到这家博物馆，等到他们与暴虐的君王面对面的时候，它那硕大无朋的身躯和古老悠久的历史让所有人都目瞪口呆、哑然失声。当时，人们估计它大约有800万岁（现在我们知道，它的年龄要大得多，差不多有6 600万岁）。君王暴龙成了明星，巴纳姆·布朗也因此声名鹊起。

诚然，布朗将作为君王暴龙发现者为世人所铭记，但这只是他职业生涯的开端。

他有一双为化石而生的眼睛，长于发现化石。于是，他逐渐从普通的化石收集者变成美国博物馆古脊椎动物馆的馆长，也就是负责管理全世界最精美的恐龙藏品的科学家。如今，如果你去参观这里蔚为壮观的恐龙陈列厅，你看到的很多化石都是布朗和他的团队采集到的。我在纽约的前同事罗威尔·迪古斯（Lowell Dingus）撰写过一部布朗的传记，他把布朗称作"有史以来最优秀的恐龙收集者"。我的很多古生物学家同侪都认可这一评价。

布朗是第一个古生物学家名流，他讲课生动活泼，还在 CBS（哥伦比亚广播公司）电台做一档广播节目，每周播出一次。每当他乘火车穿越美国西部，人们都会成群结队地去看望他。后来他还帮助华特·迪士尼设计了电影《幻想曲》中的恐龙形象。跟其他名士一样，布朗行为古怪：盛夏时节，他会穿着长可及地的毛皮大衣去寻找化石；给政府或石油公司干活赚些外快；他尤好女色，有传言说，他的私生子很多，在美国西部的平原，至今还能听闻他众多后代之间理不清的关系。人们不禁会想，如果布朗尚在人世，他可能会成为某个火爆的真人秀明星，甚至一位政客。

君王暴龙在纽约轰动一时，几年之后，布朗再次上阵，穿上皮大衣，在蒙大拿州的劣地东翻西找，希望发现更多化石。不出所料，他找到了。这次发现的是一个保存状况好得多的暴龙类：骨架更加完整，头骨非常漂亮，几乎跟成年男性的身高差不多，有 50 多颗锋利的牙齿，状似铁路道钉。尽管布朗发现的第一具君王暴龙骨架七零八落，没有办法准确估算总体尺寸，但第二具骨架表明，君王暴龙不愧王者之名：长度超过 35 英尺，重达数吨。毫无疑问，君王暴龙是当时发现过的体形最大、最令人生畏的陆生捕食者。

接下来的几十年里，君王暴龙享受着众星捧月般的生活，它成了电影里的主角和博物馆展览中的明星，风靡全世界。它在电影《金刚》里跟大猩猩作战，又在电影改编版《失落的世界》（亚瑟·柯南·道尔原著）中让观众心惊胆战。但它的名声遮掩了一个谜团：在几乎整个 20 世纪，科学家都不甚了解，君王暴龙在恐龙演化的整体图景中处于什么位置。它是一个奇怪的存在，不但比以往所知的捕食者恐龙大很多，其他方面也迥然不同。我们很难在恐龙的家族相册中给它的照片安排一个合适的位置。

在布朗发现君王暴龙后最初的几十年里，古生物学家在北美洲和亚洲发现了它们的一些亲戚。毫不意外的是，布朗本人做出了一些最重要的发现，其中最引人注目的就是 1910 年在艾伯塔发现的一个大型暴龙类群葬墓。这些恐龙都是君王暴龙的亲戚，包括艾伯塔龙、蛇发女怪龙和特暴龙，大小跟君王暴龙差不多，而且骨架几乎完全相同。20 世纪晚期，随着岩石定年技术的进步，科学家们还发现，这些暴龙类跟君王暴龙生活在同一时期，白垩纪的最末期，也就是 8 400 万~6 600 万年前。科学家们因而陷入了困惑之中：好几种体形巨大的暴龙类盘踞在食物链顶端，在恐龙历史的鼎盛期蓬勃发展。它们是从哪里来的？

直到最近，这个谜题才有了答案。就像在过去几十年里，我们对恐龙的了解大都源于化石，我们现在对暴龙类演化形成的新认识也来源于大量新发现的化石。它们之中的很多都来自人们从未想过的地方，而没有哪种恐龙的发现地点能比哈卡斯龙的更出人意料。哈卡斯龙是目前公认的最古老的恐龙，是一种体形不算很大的肉食者，2010 年发现于西伯利亚。当你想起恐龙的时候，你可能根本想不到西伯利亚这种地方，但如今世界各地都能找到恐龙化石，甚至连俄罗斯遥远的北陲也不例外。在这里，古生物学家们不得不应付严酷的寒冬，以及潮湿又蚊虫成群的夏季。

我的朋友亚历山大·阿瓦里阿诺夫（Alexander Averianov）就是这些古生物学家中的一员。他在圣彼得堡俄罗斯科学院的动物研究所工作，我们叫他萨沙。他是研究与恐龙共同生活（或者更准确地说，生活在恐龙之下）的小型哺乳动物的顶级专家。他也研究那些欺压他所热爱的哺乳动物的恐龙。萨沙的职业生涯始于苏联解体时期，他不仅发现了大量化石，还对化石的解剖学特征进行了细致入微的描述。如今，他已成为全俄罗斯首屈一指的古生物学家。

几年前，萨沙在一次会议上向我展示了一种来自乌兹别克斯坦的新恐龙化石。他领着我去他的房间，郑重其事地打开一个色彩明艳、橙绿相间的硬纸盒，取出一块肉食性恐龙的头骨残片。之后他又把化石放回盒子，然后交给我，这样我就可以把它带回爱丁堡，进行 CAT 扫描。但在放手之前，他看着我的眼睛，用俄罗斯口音浓重的英语（电影里往往只有坏蛋才用这种口音）缓缓说道："小心这块化石，不过更要小心的是这个盒子。这可是苏联时代的盒子，现在都没人制作这样的盒子了。"他狡黠地露齿一笑，旋即掏出一小瓶深色液体，"现在，我们该用达吉斯坦干邑来庆祝庆祝了。"他边说边倒了两杯，接着又倒了两杯，然后又来一轮。我们为他发现的暴龙干杯。

跟布朗发现的第一块君王暴龙的化石一样，萨沙发现的哈卡斯龙也只是骨架的一小部分，包括一部分口鼻部、脸的侧部、一颗牙齿、一大块下颌骨，还有前肢和后肢的一些零碎骨头。这些骨头全都是在一个采石场几平方米的范围内发现的。采石场位于中西伯利亚克拉斯诺亚尔斯克边区，萨沙的团队在这个采石场挖掘了很多年。俄罗斯有80多个联邦主体（作为行政区划，联邦主体相当于美国的州，或加拿大的省），克拉斯诺亚尔斯克是其中之一，但它可不是小小的特拉华州，甚至不是得克萨斯州，令人难以置信的是，连阿拉斯加州都没有它大。克拉斯诺亚尔斯克几乎横贯整个俄罗斯中部，北起北冰洋，一路南下，几乎与蒙古接壤。其面积略小于100万平方英里，远远大于阿拉斯加州，甚至比格陵兰岛还大一点儿。该地区虽然幅员辽阔，但人烟稀少，全部人口跟芝加哥的差不多。在这片广袤无垠的荒原中，萨沙找到了全世界最古老的暴龙。他用当地的一种语言把它命名为哈卡斯龙。"哈卡斯"在这种语言中是蜥蜴的意思，仅有生活在这个偏僻之地的几千位居民才使用这种语言。

这一发现并没有引发媒体的太大反响。由于萨沙在俄罗斯一份名不见经传的期刊上描述了这种恐龙，很多科学家也没有注意到萨沙的发现。哈卡斯龙没有有趣的绰号，当然也没有在后来的任何一部《侏罗纪公园》系列电影中出现。它只是众多新发现的恐龙之一，每年都有50多种新恐龙在科学论文中被宣布，之后它们中的大多数就会被遗忘，能记得的也就只有为数不多专门研究恐龙的古生物学家了。但对我来说，哈卡斯龙是过去十年里最有意思的发现之一，因为它清楚地表明，暴龙类有一个非常早的演化起点。发现哈卡斯龙的岩石形成于侏罗纪中期，距今约1.7亿年。还要再过1亿多年，君王暴龙和它硕大无朋的亲戚才会在北美和亚洲攀上巅峰。

哈卡斯龙虽说非常重要，却相当不起眼。我第一次仔细端详它的骨头是在萨沙光线昏暗的办公室里，位于涅瓦河畔一座宏伟而老旧的建筑中。当时是4月初，河里的冰还没有完全消融。没错，萨沙发现的化石只不过是几块骨头，但这也没什么好惊讶的。绝大多数新发现的恐龙往往只是几块残骸断骨，因为埋在地里的一小截骨架碎片能在地下历经数百万甚至数千万年后依然完好，也是需要极大的运气的。不，让我感到震撼的是，哈卡斯龙真的非常小。所有的骨头用几个鞋盒就能轻松装完。我轻易就能把这几个盒子从架子上取下来。要是我想拿起纽约那只君王暴龙的头骨，得借助叉车才行。

很难相信，像哈卡斯龙这么温顺的动物最终会演化出君王暴龙这样的巨兽。由于只有骨头残片，我们很难精确测量它们的大小。即便如此，哈卡斯龙可能也就只有七八英尺长，而它那细瘦的尾巴就占了很大一部分。它直立时最多也就几英尺高，可能只到你的腰部或胸部，跟一条大狗差不多。它的体重更不会超过100磅。如果40英尺长、10英尺高、7吨重的君王暴龙生活在中侏罗世的俄罗斯，它不费吹灰之力就能用短小的前臂把哈卡斯龙打趴下。哈卡斯龙并不是一种凶残的怪物。它不是顶级捕食者。它有点儿像今天的狼或者犲，身轻腿长，擅长利用速度猎杀小型猎物。发现哈卡斯龙的克拉斯诺亚尔斯克采石场能不断出土各种小蜥蜴、蝾螈、海龟和哺乳动物的化石，当然不是巧合。这些动物都是最原始的暴龙类的佳肴，那时它们还没法吃长脖子的蜥脚类，或者跟吉普车那么大的剑龙类。

既然哈卡斯龙与君王暴龙在体形和狩猎习惯上天差地别，我们怎么会知道它属于暴龙类呢？假如哈卡斯龙与君王暴龙同时被发现，科学家可能不会把它们联系到一起。哪怕哈卡斯龙是在几十年前被发现的，它也可能不会被认定为一种原始暴龙类恐龙——君王暴龙的远祖。现在我们却知道了真实情况，其原因（又一次）在于新化石的发现。

萨沙运气非常好，在他发现哈卡斯龙的四年之前，我的同事徐星带领一个团队在中国西部发现了非常相似的侏罗纪中期小型肉食动物的化石。他们发现的，可不是几块残缺不全的骨头，而是两具几近完好的骨架，一具已经成年，另一具尚未成年。这些恐龙是如何来到这里的，简直可以写成电影脚本。未成年的那具骨架是在一个几英尺深的坑底发现的，被成年的骨架踩在脚下，两具骨架全都掩埋在泥土和火山灰之中。显然，发生了非常可怕的事情，但恐龙之不幸乃古生物学家之大幸，好运让古生物学家找到了突破口。

徐星和他的团队把这种新恐龙命名为五彩冠龙，源于这种恐龙头骨顶上有一块华丽的莫霍克式骨质头冠。头冠比餐盘还要薄，亦有许多穿孔。这种东西不但形状怪异，而且华而不实，恐怕只有一个作用：用于展示以吸引异性或者吓退对手。这有点儿像雄孔雀浮夸的尾巴，除了炫耀别无他用。

　　我花了几天时间在北京仔细钻研五彩冠龙的骨头。尽管最先引起我注意的是它的头冠，但骨头的其他特征为我们提供了至关重要的线索，帮助我们把五彩冠龙放在族谱的正确位置，并把它与哈卡斯龙和君王暴龙联系起来。首先很清楚的一点是，它与哈卡斯龙非常相似：两者体形差不多，口鼻部的前端有很大的窗户似的鼻孔，上颌骨很长，牙齿上部有很深的凹陷，能盛得下一个很大的鼻窦。另一方面，在所有肉食性恐龙当中，五彩冠龙具有很多仅出现在君王暴龙和其他大型暴龙类身上的特征。换句话说，演化新质（我们之前已经了解过）是我们理解谱系的关键。比如，口鼻部顶端有高度愈合的鼻骨，口鼻部前端既阔又圆，每只眼睛的前端有一只小角，骨盆前部有两个巨大的肌肉附着肌痕。除此之外还有很多相似之处，解剖学方面的细节虽然看起来无聊，但对我和我的同事们来说，这意味着五彩冠龙肯定是一种原始暴龙类。而且五彩冠龙的完整骨架与哈卡斯龙的骨头碎片也有特别多的相似之处，由此可以判断，后者一定也是一种原始暴龙类。

　　除了帮助我们证明哈卡斯龙是暴龙类的一种之外，五彩冠龙的完整骨架也为我们描绘了一幅更为清晰的图景，告诉我们这些最早、最原始的恐龙会是什么样子，行为模式如何，在生态系统中处于什么位置。根据四肢的尺寸判断——我们知道，现生动物的四肢尺寸与体重关系密切——五彩冠龙重约 70 千克。五彩冠龙既优雅又苗条，有一双修长的腿，以及一条能伸很远以保持身体平衡的长尾巴。毫无疑问，这是一种速度非常快的狩猎者。它嘴里长满牛排刀一样的牙齿，捕食者都有这样的特征，但它的前肢也相当长，有三根钳状手指，能够以极大的力气抓住猎物，君王暴龙那长着两只手指的小短臂完全无法与之相提并论。

　　五彩冠龙是优秀的猎手，速度快、牙齿锋利、爪击致命，但它并不是顶级捕食者。跟它生活在一起的，还有身材大很多的肉食者，比如长逾 15 英尺的单嵴龙，以及长 30 英尺、重逾 1 吨的中华盗龙（异特龙的近亲）。五彩冠龙生活在这些动物的阴影之下，而且很可能对这些动物充满畏惧。五彩冠龙充其量只是第二或第三梯队的捕食者，是被其他恐龙主宰的食物链上不怎么显眼的一环。近期发现的其他小型原始暴龙类的境遇与哈卡斯龙相差无几，比如其中最小的、跟灵缇犬个头差不多的帝龙（来自中国），以及原角鼻龙（100多年以前发现于英格兰，但直到最近才被认定为一种原始暴龙类，因为它长着跟五彩冠龙相似的莫霍克式头冠）。

这些身材小巧的暴龙类虽然没什么可看的，也不会让什么动物夜不能寐，但显而易见，它们正朝着正确的方向发展。我们发现的化石越多，就越能意识到，它们是有多么成功。有那么一群暴龙类，在约5 000万年的时间里（从侏罗纪中期一直到白垩纪，也就是1.7亿~1.2亿年前）踏遍了整个世界。很明显，从侏罗纪到白垩纪的过渡时期，它们撑过了令异特龙、蜥脚类以及剑龙类一蹶不振的环境和气候变化。如今，我们在整个亚洲、英格兰的多个地方、美国西部甚至可能包括澳大利亚都发现了暴龙类的化石。它们之所以分布甚广，是因为在它们生活的时代，泛大陆尚在分裂，也就是说，它们可以借助陆桥轻而易举地在各大陆间迁移，但如今，这些大陆已经相隔非常遥远了。作为生活在矮树丛之间的中小型捕食者，这些早期的暴龙类找到了自己的生态位，它们很擅长在这样的环境下生存。

然而，在某一时刻，暴龙类从小角色摇身一变，成为人见人爱、远近闻名的顶级捕食者。这一转变的最初迹象可以从白垩纪早期（约1.25亿年前）的化石中觅得影踪。大多数生活在这一时期的暴龙类体形都不大。小个子的帝龙是最极端的例子，它的重量只有大约20磅。有些暴龙类要大一些，比如在英格兰发现的始暴龙，及其几种年龄更大的亲戚，如侏罗暴龙和史托龙，这两种恐龙都比帝龙、五彩冠龙和哈卡斯龙更大，身长可达10~12英尺，体重至少1 000磅。要是你能回到那个时代，并且这些中型暴龙类肯屈尊配合，你就能像骑马一样骑着恐龙，不过它们仍未站到食物链的顶端。

2009年，拼图的另外一片出现了：一个中国科学家组成的团队描述了出自该国东北部地区的一种非同寻常的恐龙，他们将这种恐龙命名为中国暴龙。与以往类似，这种新恐龙的骨头也支离破碎，只留下了一小部分骨头，包括口鼻部的前端和下颌，几截脊骨，还有几块手骨和盆骨。这些骨头跟五彩冠龙的非常像，跟哈卡斯龙的也很像（哈卡斯龙是在几个月之后才得以描述的）。在口鼻部断裂处可以明显看到一个高高的骨质头冠基座，鼻孔开口非常大，牙齿上方有一个很深的鼻窦凹陷。但它们之间也存在着很大的不同：中国暴龙比五彩冠龙大得多。根据与其他肉食性恐龙的骨头对比得出的数据来看，这种新捕食者体长约30英尺，体重可能超过1吨。这至少相当于10

帝龙骨架。帝龙是一种原始暴龙类，大小跟狗差不多。

冠龙头骨。冠龙是一种原始暴龙类，大小与成人相仿，头部有华丽的骨质冠饰。

条五彩冠龙。中国暴龙的年龄大约有 1.25 亿岁，是迄今为止人们发现的最古老的大型暴龙类恐龙。

　　我读到有关该新物种的报道的时候还是个研究生，距我开始研究肉食性恐龙的演化的博士项目已经过去了一年。在我看来，这种新恐龙无疑属于暴龙类，而且体形庞大，但除此以外，我不知道该如何对它进行解读。这些化石太零碎了，无法从中确定它到底有多大，也无法确定它在族谱上的准确位置。它是君王暴龙的近亲吗？如果是，也许它可以告诉我们，为什么君王暴龙（君王暴龙是这个体形巨大、头骨高、前肢短小的肉食性恐龙类群的首席成员，这个类群还包括暴龙、特暴龙、艾伯塔龙和蛇发女怪龙——在 8 400 万~6 600 万年前的白垩纪最末阶段，它们是当之无愧的霸主）能长到这么大，能够威震四方，无"龙"敢与之争锋？或者，它会是什么别的物种吗？也许只是一种比其同伴长得更大的原始暴龙类。毕竟，中国暴龙生活的年代比君王暴龙早

蛇发女怪龙头骨。蛇发女怪龙是一种体形庞大的暴龙类，生活在白垩纪最末期的地球上，与君王暴龙是亲戚。

6 000 万年，我们所知的任何其他同时期的暴龙类都没有这么大，一辆皮卡就能装走。

这一发现真的能改写暴龙类的历史吗？我能预感到这些化石带来的问题可能在很长一段时间里都无法解决，心情不免有些沉重。在恐龙研究领域，这种情况层出不穷：出现一种暗示了非常重要的演化事件的化石（一个重要类群的最古老成员，或者第一块显示出某种非常重要的行为或骨架特征的化石），但仅此一种，还过于破碎、过于残缺，或者难以定年，一切也就无从确定。而另外一块化石永远不会出现，于是问题一直悬而不决，成为一个没有真相的陈年疑案。

但事实证明，我没必要这么悲观。仅仅三年之后，徐星（正是他描述了五彩冠龙和帝龙）在《自然》杂志上发表了一篇引起了轰动的论文。徐星和他的团队宣布，又发现一种新恐龙，并把它命名为华丽羽王龙。这次他们手里的骨头可不是只有几块，他们拥有的是骨架，而且有三具。很明显，这是一种暴龙，与中国暴龙非常接近。两者在体形和骨头方面均有相似之处：华丽羽王龙有浮夸的头冠和巨大的鼻孔，中国暴龙也是如此。华丽羽王龙很大：最大的骨架大约 30 英尺长。这并非一个估算数字，因为徐星和他的团队能够拿卷尺测量，而不是根据几片残骨利用数学公式来推算完整骨架的尺寸（想要知道中国暴龙的尺寸就只有这样一个办法）。因此，华丽羽王龙终结了这个问题：早白垩世的确存在大型暴龙，至少在中国有。

华丽羽王龙还有其他异乎寻常的地方。这些骨架保存得非常完好，连软组织的细节都能看到。通常来说，皮肤、肌肉和脏器在化石形成很久之前就已经腐败分解，只有骨头、牙齿和外壳这些坚硬的部位能保留下来。幸运的是，在一次火山喷发之后，这些华丽羽王龙的骨架被迅速掩埋，一部分软组织都未腐败。在骨头的四周围绕着浓密而成簇的纤细丝状结构，每簇都有大约 6 英寸长。体形小得多的帝龙也有类似的结构被保存了下来，而帝龙是在中国东北同一个岩石单元发现的。

这些结构是羽毛，但不是当今鸟类翅膀上的那种翎管羽，而是相对而言更为简单的结构，看起来更像是一缕缕毛发。鸟类的羽毛正是从这种古老的结构演化而来的，现在我们知道，很多恐龙（也许可以说所有恐龙）都有这样的羽毛。华丽羽王龙和帝龙毫无疑义地证明，暴龙类是有羽毛的。与鸟类不同，暴龙类当然不会飞，它们的羽毛可能用于展示或是保暖。而大型暴龙类（比如华丽羽王龙）和小型暴龙类（比如帝龙）

都有羽毛，这意味着所有暴龙类的共同祖先也是有羽毛的，因此君王暴龙也很可能有羽毛。

华丽羽王龙覆盖着羽毛的骨架让这种新恐龙成了国际媒体的宠儿，不过羽毛的故事我们留到后面再说。对我来说，华丽羽王龙的重要意义在于，它能帮助我们更好地理解，暴龙类是如何长到这么大的。华丽羽王龙和中国暴龙硕大无朋，比生活在白垩纪末期之前的所有其他暴龙类都要大得多，而白垩纪末期正是君王暴龙和它的弟兄至高无上的时代。不过，在中国发现的这两种恐龙并不能算是真正的庞然大物：它们跟异特龙或中华盗龙（捕食五彩冠龙的大型捕食者）的大小差不多，但完全无法比肩 40 英尺长、7 吨重的君王暴龙及其近亲。不仅如此，如果把华丽羽王龙的骨架跟君王暴龙的骨架放在一起，逐块骨头一一比较，就能看出两者之间明显的差异。华丽羽王龙看上去像是大号五彩冠龙，有装饰性头冠、巨大的鼻孔以及长着三根手指的前肢。相比之下，君王暴龙头骨很深且密布肌肉，牙齿粗似道钉，而且前臂短得可怜。

这就导致了一个始料未及的结论：尽管身躯庞大，但是华丽羽王龙和中国暴龙与君王暴龙没有很近的亲缘关系，与白垩纪最末期的暴龙类演化成庞然大物也没有多大联系。相反，这是原始暴龙类在进行"长大身体"的实验，这个实验与其后来出现的亲戚毫无关系。换句话说，它们是演化意义上的死胡同。就我们所知，在白垩纪早期中国这一隅之外的地方，并没有它们的足迹。（当然，这个断言有可能会被新发现证明是错误的）它们与小型暴龙类共同生存，而在侏罗纪和白垩纪早期，小型暴龙类更为常见。

华丽羽王龙和中国暴龙不是君王暴龙的直系祖先，但这并不表示它们不重要。这些白垩纪早期的物种明白无误地表明，暴龙类有能力在演化早期就长出非常大的身体。就我们目前所知，华丽羽王龙和中国暴龙是它们所处的生态系统当中体形最大的捕食者，居于食物链顶端，是茂密森林中的王者。森林生长在陡峭火山的侧翼，夏季潮湿，冬季会被积雪覆盖，回荡着原始鸟类和长着羽毛的驰龙类的啁啾。在挑选猎物方面，它们有自己的原则：如果特别饿，就选肥硕的长颈蜥脚类或者绵羊大小的鹦鹉嘴龙为食。后者以植物为食，是三角龙的原始亲戚。而 6 000 万年之后，在北美洲西部的泛滥平原上，三角龙将凭一己之力与君王暴龙一决高下。

在早白垩世与中国密林时空殊异的地方，暴龙类还是中小型捕食者，在大型捕食者面前相形见绌。在中侏罗世的中国，中华盗龙高过五彩冠龙一头；在侏罗纪中后期的北美洲，骡子大小的史托龙是异特龙的手下败将；在早白垩世的英格兰，鲨齿龙类中的新猎龙足以压制始暴龙；类似的例子还有很多。由此看来，似乎一有机会，暴龙类就能变得更强大，但前提是，它的身边不能有体形更大的捕食者。

不过问题仍然存在：君王暴龙及其近亲为何能骤增至如此？想要知道第一只体形跟君王暴龙一样的暴龙类恐龙出现在什么时候，就得查询化石记录。这里所说的"跟君王暴龙一样"，是指身长超过 35 英尺，体重超过 1.5 吨，头骨大而高，颌骨密布肌肉，牙齿如香蕉，前肢短小，腿部肌肉发达。

这样的暴龙类——如假包换的巨兽、毋庸置疑的超大号顶级捕食者——于 8 400 万~8 000 万年前第一次出现在北美洲西部。甫一出现，它们就开始迅速扩张，足迹遍布各地，在北美洲和亚洲都有分布。显而易见，这段时间出现了多样性的爆炸式增长。

我们知道，这次大转变发生在白垩纪中期（约 1.1 亿~8 400 万年前）的某一时段。在此之前，全世界生活着很多中小型暴龙类，偶尔有几种体形比较大的暴龙类，比如华丽羽王龙。过了这段时期之后，巨型暴龙类统治了从北美到亚洲的广袤地区，但也只在这两块大陆，而个头没有迷你巴士大的暴龙类则了无踪迹。这是一个巨大的变化，即使从整个恐龙的历史来看，也堪称最剧烈的变化之一。然而令人无比沮丧的是，几乎没有化石记录下来当时发生了什么。白垩纪中期是恐龙演化进程中的一段黑暗时期。因为运气不佳，几乎没人发现这 2 500 万年间的化石。我们只能挠挠头表示对此无奈，对受命调查罪案的侦探来说，如果现场没有留下指纹、DNA 样本或任何其他实打实的证据，他也只能徒叹奈何。

随着我们对白垩纪中期地球状况的了解不断增多，我们可以说，那是恐龙发展史上一段非常艰难的时期。约 9 400 万年前，在白垩纪的塞诺曼阶和土伦阶之间，发生过一次剧烈的环境变化：温度急剧升高，海平面时高时低，变动剧烈，深海缺氧。我们尚不清楚为什么会发生这样的事情，但有一些重要的理论对此做出了解释，其中一种理论认为，火山活动的激增释放出巨量二氧化碳和其他有毒气体，导致温室效应失控，毒化了整个地球。不管原因何在，此类环境变化引发了一次集群灭绝。这次灭绝的规模比不上二叠纪末期和三叠纪末期的那两次（正是在这两次大灭绝的帮助下，恐龙才崛起成为霸主），当时的情形更接近于从侏罗纪过渡到白垩纪的那段时期。不过，这却是恐龙时代最大规模的一次集群死亡事件。很多生活在海洋中的无脊椎动物永远消失了，很多种类的爬行动物再也没有出现过。

白垩纪中期的化石记录极为匮乏，我们很难了解当时的环境剧变对恐龙产生了怎样的影响。不过，古生物学家不久前获取到了可以填补这段空白的重要新标本。一个规律越来越清晰地显现出来：在这 2 500 万年间，没有一种大型捕食者属于暴龙类。所有这些恐龙都属于其他大型肉食者类群，比如角鼻龙类、棘龙类，尤其是鲨齿龙类。我们在本书前几章已经提到，鲨齿龙类是超级捕食者，是早白垩世当之无愧的统治者，并一直延续到了白垩纪中期的中后段：体长 35 英尺的鲨齿龙类西雅茨龙是北美洲西部的顶级捕食者，生活在大约 9 850 万年前；在亚洲，体形跟君王暴龙相差无几的吉兰泰龙和小一些的假鲨齿龙是老大，生活在大约 9 200 万年前；而在南美洲，像气腔龙这样的鲨齿龙类占据着统治地位，它们生活在大约 8 500 万年前。

而另一方面，跟这些鲨齿龙类生活在同一时期的暴龙类还没怎么显山露水，至少就外表而言貌不惊人。我们没有发现多少这个时期的暴龙类化石，但近来已经有一些化石出土。最完好的一些化石出自乌兹别克斯坦荒芜的克孜勒库姆沙漠，那是萨沙·阿瓦里阿诺夫和他的同事汉斯 – 迪特尔·休斯（Hans-Dieter Sues，一位出生于德国的古生物学家，总是面带微笑，笑声极具感染力，他现在是史密森尼博物馆的一名高级研究员）耕耘了十多年的地方。

数年前，萨沙小心翼翼托付给我的那个苏联时期的盒子里就装有一些这样的骨头。我之所以把这些骨头带回爱丁堡进行 CAT 扫描，是因为其中两个样本是脑颅——头骨后部愈合到一起的骨头，包围着大脑和耳朵。如果想要看到它们内部的构造，看到大脑和感觉器官驻扎的空腔，就得用锯把脑颅锯开。奥斯本就把他拿到的第一块君王暴龙头骨锯开了，以科学的名义给它造成了永久性损伤。现在我们有了 CAT 扫描仪以及高能 X 射线，这样就不用搞任何破坏了。扫描了这两块出自乌兹别克斯坦的脑骨之后，我们确信这些骨头属于暴龙类：它们脊索周围的骨头结构完全相同；而且与君王暴龙、艾伯塔龙及其他暴龙类一样，它们都有长长的管状脑部空腔；它们甚至都还有一个附带着很长耳蜗的中耳，这种结构能让这些捕食者更好地捕捉低频声响，是暴龙类的另一种典型特征。不过，这只出自乌兹别克斯坦的暴龙类恐龙仍然是迷你版的，大小跟马差不多。

2016 年春，我和萨沙、汉斯给这只乌兹别克斯坦暴龙起了一个正式的名字：好耳帖木儿龙。这个名字是为了纪念帖木儿，一个驰骋中亚的军事首领，14 世纪时曾控制着乌兹别克斯坦及其周边多个地区。对一只暴龙类恐龙来说，这是一个再合适不过的名字，即便其体形不过中等，距离食物链顶端也还有一段距离。虽说算不上庞然大物，但跟其他肉食性恐龙相比，帖木儿龙的大脑相对较大，感官也更灵敏——嗅觉、视觉和听觉都高度发达。对后来出现的巨型暴龙类来说，这些适应性变化是方便有力的捕食武器。暴龙类在变得更大之前就已经变得更聪明了，但不管它们如何聪明，帖木儿龙及其伙伴仍然生活在白垩纪中期真正的大佬——鲨齿龙类的阴影之下。

等到 8 400 万年前这个时点一过，化石记录再度丰富起来。在北美洲和亚洲，鲨齿龙类已经销声匿迹，取而代之的是体形硕大的暴龙类。演化史上的一次巨变已经完成。原因何在？是塞诺曼阶—土伦阶期间温度和海平面变化的残余影响造成的吗？是突然之间发生的还是缓慢形成的？是暴龙类主动发起攻势将鲨齿龙类团灭了，还是暴龙类凭借其大号大脑和非常发达的感官战胜了对方？还是说，环境变化导致其他大型捕食者灭绝但暴龙类死里逃生，并趁机取代了这些大型捕食者？我们没有足够的证据，也就没法给出确定的答案。但不管答案是什么，有一点是确凿无疑的：在白垩纪末期坎潘阶（开始于大约 8 400 万年前）到来之际，暴龙类已经崛起，雄踞食物金字塔的顶端。

在白垩纪最后的 2 000 万年里，暴龙类欣欣向荣，统治着北美洲及亚洲的河谷、湖畔、泛滥平原、森林和沙漠。它们的长相别具一格，绝对不会认错：硕大的脑袋，健壮的身体，可怜的短臂，肌肉发达的大腿，还有长长的尾巴。它们的咬合力之强，能把猎物的骨头一口咬碎；它们的生长速度之快，青少年时期每天能长 5 磅左右；它们生存的环境之恶劣，迄今为止，我们尚未发现死亡时年龄超过 30 岁的个体。此外，它们多样性程度之高也让人大开眼界：我们发现了近 20 种白垩纪末期骨骼粗壮的暴龙类恐龙，而且可以肯定的是，还有很多的种类等待我们去发现。鼻子如匹诺曹一般的虔州龙，就是被中国某建筑工地上的一位挖掘机操作员在极为偶然的情况下发现的，而那位操作员的名字至今仍无人知晓，而这只是新近的发现之一。恰似布朗和奥斯本在100多年前就已经注意到的那样——当时他们是最早发现暴龙的人，君王暴龙和它的兄弟们的的确确就是恐龙世界的王者。

暴龙类统治下的这个世界已经与它们刚登场时的世界大不相同。在哈卡斯龙、五彩冠龙和华丽羽王龙追逐猎物的时代，泛大陆才刚刚开始分裂，暴龙类能够涉足每一片土地。但到了白垩纪末期，各大陆之间相距遥远，其所处位置已经跟今天非常相似。那个时期的地图跟今天的相比，已经相当接近了，但两者也存在着一些重大差异。由于晚白垩世海平面上涨，北美洲被一条从北极延伸至墨西哥湾的海道切为两半，被水淹没的欧洲分化成四散在海里的岛屿。君王暴龙统治下的地球是一颗支离破碎的行星，不同类群的恐龙住在不同区域。其结果就是，在一个地区称霸的恐龙可能没有办法征服另外一个地区。原因很简单：它们到不了那里。巨大的恐龙似乎从未在欧洲或南部诸大陆站稳脚跟，因为那里还有其他种类的大型捕食者休养生息。但在北美洲和亚洲，暴龙类所向披靡，没有遇到过对手。它们已经超越时空，成为激发我们想象力的"恐惧之源"。

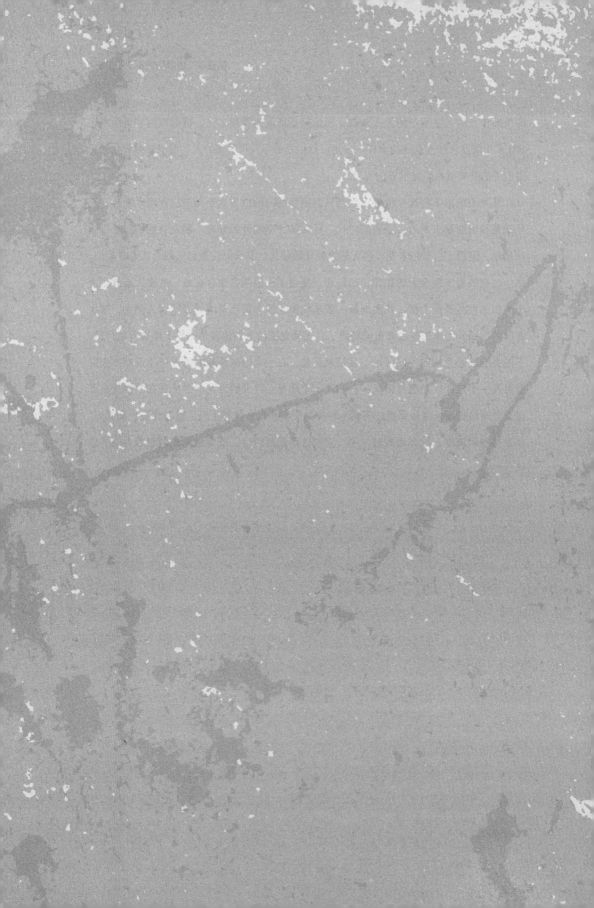

第六章

恐龙之王

君王暴龙

这只三角龙非常安全。它在河岸边，而危险潜藏在对岸，中间隔着无法穿越的激流。它知道马上要发生什么，但对此无能为力。

相隔不过 50 英尺，在对岸河边的一块高于水面的沙泥地上，徘徊着三只埃德蒙顿龙。它们鸭嘴一样的喙撕扯着河岸上开花灌木的叶子，塞满食物而下坠的两颊因咀嚼而不停地左右摆动。水面闪烁着落日的余晖，林间高处传来阵阵鸟啼，一派安宁祥和。

然而，平静之下隐匿着危险。在河岸这一侧的三角龙注意到了埃德蒙顿龙没有看到的东西——另外一种生物，躲藏在灌木丛边缘较高的树旁边，过了这几棵树就是沙泥地。它那绿色像鳞片一样的皮肤简直是完美的掩护色，但眼睛暴露了它的存在：两个浑圆的球体，闪烁着热切的光芒，还不停地来回转动，相隔时间不足一秒。它紧紧盯着这三只毫无戒心的植食者，伺机而动。

时机出现，它风驰电掣般地冲了出来。

这只红眼睛、绿皮肤的怪物从灌木丛中奔出，拦住了三只植食者的去路。它的长相骇人：原本潜伏在林中的捕食者比一辆城市巴士还要长，足足有 40 英尺，重量至少有 5 吨。密实的绒毛从它脖子和后背上的鳞片中钻出来，看上去脏乱不堪。它尾巴很长，肌肉横生，两条腿非常强壮，两只上臂则短得可笑。它张开大嘴朝三只埃德蒙顿龙猛冲过去，小短臂垂在身体两侧。

它张开的嘴里有大约 50 颗尖利的牙齿，每颗都有道钉大小。它用嘴咬住其中一只埃德蒙顿龙的尾巴，骨头碎裂的声音和埃德蒙顿龙痛苦的尖叫交织在一起，响彻整个森林。

遭到袭击的埃德蒙顿龙只能孤注一掷，奋力挣脱攻击者后蹒跚地跑进树林，断掉的尾巴拖在身后，上面还留着一颗捕食者掉落的断牙。在密林深处，这只埃德蒙顿龙能活下来吗？还是会因伤死亡？三角龙永远也不会知道答案。

一击不中，满怀恼怒的猛兽将注意力转移到三只埃德蒙顿龙中个头最小的那只，但这只未成年的恐龙正急速冲进森林，一边跑一边避开树干和灌木丛。身材魁梧的肉食者意识到已经不可能抓住它了，只得沮丧地发出一声低沉的吼叫。

现在只剩下一只埃德蒙顿龙了，它在沙洲上已经走投无路：一侧是水，另一侧是蠢蠢欲动的怪兽。捕食者扭过头看向河流，两只恐龙目光交会。逃跑已经不可能了，一切都无可避免。

埋头向前冲。牙齿碰到皮肉。骨头碎裂，植食者的脖子被撕开，鲜血汩汩涌出，流入水中，混着水流的白沫。捕食者正一口一口地撕咬猎物，断掉的牙齿如雨般从空中落下。

忽然，它身后的森林里传来了窸窸窣窣的声音。树枝折断，树叶横飞。三角龙惊讶地看着，又有四只大头尖牙的绿色巨兽冲到岸边，跟第一只长得几乎一模一样，看来它们是一伙的：攻击者是它们的首领，如今手下们跑过来分享胜利的果实。五只饥饿的家伙又是哼哼又是咆哮，不停地你咬我的手，我咬你的脸，只为了争夺最好的那块肉。

在河的对岸，身处安全之地的三角龙清楚地知道自己看到了什么。它之前也亲身经历过——它曾经从这样一只凶猛的杀手嘴里逃出生天，它不停地用角刺对方，最终杀手吃痛不过，松开了嘴。所有的三角龙都知道这威慑众生、令人不寒而栗的捕食者。

这是它们的冤家对头，有时会像鬼魅一样从树林里冲出来，将整群的三角龙屠戮殆尽。这就是君王暴龙，恐龙中的王者，地球 45 亿年的历史中绝无仅有的最大型捕食者。

君王暴龙是明星，也是梦魇，同时也是一种真实存在过的动物。古生物学家对它相当了解：它长什么样子，如何移动，如何呼吸，如何感知世界，它吃什么，如何成长，以及它为什么能长到这么大。我们对它能有如此了解，原因之一在于我们有很多君王暴龙的化石——50 多具骨架，几乎比其他任何种类的恐龙都要多，其中有几具近乎完整。但更重要的是，非常多的科学家被这位君临天下的霸主深深吸引，就跟普通人痴迷于影星或体育明星一样。一旦科学家开始迷恋什么东西，就会使用各种工具对它进行检测，在它身上做各种实验，或对它进行我们能够进行的各种分析。我们把所有能用的工具都用到了君王暴龙身上：用 CAT 扫描以检查它的大脑和感觉器官，用电脑动画来理解它的步态和运动，用工程软件去模拟它的进食，对其骨头进行微观研究以了解它如何生长。我们所做的不止于此，而结果就是，我们对这种白垩纪恐龙的了解甚

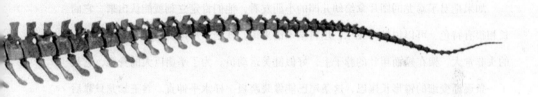

君王暴龙骨架，现存纽约的美国自然历史博物馆。

至多于很多现生动物。

当君王暴龙还活着、还能呼吸、能吃东西、能四处走动、能生长的时候是什么样的？我来为诸位提供一份未经官方授权的恐龙之王"角色卡"吧。

首先是它的主要属性。

众所周知，君王暴龙是个巨无霸：成年个体长达 42 英尺，而根据我们上文提到过的用肢骨粗细来推算体重的方法，按股骨粗细计算，君王暴龙的体重可达 7~8 吨。这些数据在肉食性恐龙当中可谓绝无仅有了。侏罗纪的统治者是屠夫异特龙、蛮龙和它们的亲戚，最长也就 33 英尺，重量也就几吨。虽然它们毫无疑问也是巨兽，但跟君王暴龙比起来，就是小巫见大巫了。白垩纪到来之际，温度和海平面发生变化，非洲和南美洲的某些鲨齿龙长得比侏罗纪的先辈更大了。比如，南方巨兽龙的长度就跟君王暴龙相差无几，体重也达到了 6 吨左右，但比起君王暴龙，还是轻了整整一两吨。因此，君王到底是君王，作为陆地上最大的纯肉食性动物，在恐龙时代无出其右者，甚至可以说，在我们这颗星球的全部历史当中亦是如此。

如果把君王暴龙的图片拿给幼儿园的小朋友看，他们肯定立刻就能认出来。它的长相很有特色，可以说独一无二，用科学术语来讲，就是"形体构型"与众不同。它的头非常大，架在短而粗壮的脖子上，好似健美运动员。为了平衡巨大的身躯，它长了一条逐渐变细的锥形长尾巴，这条尾巴能像跷跷板一样水平伸直。君王暴龙只靠后肢站立，肌肉结实的大腿和小腿肚为运动提供动力。它靠脚尖立稳，足弓或者说足底几乎不会着地，全部体重都压在三根巨大的脚趾上，宛如一位芭蕾舞者。它的前肢看起来没什么用：短小而不起眼，长着两个粗短的手指，跟身体其他部分相比，完全不成比例，滑稽而可笑。它的躯干本身也富有特色：既不像长颈蜥脚类那么肥，也不似奔跑迅疾的伶盗龙那么瘦削。这是君王暴龙才能拥有的躯体。

君王暴龙的恐怖实力源自它的头部。这既是一个杀戮机器，一个猎物的"酷刑室"，也是一个邪恶面具。从口鼻部的前端到耳朵长约 5 英尺，仅头骨就已经相当于一个普通人的高度。君王暴龙嘴里有 50 多颗利刃般的牙齿，笑起来让人毛骨悚然。口鼻部前侧长着用于啃咬的短齿，上下颌两侧各有一排锯齿形"道钉"，大小和形状都跟香蕉相似。开闭上下颌骨的肌肉从脑袋后面靠近瓶盖大小的孔洞（那是君王暴龙的耳朵）的地方鼓出来。每个眼球都有葡萄柚那么大。在眼睛前方，被皮肤包裹着的是一个巨大的气腔系统，这个系统有助于减轻头部重量。口鼻部的顶端有相当大的肉质角，每只眼睛的前侧和后侧都有一个小角，每侧脸颊还有向下凸出的角，全都是覆盖着角蛋白的球状骨头，角蛋白也是构成我们指甲的主要成分。想象一下，在牙齿自上而下压过来，咬断你的骨头之前，这一丑陋的面容就是你最后的记忆。很多恐龙就是这样迎接自己的末日的。

从头部到小短臂，到强壮的腿部，一直延伸到尾巴尖，君王暴龙的身体覆盖着一层厚厚的鳞片。就这点而言，君王暴龙就像一只超大号的鳄鱼或是鬣蜥。但它们之间有着一个关键性差异：君王暴龙的鳞片之间还有羽毛长出来。我们在第五章中提到，这不是鸟翅膀上的那种翎羽，而是更为简单的丝状结构，无论是看起来还是摸起来，都更像是毛发，大一点儿的毛就很硬，就像豪猪的刺一样。当然，君王暴龙不会飞，其最早进化出这种原始羽毛的祖先也不会飞，那时还是恐龙时代的早期。后面我们会提到，一开始羽毛只是丝丝缕缕的覆盖物而已，君王暴龙等动物用它来保暖以及展示（吸引异性，并吓退竞争对手）。尽管古生物学家还没有在君王暴龙的骨架上找到任何化石化的羽毛，但我们相信，它必定长着一些软毛，因为原始暴龙类——比如我们在第五章提到过的帝龙和华丽羽王龙——也被有毛发状的羽毛，同样地，很多其他兽脚类也有这种羽毛（这些恐龙在极特殊的情形下被保存起来，它们的软组织得以变成化石）。这就意味着君王暴龙的祖先长着羽毛，那么君王暴龙很可能也有羽毛。

君王暴龙生活在 6 800 万~6 600 万年前，主宰着北美洲西部覆盖着森林的海岸平原与河谷。它掌控着那里不同的生态系统，系统里有大量种类不一的猎物：脸上长角的三角龙、嘴似鸭子的埃德蒙顿龙、坦克一样的甲龙、头部如穹顶的肿头龙，如此等等，不一而足。唯一能从君王暴龙口中夺食的，是一种体形小得多的驰龙类——伶盗龙，也就是说，君王暴龙基本上没有什么竞争压力。

尽管在此前的 1 000 万年到 1 500 万年之间，其他几种暴龙类就在这样的环境下蓬勃发展起来，但它们并不是君王暴龙的祖先。相反，与君王暴龙亲缘关系最近的是诸如特暴龙和诸城暴龙之类的亚洲种。事实证明，君王暴龙是移民。它的发源地在中国或者蒙古，然后经过白令陆桥，穿过阿拉斯加州和加拿大，一直来到了今天美国的心脏地带。年轻的君王来到新家之后，发现占领的时机已经成熟。于是它席卷了北美洲西部，一路从加拿大南下到美国的新墨西哥州和得克萨斯州，在入侵的同时又把所有其他大中型捕食者恐龙驱逐出去，这样整片大陆就都落入它的统治之中。

直到某一天，一切都结束了。6 600万年前，那颗小行星从天空落下，白垩纪在一片混乱之中戛然而止，所有不会飞的恐龙都灭绝了。我们会在后文讲到这个故事。眼下，真正重要的事实只有一个：君王在最辉煌的时期倒下了，从权力的巅峰跌落。

什么样的食谱才符合君王的身份呢？我们知道，君王暴龙是地位最高的肉食者，纯粹的肉食者。这是我们对任何一种恐龙都能得出的一种最简单的推论，不需要任何花里胡哨的实验，也不需要什么复杂精巧的设备。君王暴龙的嘴里长满了粗壮、锯齿形、剃刀一样锋利的牙齿。它的前肢和后肢都长着巨大的尖爪。不管是什么动物，如果具备上述特征，那就只有一个原因：这些都是用来获取并料理肉食的武器。如果你的牙齿看起来像尖刀子，手指和脚趾像弯钩，那你肯定不会吃白菜。要是有人怀疑这一点，我们还有很别的证据：在暴龙类骨架的胃部以及暴龙类遗留的粪化石（化石化的粪便）当中发现过保留下来的骨头，北美洲西部到处都是带有牙齿痕迹的植食性恐龙的骨架，尤其是三角龙和埃德蒙顿龙的骨架，这些痕迹与君王暴龙牙齿的大小和形状完全吻合。

跟许多君王一样，君王暴龙也饮食无度，大口大口地吞食肉类。以现生捕食者的食量为基准，并按体形加以调整，科学家已经估算出一只成年暴龙类需要消耗多少食物才能维持生存。结论令人胃部不适：如果君王暴龙的新陈代谢水平跟爬行动物差不多，那么它每天需要大约12磅的三角龙肉。但这个估计值很有可能过低了，因为后面我们会看到，与爬行动物相比，恐龙的行为和生理构造更接近鸟类，甚至它们可能跟我们人类一样是温血动物，或者说，至少很多恐龙是温血动物。这样一来，君王暴龙每天就需要吞掉大约250磅的肉，相当于几万甚至几十万卡路里的能量，取决于君王喜欢多肥的肉排。这相当于三四头大体量成年雄狮的食量。在现生食肉动物当中，狮子属于精力最为充沛也最能吃的那一类。

或许你曾听说过，君王暴龙喜欢吃腐烂变质的动物死尸，是食腐者，因为它有7吨重，跑得不快，头脑也不灵光，身体太大，没法自己捕食新鲜肉类，只好靠动物残骸为生。这种说法每隔几年就会出现一次，科学记者对这种故事乐此不疲。不要相信这些谣言。君王暴龙长着尖牙，脑袋跟 Smart 轿车一般大，行动敏捷，精力充沛，它不用这么好的天赋去狩猎，反而四处寻找残骨败肉，这根本不符合常识。这跟我们对现代肉食动物的了解也不相符：一方面，很少有肉食者是完全的食腐者，当然也有擅长食腐的例外，比如"飞行客"秃鹰，它们能从高空搜查广阔的区域，一看到腐败尸体或闻到其气味就能迅速俯冲下来；另一方面，大多数食肉动物都主动狩猎，但一有机会也去吃腐肉，毕竟，免费的午餐谁会拒绝呢？狮子、豹子、狼甚至鬣狗都是如此，鬣狗并不是人们常说的完全意义上的食腐者，实际上，它们的多数食物都是通过捕猎得来的。跟这些动物一样，君王暴龙可能既是一名猎手，也是一个机会主义食腐者。

如果你还怀疑君王暴龙是否亲自狩猎的话，化石证据可以证明君王暴龙的确是狩猎的，至少会花一部分时间来狩猎。很多三角龙和埃德蒙顿龙的骨头上都有君王暴龙的牙印，还显示出愈合和重新生长的痕迹，这就说明，这些恐龙在活着的时候肯定遭受过攻击，不过它们幸免于难。这些标本中，最有说服力的是一组两节长在一起的埃德蒙顿龙尾骨。尾骨中间嵌着一颗君王暴龙的牙齿，包裹着层层疙疙瘩瘩的瘢痕组织，使两块骨头在愈合的过程中长到了一起。这只可怜的鸭嘴龙遭到了暴龙的猛烈攻击，留下了一道可怕的伤疤，不过捕食者的牙齿却成为它这次濒死体验的战利品。

很多君王暴龙的咬痕都别具一格。大多数兽脚类恐龙会在猎物的骨头上留下简单的捕食迹：长且平行的浅表刮痕。这种痕迹表明牙齿刚好轻轻触到骨头。这一点并不奇怪，因为即使恐龙终其一生都能换牙（这跟我们人类不一样），也没有哪种捕食者希望自己每次用餐的时候都断几颗大牙。君王暴龙则不同，它的咬痕更加复杂。一开始是个很深的圆形穿孔，就像一个子弹孔，然后逐渐伸长变成一道细长的沟。这一迹象表明君王暴龙咬得非常深，常常能把骨头咬穿，然后再猛地往回撕扯。古生物学家给这种进餐方式起了一个特别的名字：穿刺 - 拉扯式进食。在"穿刺"阶段，君王暴龙上下颌大力咬合，咬碎猎物的骨头。这就是为什么君王暴龙留下的化石化粪便中会有大量骨头碎块。咬碎骨头并不常见，一些哺乳动物——比如鬣狗——会这么做，但大多数现生爬行动物都不这么干了。据我们目前所知，君王暴龙这样的大型暴龙类是唯一一种能够做到这一点的恐龙，这是使它成为终极杀戮机器的本领之一。

　　君王暴龙是怎么做到的呢？首先，它的牙齿非常适合这种作业。道钉一样的牙齿不但粗，而且坚固，咬到骨头的时候不容易折断。其次，想一想这些牙齿的动力来源：君王暴龙长着粗壮结实的颌骨肌肉，肌腱发达，能提供足够的能量，用来咬碎三角龙、埃德蒙顿龙，以及其他猎物的四肢、脊背和脖子。可以说君王暴龙的颌骨肌群是所有恐龙中最为粗大有力的，因为它的头骨上有着又宽又深的沟壑，这是附着肌肉的地方。

　　我们通过实验可以模拟颌骨肌群的动作。我的同事、佛罗里达州立大学的格雷格·埃里克森（Greg Erickson）在 20 世纪 90 年代中期设计了一个非常巧妙的实验，当时他刚研究生毕业。我很喜欢跟格雷格打交道，他说话的节奏就跟高中体育健将一样，而且他总戴着磨旧了的棒球帽，手里总拿着冰啤酒，看起来跟体育健将也有几分相像。几年前，格雷格还经常在一个有线电视节目中出镜，大谈不可思议的动物故事，比如短吻鳄爬出下水道入侵拖车营地这类事。虽然他很搞笑，但我钦佩他，因为作为一个科学家，他为古生物学引入了一种不同的方法，那就是基于与现生动物的精确对比，通过实验进行定量研究。

　　格雷格经常跟工程师们一起工作。有一天，他们产生了一个疯狂的念头：打造一只实验室版本的君王暴龙，看看它的咬合力到底有多大。一开始，他们拿了一块三角龙的骨盆，上面有个半英尺深的穿孔，那是一只君王暴龙留下的，然后他们问了一个简单的问题：要用多大的力才能形成这么深的缺口？当然，他们没有办法找来一只真的君王暴龙，让它来咬一只真的三角龙。但他们想到了一个模拟的办法，那就是制作一个君王暴龙牙齿的铜铝铸模，把它装到一台液压装载机上，然后把这颗牙齿砸进奶牛的骨盆之中，奶牛骨盆的形状和结构与三角龙的非常相近。他们不断挤压牙齿直到在骨头上凿出一个半英寸深的孔洞，然后用工具读出用了多大的力，答案是 13 400 牛顿，也就是大约 3 000 磅。

　　这个数字令人惊愕，已经跟老式皮卡的自重差不多了。相比之下，人类用后牙所能施加的最大的力为 175 磅左右，非洲狮的咬合力约为 940 磅。在现生陆生动物当中，咬合力接近君王暴龙的就只有短吻鳄了，它们的咬合力也在 3 000 磅左右。不过，我们要记住，3 000 磅这个数字只是君王暴龙一颗牙齿所施加的力。想象一下，满口这样道钉似的牙齿能造成多少伤害！而且，鉴于这个数字只是制造出一个肉眼可见的化石咬痕所需要的力，最大咬合力可能还要更高。从古至今的所有陆生动物中，君王暴龙的咬合力可能是最强的。它能轻而易举地把骨头咬碎，甚至能咬穿一辆汽车。

这全部的力量都来自颌部肌肉——这是为牙齿咬断骨头提供动力的发动机。但还不止如此。如果肌群能提供足够的力量，咬断猎物的骨头，那么这么大的力量应该也能击碎君王暴龙自己的头骨。基础物理知识告诉我们：任何一个作用力都会产生一个大小相等、方向相反的反作用力。因此，君王暴龙光有巨大的牙齿和强大的颌部肌肉还不够，它还需要有足够坚硬的头骨，能够承受得住每次猛烈咬合产生的巨大压力。

要弄清楚它是如何做到的，就得求助于刚才提到的那些工程师，以及另外一名刚刚跨界进入核心"数字科学"领域的古生物学家埃米莉·雷菲尔德（Emily Rayfield）。她在英格兰布里斯托大学的实验室是一间宽敞明亮的房间，里面摆着一排电脑，大窗户和通透的开放式设计非常有硅谷范儿，书架上摆着各种不同软件包的使用手册，但一眼望过去，根本就看不见化石。埃米莉不是那种经常收集化石的古生物学家。相反，她为化石——比如君王暴龙的头骨——进行计算机建模，然后用一种叫作有限元分析（FEA）的技术进行研究，从力学的角度来了解建模对象的行为方式。

FEA 是工程师开发出来的，用于计算当某种结构被施加不同模拟载荷时其数字模型之中相应的应力－应变分布。简单来说，这是一种预测手段，告诉我们某种东西受到外力作用的时候会发生什么。对工程师来说，这相当有用。比如说，施工队开始建桥之前，工程师必须能够保证，重型汽车能从桥面驶过而桥不会塌掉。为了检验桥的坚固程度，他们可以给桥搭建一个数字模型，利用计算机来模拟真实汽车的压力，以了解桥在受到压力时会如何表现。桥是能轻松吸收车的重量和汽车产生的作用力，让车通过，还是开始在压力之下出现裂痕？如果开始断裂，计算机模型就能找出脆弱环节，这样工程师就可以复查桥的设计方案，并做出必要的修正。

埃米莉把这套方法用到了恐龙身上，而君王暴龙正是她最心仪的缪斯之一。她以一块保存完好的头骨化石的 CAT 扫描结果为基础，建立了一个数字模型，然后利用 FEA 程序模拟它的咬合力，并分析头骨在压力之下的反应。她得出的结论是：君王暴龙的头骨异常坚硬，能够非常好地适应咬合时每颗牙施加的 3 000 磅力产生的极大的拉扯力量。它的头骨就像是飞机的机身：每一块骨头都紧密地与其他骨头接合在一起，

君王暴龙头骨。

图片由拉里·威特默提供。

这样受到压力作用的时候，骨头就不会轻易散开。口鼻部上方的鼻骨也接合在一起，形成一个长长的拱形管，就像一个压力槽。眼睛周围的大块骨头既能提供强度，也能提供刚度。强壮的下颌的横截面基本呈圆形，从而能够抵抗来自各个角度的巨大压力。所有这些特征在其他兽脚类恐龙身上都看不到，其他恐龙的头骨更纤巧，骨头之间的连接也更松散。

　　这就是我们要找的最后一块拼图，是君王暴龙"工具套装"的最后一个组件，充

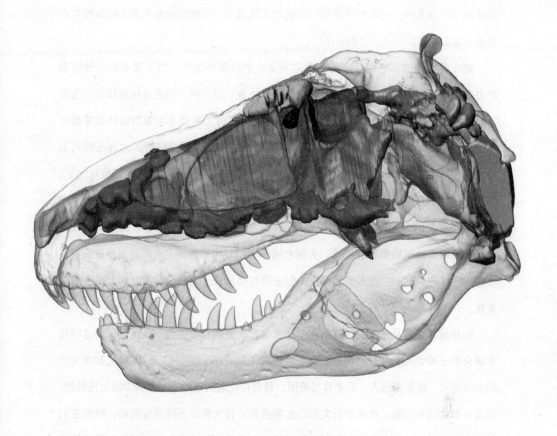

君王暴龙头骨内部的大脑空腔（右上角）和气腔，由 CAT 扫描呈现。

图片由拉里·威特默提供。

分解释了君王暴龙为什么能够拥有如此强大的咬合力，不但能咬穿"晚餐"的骨头，
还能进行拉扯动作。粗大的道钉似的牙齿、巨大的颌部肌肉、结构坚固的头骨，这些
是克敌制胜的黄金组合。少了其中任何一个组件，君王暴龙都会沦落为普普通通的兽
脚类恐龙：小心翼翼地切开并分割猎物。那些体形巨大的肉食者就是这么做的，包括
异特龙、蛮龙和鲨齿龙类，因为它们没有嚼碎骨头所需要的那些装备。又一次，君王
脱颖而出。

君王暴龙能咬碎大部分它想要吃的东西，不管是一条 40 英尺长的埃德蒙顿龙，还是体形小一点儿的、与之生活在同一时期的其他恐龙，比如跟驴差不多大的鸟臀类奇异龙。那么它是如何抓到食物的呢？

现在我们知道，它所凭借的，肯定不是出类拔萃的速度。君王暴龙是一种特别的恐龙，这种特殊性体现在很多方面，但有一件事它做不到，那就是快速移动。电影《侏罗纪公园》中有一个家喻户晓的场景：对人类血肉之躯的无尽渴望驱动着嗜血的君王暴龙追逐一辆高速行进的吉普车。这是电影的魔法，不要轻信。对真正的君王暴龙来说，当吉普车加速到三挡之后，它就只能在车后的尘土中无可奈何地叹气了。当然，这并不是说，君王暴龙步履迟缓，成天无精打采，只能在森林中摇摇晃晃地四处游荡。事实远非如此，君王暴龙非常敏捷，精力充沛，行动很有目的性。它在树林中蹑手蹑脚地尾随猎物的时候，头部和尾部可以互相平衡。它的最高速度应该在每小时 10~25 英里之间，比人类跑得快，但还没有赛马快，当然也没有开阔公路上的汽车快。

同样地，这也是先进的计算机建模技术带来的便利，古生物学家可以利用这项技术研究君王暴龙是如何行动的。约翰·哈钦森（John Hutchinson）于 21 世纪初率先开始此项研究。他是美国人，后来移居英国，目前在伦敦附近的皇家兽医学院担任教授。他终日都在研究动物：在大学研究园区监测牲畜；让大象以不同速度跑动，研究它们的姿势和运动力；解剖鸵鸟、长颈鹿和其他珍禽异兽。他把自己的"冒险"都详细记录在博客里，颇受欢迎。他的博客有个很有意思但也有点儿令人不安的名字——"约翰的冰柜里有什么？"（*What's in John's Freezer?*）他还频繁地在电视纪录片中露面，常穿一件紫色衬衫，不过不知何故，在摄像机的镜头下，这件衬衫的颜色看起来相当怪异。跟格雷格·埃里克森一样，约翰是我钦慕已久的科学家，他在研究恐龙方面拥有独一无二的视角。对约翰来说，当下是理解过去的关键：尽可能多地研究现生动物的解剖学特征和行为有助于我们理解恐龙。

走进约翰的实验室，你就会发现他真的有好多冰柜，里面装着冷冻的动物尸体，什么形状的都有，什么尺寸的都有，来自全球各地。你还会看到，有那么一两具尸体已经拿出来解冻，等着上解剖台。不过，约翰的实验室也有较为枯燥的一面：那些是用来给恐龙建立数字模型的计算机（我们在第三章中提到过数字建模，当时我们使用数字模型预测长颈蜥脚类的体重和体态）。首先，导入骨架的三维模型，三维模型可以通过 CAT 扫描获得，也可以通过激光表面扫描获得，或者用我们之前了解过的摄影制图法。接着，利用已有的现生动物知识，让骨架成为血肉之躯：加上肌肉（肌肉的尺寸和位置基于化石上可见的附着点）和其他软组织，再包裹上皮肤，把它摆成符合实际的姿态。计算机堪称魔术师，能让模型做出各种肢体动作，并计算出如果这是一只真实存在的动物，它移动的速度能有多快。根据约翰的模型，我们可以得出君王暴龙的速度在每小时 15~20 英里之间，我在前文中引用过这个数据。

计算机模型还清楚地表明，要想跑得像马那么快，君王暴龙的肌肉得大到不合常理：光是大腿上的肌肉就要占全身重量的 85% 以上，很显然，这绝无可能。简而言之，君王暴龙体形太大，没法跑得特别快。体形还给它带来另外一个负担：君王暴龙不能快速转身，不然它就会像转弯太急的卡车一样侧翻。因此，真实情况是，斯皮尔伯格搞错了。君王暴龙不适合冲刺，捕食的时候，它会采取伏击和闪击战术，而不会像猎豹一样追击。

伏击猎物会耗费大量能量———一次一次的爆发。不过谢天谢地，君王暴龙的"锦囊"里还藏着一项特殊技能，或者确切地说，是在它的胸腔里藏着。还记得吗，我们提到过，蜥脚类恐龙之所以能长成巨兽，是因为它们的肺效率超级高。君王暴龙的肺亦是如此。这种肺与现生鸟类的肺相同：坚固的风箱连在脊骨上，吸气和呼气的时候都获得氧气。这种肺与我们人类的肺不一样，我们的肺只能在吸气的时候获得氧气，然后在呼气的时候释放出二氧化碳。它们的肺是生物工程学上的一项了不起的成就。现生鸟类——以及君王暴龙——吸气的时候，富含氧气的空气流经肺部，这我们都能想象得出。不过，有一部分吸入的空气并没有立即通过肺部，而是存入与肺相连的气囊系统。等到呼气的时候，这部分空气释放出来，经过肺部，在排出二氧化碳废气的同时，为肺部供氧。这是鸟类"一次努力两次受益"的技能：源源不断地供应氧气，满足能量消耗的需求。如果你曾对鸟类为何能一刻不停地飞行数万英尺百思不解（在那么稀薄的空气里，我们光是呼吸就已经很困难了，不信的话，你可以问问那些飞在半空中突然氧气罩掉落的人），那么现在你应该明白，秘密武器就是它们的肺。

古生物学家还没有发现君王暴龙化石化的肺，也许永远都不会发现。这种薄薄的组织过于纤弱，无法形成化石。但我们之所以知道君王暴龙拥有的是跟鸟类一样的、效率非常高的肺，是因为这种呼吸系统在骨头上留下了印记，而骨头是能够成为化石的。一切都与那些气囊有关，那些储存空气的气室是鸟类的肺不可或缺的一部分。气囊就像是气球：柔软、壁薄、容量大，在呼吸循环的过程中不断充气和放气。很多气囊都与肺相通，位于胸腔的很多器官之间，包括气管和食道、心脏、胃和肠。有时候，如果胸腔内部的空间不够大，气囊还会想办法进入唯一能进入的地方：骨头。它们沿着大而平滑的孔洞侵入骨头，一旦进入，就会扩展为气腔。这些显著的特征可以很容易地在化石上辨识出来。我们在君王暴龙的脊骨中发现了这种结构，而拥有这种结构的恐龙还有很多，包括我们之前了解过的巨大无比的蜥脚类恐龙。我们从未在哺乳动物、蜥蜴、青蛙、鱼类或任何其他种类的动物身上发现过这种结构。只有现生鸟类、已经灭绝了的恐龙和它们为数不多的近亲才拥有这种结构，这是它们肺部的与众不同之处。

君王暴龙的伏击战术渐渐成为我们关注的重点。肺提供的能量传递到腿部肌肉，腿部肌肉驱动君王暴龙猛冲到惊慌失措的猎物面前。那么接下来会发生什么？你可以把君王暴龙想象成陆地上的鲨鱼，比如大白鲨，所有动作都靠头部完成。君王暴龙用脑袋发动攻击，然后用夹钳一样有力的颌部牢牢咬住美味，将之制服，杀死，嚼烂它的皮肉、内脏和骨头，最后吞掉。君王暴龙在狩猎时必须头朝前，因为它的上臂小得可怜。君王是从小型暴龙类祖先演化而来的，比如冠龙和帝龙，这些暴龙的上臂要长得多，可以抓住猎物。但在演化的进程中，它们的头部越长越大，上臂越来越小，头骨渐渐承担了过去由上臂实现的全部狩猎功能。

那么，为何君王暴龙还保留着上臂呢？为什么不干脆将上臂彻底退化掉呢？鲸类在从陆地走向水域的演化过程中，就抛弃了无用的后腿。这个谜团长久以来一直困扰着科学家，同时也为漫画家和喜剧演员提供了取之不尽的笑料——尽管不太高明。后来的研究发现，这两只小短臂虽然看上去傻兮兮的，但并非毫无用处。它们短而粗壮，肌肉发达，自有用武之地。

萨拉·伯奇揭开了这个谜团。在芝加哥大学念书的时候，我和萨拉都在保罗·塞里诺的实验室受训，并且成为好朋友。后来，我们俩走上了不同的研究道路：我研究谱系和演化，萨拉研究骨头和肌肉。她在解剖学系拿到了博士学位，她解剖过的动物多到足以装满一座动物园。在那以后，她就走上了古生物学家常见的职业之路：给医学生教授人体解剖学。说到对恐龙解剖学结构的了解，还没有哪个活着的人能跟萨拉相提并论，比如说它们的骨头是如何相互连接的，骨头上附着什么样的肌肉，等等。她重建了君王暴龙和很多其他兽脚类恐龙的上臂肌肉，通过骨头上保存下来的肌肉附着点，确定肌肉的类型，以及肌肉组织的大小，并将之与现代爬行动物和鸟类的做比较，以获得启发。研究表明，君王暴龙看起来非常可怜的小短臂，实际上有着强大的肩伸肌和肘屈肌。如果要把什么东西抱在胸前，阻止其挣脱，这些肌肉必不可少。看起来，君王暴龙是用短而强壮的上臂来压制住不断挣扎的猎物，同时用上下颌来嚼碎对方的骨头。可以说，上臂是谋杀的共犯。

现在，我们要说一说君王暴龙在狩猎方面最后一个棘手的问题。我们越来越倾向于认为，君王暴龙不是单独行动，而是团伙作战的。证据来自加拿大的一个化石遗址，位于埃德蒙顿和卡尔加里之间，如今已是省立德莱岛野牛公园（Dry Island Buffalo Jump Provincial Park）。遗址发现于 1910 年，发现者不是别人，正是巴纳姆·布朗，而就在几年之前，他在蒙大拿州发现了第一具君王暴龙骨架。布朗当时正在加拿大草原的心脏地带穿行，乘船沿着雷德迪尔河一路向下，只要发现有恐龙骨头凸出河岸，就下锚停船探查一番。来到德莱岛之后，他发现了不少艾伯塔龙的骨头。艾伯塔龙是君王暴龙的亲戚，出现的时代要早一些。在君王暴龙从亚洲移居到北美之前，它才是这里的顶级捕食者。匆忙之下，他收集了一小块样本就返回了纽约。

这些骨头在美国自然历史博物馆的储藏室里躺了几十年，无人问津。直到 20 世纪 90 年代，菲利普·柯里（Philip Currie）注意到了这些骨头。菲利普·柯里是加拿大数一数二的"恐龙猎人"，也是一个非常和蔼可亲的家伙。他沿着布朗的足迹，重新找到了这个遗址并开始挖掘。在接下来的十年里，他的团队收集到了 1 000 多块骨头，属于至少十几只恐龙，既有未成年个体，也有成年个体。这些骨头全都是艾伯塔龙的。同一个物种如此多的个体能被保存在一起，原因只有一个：它们共同生活，而且同时死亡。几年后，菲利普团队在蒙古发现了一个类似的群葬墓，里面有好几具特暴龙骨架。它们正是君王暴龙的亚洲亲戚，而且亲缘关系非常近。显而易见，艾伯塔龙和特暴龙都成群活动，我们认为，君王暴龙亦是如此。如果一只重 7 吨、能咬碎骨头、善伏击的捕食者还不够吓人的话，那么想一想吧，一群这样的捕食者共同战斗是什么样的场面。我的天哪！

现在我们来说说君王的脑袋。它都在想些什么？它如何感知这个世界？它如何确定猎物的位置？毫无疑问，这些都是难以回答的问题。即使对于现生动物，我们也无法从它们的角度进行思考，无法感受它们的世界是什么模样。不过，我们可以研究它们的大脑和感觉器官，这样就可以得出一种大致的结论。不过，就恐龙而言，运气完全不站在我们这一边：它们的大脑、眼睛、神经、与耳朵和鼻子相连的组织全都非常柔软，极易腐败，也就是说，几乎不可能形成化石。那我们该怎么办呢？

科技又一次把不可能转变为可能。尽管恐龙的大脑、耳朵、鼻子和眼睛已不复存在，但这些器官在头骨中占据的空间还在，比如脑室和眼窝。通过研究这些空间，我们可以对原本处于这些位置的感觉器官有所了解，但这又产生了另外一个问题：很多这样的空间都位于骨头内部，从外面是看不到的。这里就是科技的用武之地了，我们可以通过 CAT 扫描（也被称作 CT 扫描），将恐龙骨头内部的情形进行视觉化呈现。CAT 扫描无非就是高能 X 射线，正因为有这样的作用，CAT 扫描在医学中被广泛使用。如果你感到消化道一阵疼痛，或是骨头咯吱作响，医生很可能会对你进行 CAT 扫描，看看你的身体里到底发生了什么，而不是直接把你切开。对恐龙也是如此。我们可以借助 X 光获取一系列内部图像，然后使用不同的软件包，把这些图像拼合在一起，进行三维建模。在古生物学的研究中，这种做法已是家常便饭。很多实验室——比如我在爱丁堡大学的实验室——都配备了 CAT 扫描仪。我们的扫描仪器是我的同事伊恩·巴特勒（Ian Butler）一手打造出来的，他原本接受的是地质学训练，如今却在不停地扫描化石，每一块化石都让他在古生物学这个"大坑"里越陷越深。

在化石扫描方面，我和伊恩都是新人，我们都跟在这个领域卓越非凡的先辈身后，亦步亦趋：俄亥俄大学的拉里·威特默、艾奥瓦大学的克里斯·布罗许（Chris Brochu），还有埃米·巴拉诺夫（Amy Balanoff）和盖布·贝弗（Gabe Bever）这对夫妻搭档，他们两人起步于得克萨斯大学，后来转战纽约，来到美国博物馆（我就是在这里与他们见面的，当时我还在读博士），如今他们栖身于巴尔的摩约翰霍普金斯大学。

伊恩·巴特勒在爱丁堡大学对帖木儿龙的头骨进行 CAT 扫描。帖木儿龙是一种原始暴龙类。

4 cm

利用 CAT 扫描对君王暴龙的大脑、内耳和相关神经及血管进行的重建。

图片由拉里·威特默提供。

巴拉诺夫和贝弗都是该领域的大师，他们解读 CAT 扫描图就像语言学家解码古老的手稿一样。在 X 光照片上，他们能分辨出为早已死亡的恐龙赋予智能和感官能力的内部结构。像君王暴龙这样的暴龙类是他们最喜欢的研究对象，也可以说，是他们最喜欢的"患者"，它们的行为和认知能力都是有待"诊断"的谜团。

CAT 扫描告诉了我们"患者"的很多信息。首先，君王暴龙的大脑独具特色，与我们人类的大脑大相径庭。它更像是一个长管，后部拐了一点儿弯，环绕着庞大的窦网。而且相对来说，至少对一只恐龙而言，君王暴龙的大脑相当大，这可能意味着，君王暴龙相当聪明。不过，智力水平的测量充满不确定性，即使对人类来说也是如此，想想那些用来评估一个人有多聪明的 IQ（智商）测试、考试、SAT（学术能力评估测试）分数和其他五花八门的方式就知道了。不过，科学家们有一个直截了当的指标，能够粗略地比较不同动物的智力水平，那就是脑化指数（EQ）。基本而言，这个指标测量的是大脑容量与身体体积之比（之所以要测量比率，是因为不管怎么说，动物的体积越大，大脑容量也就越大，大象的大脑就比人类的大脑更大，但并不比人类更聪明）。体积最大的暴龙类，比如君王暴龙，EQ 在 2.0~2.4。相比之下，人类的 EQ 约为 7.5，海豚的 EQ 在 4.0~4.5，黑猩猩的 EQ 在 2.2~2.5，猫和狗的 EQ 在 1.0~1.2，小鼠和大鼠的 EQ 大约在 0.5。基于以上数据，我们可以说，君王暴龙大致跟黑猩猩一样聪明，比猫和狗聪明，也就是说，比人们刻板印象中的恐龙聪明得多。

君王暴龙的大脑有一部分特别大：嗅球。嗅球是位于大脑前端的叶状结构，作用是控制嗅觉。这两个嗅球每个都比高尔夫球略大，从绝对体积来看，要比任何其他兽脚类都大得多。当然，君王暴龙是体形最大的兽脚类之一，它的嗅球能有这么大，原因可能仅仅在于它有极大的身体。因此，我们需要测量嗅球的相对大小。我的朋友、卡尔加里大学的达拉·泽勒尼茨基（Darla Zelenitsky）就做了这件事。她收集整理了大量兽脚类恐龙的 CAT 扫描数据，计算出它们嗅球的尺寸，再用这个尺寸除以它们的体积，将这些数据标准化。经过这样一番处理，她发现君王暴龙的嗅球仍然远远大于其他恐龙。从比例上来看，暴龙类和驰龙类的嗅球大得出奇，因此与其他肉食性恐龙相比，它们的嗅觉特别发达。

除了鼻子之外，君王暴龙的其他感官也高度发达。通过 CAT 扫描，我们可以看到它内耳的内部结构：德国椒盐卷饼[1]状的管道网络既控制听觉，也负责平衡。内耳顶部的半圆形导管——正是这些导管形成了卷饼的形状——长且呈环形。与现生动物进行对比之后，我们发现，这种结构意味着君王暴龙非常敏捷，而且头部和眼部的运动高度协调。卷饼向下凸出的部分是耳蜗，这是内耳中调节听力的部分。君王暴龙细长的耳蜗比大多数恐龙都要长。在现生动物体内，存在这样一个强相关关系：耳蜗越长，对低频声响越敏感。换句话说，君王暴龙的听力非常发达。其视力也是如此。君王暴龙的眼球非常大，一部分朝向身侧，一部分朝向前方，也就是说，它具有双眼视觉。君王跟人类一样，拥有立体视觉，也能感知深度。《侏罗纪公园》里还有这样一幕，惊慌失措的人们被要求保持静止，因为只要他们不动，君王暴龙就看不到他们。一派胡言！由于能感知深度，真实的君王暴龙轻而易举就可以把这些遵从错误指示的可怜家伙吃掉。

这样看来，君王暴龙的武器并非只有蛮力。没错，它肌肉发达，但头脑并不简单。它智商很高，嗅觉一流，听力和视力敏锐。所有这些"武器"都要加进它的军械库之中，君王暴龙就是利用这些武器来锁定目标，选择哪只可怜的恐龙非死不可。

我在把君王暴龙想象成一种真实的动物时，有一点最令我惊叹不已，它出生的时候是个标准的小不点儿。就我们所知，所有恐龙都是卵生的。到目前为止，我们还没有发现过君王暴龙的蛋，但我们发现过很多与它亲缘关系很近的兽脚类恐龙的蛋和巢穴。这些恐龙中的大多数似乎都会守护自己的巢，还会照料自己的后代，至少是略微照料一下。如果没有父母的呵护，小恐龙几乎没有活下来的希望，因为它们都太小了：迄今为止，我们还没发现有哪种恐龙的蛋能比篮球还大。因此，即使是最孔武有力的物种，比如君王暴龙，当它们刚刚诞生在这个世界上的时候，其身体最多也就有一只鸽子那么大。

当我们的父母那一辈人还在上学的时候，他们对恐龙的了解是：君王暴龙及其近亲像鼷蜥一样成长，也就是说，它们终其一生都在长大，不断地长大，越长越大。君王暴龙之所以能长到这么大，是因为它活得足够长：经过大约100年，其体长最终能

1　德国椒盐卷饼（Pretzel），面包类小吃的一种，扭结成形，通常为蝴蝶状。

达到 42 英尺、体重可达 7 吨，之后君王暴龙就会慢慢走到生命尽头。这种认知甚至渗透到了我小时候读到的恐龙图书中，但跟很多曾被奉为圭臬的有关恐龙的观念一样，这种说法也是错误的。君王暴龙这样的恐龙生长速度很快，就这一点而言，它们更像鸟而不像蜥蜴。

证据就深深地埋在恐龙的骨头里。格雷格·埃里克森等古生物学家想到一个办法把它挖了出来。骨头并不是扎根在我们身体里毫无变化的一根根棍棒和一块块奇形怪状的物体，根本不是，骨头在不断变化、不断生长，是活的组织，能够不断地自我修复和改变结构。这就是为什么你的骨头断了之后还能愈合。大多数骨头在生长过程中，会从中心向外扩张，沿所有的方向增长。但通常而言，骨头只在一年的某些特定时间

加拿大艾伯塔皇家泰瑞尔古生物博物馆展出的君王暴龙骨架。

生长，比如夏季或是湿季，这个时节食物充足。在冬季或是干季，骨头的生长速度就会放缓。切开一段骨头，你就能看到每次生长速度从快变慢的记录：生长轮。没错，就跟树一样，骨头内部也有生长轮。而且，从夏到冬的变化每年都会发生一次，这就意味着每年都会形成一圈生长轮。要想知道一条恐龙死的时候多少岁，只要数一数有多少圈生长轮就可以了。

格雷格得到授权后，割开了几只君王暴龙的骨头和很多暴龙类近亲的骨头，比如艾伯塔龙和蛇发女怪龙。令人诧异的是，没有一块骨头的生长轮圈数超过30。这意味着这些暴龙类在30年的时间内完成了从发育成熟，长到成体，直至死亡的整个过程。像君王暴龙这样的大型恐龙可不会花个几十年甚至几百年慢慢长大，它们得在一段短得多的时间里迅速生长，最终长成庞然大物。然而它们长得有多快呢？为了搞清楚这个问题，格雷格构造了很多生长曲线：他把每具骨架的年龄（通过生长轮和身体大小的关系确定，并利用我们之前提到的基于四肢大小估算体重的等式计算出来）都用一个点表示出来。这样一来，格雷格就能计算君王暴龙每年能长多少了。这个数字太大了，令人难以置信：十几岁的君王暴龙每年能长大约1 700磅，平均下来一天要长5磅左右！难怪君王暴龙要吃那么多食物呢。埃德蒙顿龙和三角龙的肉为十几岁君王暴龙的野蛮生长提供了充足的能量，于是，君王暴龙从刚出壳时只有猫咪那么大的小不点儿长成了恐龙之王。

可以说，君王暴龙就是恐龙当中的詹姆斯·迪恩（James Dean）：活得快，死得早。如此艰难的生活会给身体带来极大的负担。在高速生长的时期，君王暴龙的骨架要承受每天增重5磅的压力。不管怎么说，君王暴龙以某种方式从小不点儿长成巨兽，因此，在发育过程中，它的骨架会发生巨变也就在意料之中了。十岁之前，它们是身体曲线流畅优美的猎豹；十几岁的时候，它们是瘦长的短跑健将；成年时期，它们是嗜血的恐怖之王，长度和重量都超过了一辆公共汽车。从跑步速度来看，年轻的君王暴龙可能比成年暴龙快上很多，而且有可能追上猎物。相比之下，成年个体太大了，只能采取伏击策略，更多地依靠力量而非速度。尤其令人不寒而栗的是，成年和未成年君王暴龙似乎是共同生活的，这意味着它们可以集体狩猎，彼此配合。那么可以想象，它们的猎物生活在怎样的地狱之中。

　　我最亲密的一位古生物学家朋友就专门研究君王暴龙的体形在生长过程中是如何变化的。他是加拿大人，名叫托马斯·卡尔（Thomas Carr），目前在威斯康星州的迦太基学院任教。你远远地就能认出托马斯来，他的时尚感堪比 20 世纪 70 年代的布道者，而且行为方式颇似《生活大爆炸》里的谢尔顿·库珀。托马斯总是穿着黑色丝绒套装，里面通常是一件黑色或暗红色衬衫。他蓄着连鬓络腮胡子，一头乱蓬蓬的浅色头发，手上戴着一枚银色骷髅头戒指。他很容易被什么东西吸引，而且长期沉迷于苦艾酒和大门乐队，除此之外还有暴龙。说起君王暴龙，他可是滔滔不绝，因为这是他最喜欢的话题。他从小就想研究这位暴虐的君王，并最终写了一篇关于君王暴龙的博士论文，分析了君王暴龙的头骨在发育过程中是如何变化的。这篇论文超过了 1 270 页，可在他的学术专著中，这还是相对较短的，因为托马斯极其注重细节。

　　托马斯按时间顺序详细记录了君王暴龙一块又一块骨头的变化情况。在从幼年个体长到成年个体的过程中，君王暴龙的整个头部几乎完全变样了。一开始，头骨长而低，口鼻部凸出，牙齿细而薄，颌部肌肉痕浅。整个青少年时代，头骨会一直变大、变高、变强壮，骨缝锁合得更紧密，颌部肌肉印痕大大加深，牙齿变成能咬碎骨头的道钉。未成年的君王暴龙尚不能采取穿刺－拉扯式进食方式，只有等到成年之后才可以。与此同时，君王暴龙从速度较快的突击者变为速度较慢的伏击者。其他方面也发生了变化：头骨内部的窦部变大，很可能是为了减轻不断变重的头部的重量；眼部和脸颊部的小角越长越大，也越来越凸出，从原本不起眼的小突起变成了华丽的展示装饰。在荷尔蒙的驱使下，青春期的君王暴龙可以用这些装饰吸引异性。

　　整个变化可谓脱胎换骨。在吃了这么多食物之后，在十年的野蛮生长之后，在头骨完全重塑了之后，在失去了快速奔跑的能力但获得了穿刺－拉扯的本领之后，君王暴龙终于成年了，做好了登上王座的一切准备。

　　大致情况就是如此，我们对历史上最著名的恐龙的日常生活和它们所生活的时代有了一些基本的认识：君王暴龙的咬合力之强，足以咬穿猎物的骨头；它过于庞大笨重，成年以后就无法快速奔跑；它生长迅速，在十几岁的年纪里，每天要增重 5 磅；它的大脑很大，感官敏锐；它们集体生活，成群行动；它们甚至还披有羽毛。也许，这样的"角色卡"跟你所设想的不太一样。但问题就在这里。我们了解到的关于君王暴龙的一切告诉我们，君王暴龙，以及更广泛意义上的恐龙，都是演化史上了不起的典范。它们良好地适应了生存环境，成为那个时代的统治者。它们远远不是演化进程中的失败者，相反，它们讲述的是成功者的故事。而且，它们与今天的动物非常相似，尤其是鸟类，君王暴龙有羽毛，生长迅速，甚至连呼吸方式都跟鸟类差不多。恐龙不是天外来客，它们是真实存在过的动物，它们要做所有动物都得做的事：生长、进食、移动以及繁衍。而它们之中，做得最成功的就是君王暴龙，它们是真正的王者。

第七章

恐龙进入全盛期

三角龙

尽管君王暴龙"凶"名昭著，但它并不是"纵横四海"的超级恶霸。它的领地在北美洲，更确切地说，是在北美洲西部。亚洲、欧洲以及南美洲的恐龙从未感受过被君王暴龙支配的恐惧。实际上，它们根本就没见过君王暴龙。

在白垩纪末期，也就是恐龙演化的最后阶段（8 400 万~6 600 万年前），君王暴龙和它的巨型亲戚占据着食物链的顶端。地理上"大一统"的泛大陆已是遥远的过去，超级大陆早已分裂成两个部分。从侏罗纪到早、中白垩世这漫长的岁月里，两块大陆一直在缓慢地彼此远离，由此产生的间隙则被大洋填充。君王暴龙登上王位之时（距离恐龙王朝突然崩溃只有大约 200 万年），地图的形状已经和今天的大致相同。

赤道北部有两个大陆块——北美洲和亚洲，形状跟今天基本相同。在靠近北极点的地方，这两块大陆近到几乎轻轻地吻在了一起，其他部分则被宽广的太平洋隔开。北美洲的另一侧还有辽阔的大西洋，大西洋中散布着一些岛屿，也就是今天的欧洲。白垩纪末期，在温室效应的影响下，极地冰盖几乎不存在，即使有也非常小，因而那时的海平面非常高，地势低洼的欧洲绝大部分都被水淹没。只有一系列的岛屿，也就是欧洲地势较高的地方，在波浪中若隐若现。海平面处于高位还导致了一个后果，那就是海水进一步侵入内陆，因此，温暖的亚热带海水深入北美洲和亚洲。北美海道从墨西哥湾一直延伸到北极。事实上，海道将北美洲分割成了两部分，东边的部分叫作阿巴拉契亚大陆，西边的部分叫作拉腊米迪亚大陆，这里就是君王暴龙的狩猎场。

南半球的情形差不多也是这样。原本如拼图一样咬合在一起的南美洲和非洲此时刚刚分开，南太平洋在这里形成一个狭窄的水道。南极洲是整个世界的底座，悬在南极点。南极洲的北部是大洋洲，比如今的形状更像一弯新月。南极洲通过几条手指般的陆道与大洋洲和南美洲相连，但这样的连接并不牢靠，海平面稍微上升，通道就会被淹没。跟北半球的情况类似，南半球也在海平面处于高位的时期，海水侵入南方诸大洲内陆，非洲北部和南美洲南部的大片土地被淹没。如今的撒哈拉沙漠在当时应是一片泽国。不过，当海平面略微下降，非洲和欧洲就会被一大片群岛连接起来，相当于南北之间出现了一条公路，不过这条公路随时都会消失，路况也相当恶劣。

离非洲东海岸几百英里远的地方，有一个三角形的楔子，它既是一座岛屿，也是一片大陆。这就是当时的印度，白垩纪末期唯一一块看起来与现代大不相同的大陆。起初，它只是冈瓦纳古陆（泛大陆分裂时，与北方大陆分离的南方大陆）的一小部分，搁在后来成为非洲和南极洲的两块陆地之间。在白垩纪初期的某段时间里，印度与周围大陆之间的连接全都被切断，并开始向北漂移，每年移动的距离超过6英寸。相比之下，大多数大陆的漂移速度都没这么快，仅仅跟我们指甲的生长速度差不多。这样一来，到了白垩纪末期，印度就来到了原始印度洋的中部，在非洲合恩角往南一点儿的地方。再经过大约1 000万年，印度大陆的漂移旅程就会结束，与亚洲相撞形成喜马拉雅山脉。那时，恐龙早已灭绝。

　　位于这些陆地之间的就是各个大洋，这是恐龙永远无法征服的疆域。与侏罗纪和三叠纪时期一样，白垩纪温暖的水域是各种巨型爬行动物的狩猎场：脖子长似面条的蛇颈龙类，脑袋巨大、鳍肢如桨片的上龙类，身体呈流线型、有鳍、看上去像爬行动物版海豚的鱼龙类，诸如此类，不可胜数。这些动物以彼此为食，也吃鱼和鲨鱼（那时，大多数种类的鱼和鲨鱼都比现在的要小），鱼和鲨鱼则吃微小的贝壳类浮游生物，这种浮游生物在洋流里大量存在。这些爬行动物都不是恐龙，虽然在通俗类书籍和流行电影中，它们常常被误作恐龙，但实际上，这些生物只是恐龙的爬行类远亲。出于某种原因——这个原因我们现在还不知道——恐龙没能像鲸类那样，先是出现在陆地，然后改变身形进入水中，在水里讨生活。

　　它们被困在了陆地上，这是它们为数不多一直未能克服的弱点之一。生活在白垩纪末期的它们必须适应一个已经分崩离析的世界。陆地分裂成了不同的王国，一块又一块干燥的陆地被满是爬行动物的海洋分隔开。这些王国里的恐龙也彼此隔离，不相往来，其中就包括君王暴龙。君王原本轻而易举就能让欧洲、印度或南美洲的恐龙臣服，但它却从来没有过这样的机会。它只能在北美洲西部一隅称王称霸。

　　对其他恐龙来说，尤其是植食性恐龙，这无疑是件好事，别的肉食性恐龙也因此有机会建立起自己的王国。有些类群也的确做到了，在每一块白垩纪的大陆上，所有"建国故事"都大同小异。每块大陆上的恐龙种类都各不相同，各自有其超级捕食者、二线狩猎者、食腐者、大大小小的草食者和杂食者。对其他物种来说，也存在同样的"物种分布区域性"差异：不同大陆上的鳄鱼、海龟、蜥蜴、青蛙和鱼类也各不相同。当然，植物也种类不一。从这个意义上来讲，隔离产生了多样化。

白垩纪末期的世界有着高度复杂的地理环境和生态系统，不同大陆拥有不同生态系统且彼此隔绝。同时，这也是恐龙王朝的鼎盛时期，它们的多样性水平空前绝后，其成功也达到了顶点。恐龙的种类比以往任何时候都要多，既有小个子，也有大块头；它们的食谱五花八门；头冠、角、尖刺、羽毛、爪子和牙齿也缤纷多样。恐龙王朝如日中天，它们的生活比以往任何时候都更美好。从恐龙最古老的先辈在泛大陆诞生算起，1.5亿年已经过去，如今的它们，正沐浴在帝国无上的荣光里。

要想找到白垩纪末期品相最好的化石，包括君王暴龙的骨头在内，就非得"下地狱"不可——到地狱溪（Hell Creek）周围的劣地去。地狱溪原本是密苏里河一条细小的支流，如今已经成为蒙大拿州东北部一座水库的行洪区。此地潮湿难耐，蚊子成群出没，几乎没有一丝风，树荫更是渺不可寻，简直让人喘不过气来。这里有的，只是向四面八方无度延展的岩石峭壁，像桑拿房一样向外辐射热量。

巴纳姆·布朗是最早到地狱溪寻找恐龙的探险者之一。1902年，在离溪流东南部100多英里的崎岖山地里，他发现了第一具君王暴龙骨架。他在纽约的雇主们大喜过望，命布朗带更多化石回去。接下来的几年里，他穿着皮毛大衣，肩上背一把镐，把那里的陡崖、冲沟以及密苏里河沿岸的干旱河床都勘察了个遍，又向东南部深入。化石不断涌现，没过多久，布朗就对这个区域的地形了如指掌。所有的骨头都埋在一层很厚的岩石序列里，而这片劣地的地貌主要就由这些岩石构成。这组岩石像千层饼一样分层排列，颜色有红、橘、褐、土黄和黑色，组成成分是远古河流沉积下来的沙和泥土。他把这些岩石称作地狱溪组。

在6 700万~6 600万年前，地狱溪组岩石在几条交错流过的河流的作用下形成。这些河流从西部侵蚀了形成没多久的落基山脉，之后流经一大片泛滥平原。河水偶尔会冲破堤岸，汇集形成湖或沼泽。它们最终向东注入将北美洲一分为二的大海道。当地土壤肥沃，森林茂盛，对很多恐龙来说是不可多得的宜居之地。与此同时，这里也是沉积物不断沉积并形成岩石的环境。在成岩的过程中，动物的骨头也留在了岩石里。大量的恐龙，再加上大量的沉积物，共同构成了使化石大量形成的完美组合。

我的"地狱之旅"始于2005年，距布朗发现的君王暴龙在纽约首次亮相已经过去了100年。我那时还是个本科生，跟我人生的第一次恐龙发现之旅（与保罗·塞里诺一起在怀俄明州挖掘侏罗纪蜥脚类恐龙的化石）仅隔了一个月。为了增加一些野外经验，我跟一小队人马驱车前往蒙大拿州。这个团队的成员来自伊利诺伊州罗克福德的伯比自然历史博物馆，我在前文提到过。

在一般人眼中，罗克福德不太像是那种会有恐龙博物馆的地方。首先，从来没有恐龙在伊利诺伊州被发现。我的故乡实在是太平坦了，从地质的角度看乏味至极，于恐龙主宰地球时期形成的岩石在这里几乎全无踪迹。这个州的经济以制造业为基础，而过去几十年来，制造业一直不怎么景气。不过，罗克福德的这家博物馆仍然称得上中西部最好的自然历史博物馆之一。伯比博物馆的工作人员经常把这家博物馆叫作"一切皆有可能的小博物馆"，源于博物馆的一些改写了自身命运的传奇经历。在很长一段时间里，这家博物馆的藏品就只是一些老旧的鸟类标本、岩石和美洲土著居民使用的箭头，四散在这座一度非常宏伟的19世纪宅第里面。但在20世纪90年代，博物馆得到了一笔数额令人咋舌的私人捐款。有了这笔钱，博物馆就增建了一个区。扩建产生的空白自然得有展品来填充，于是，馆员打算去一趟地狱溪，带点儿恐龙回来。

当时，伯比博物馆只有一位古生物学领域的馆员，是个来自伊利诺伊州北部的男孩，名叫迈克·亨德森（Mike Henderson）。他说话轻声细语，身强体壮，痴迷于生活在恐龙时代前几亿年的虫迹化石。他需要有人来打个下手，就跟一位童年时代的朋友组成团队。那位热情开朗、声音洪亮、爱跟人打交道的朋友名叫斯科特·威廉姆斯（Scott Williams）。斯科特打小就喜欢恐龙，同时也爱看漫画和超级英雄电影。他没有机会以古生物学为业，而是进了执法队伍。第一次在伯比博物馆见到斯科特时，我还是个高中生。他那时仍是一位警察，而且看上去很有警察范儿：山羊胡、身体结实、操着浓重的芝加哥口音。几年后，他离开了警察队伍，在科学领域找到了一个全职工作：伯比博物馆的藏品管理人。而今天，他在位于蒙大拿州的落基山脉博物馆协助管理全世界规模最大的恐龙藏品之一。

2001年夏季，迈克和斯科特带领一支杂牌军奔赴地狱腹地，团队里既有博物馆工作人员，也有地质学学生，甚至还有业余志愿者。他们在蒙大拿州的小镇伊卡拉卡附近扎营。该镇只有大约300位居民，离蒙大拿州、南达科他州与北达科他州的三州交界地不远。布朗在这一带搜寻过，但迈克和斯科特发现了连这位大师都没注意到的东西。机缘巧合之下，他们发现了一具少年君王暴龙的骨架，这是迄今为止品相最好、保存得最完整的君王暴龙骨架。正是这具至关重要的化石骨架让古生物学家了解到，君王在少年时期是身材瘦削、口鼻部长、牙齿薄薄的短跑健将，成年之后才变身为卡车大小、能咬碎骨头的巨兽。

迈克、斯科特和他们的团队发现的这块化石让伯比博物馆迅速成为恐龙研究的重镇。当这具骨架——它的名字叫作简，以一位捐赠者的名字命名——于数年后展出时，全世界的古生物学家蜂拥来到名不见经传的伊利诺伊州罗克福德，想要一睹简的真容。来这里参观的，还有成千上万的儿童、家庭和游客。伯比博物馆新落成的展厅有了一个超级明星作为主角。

接下来几年的夏天，迈克和斯科特数次返回“地狱”，每次一待就是几个月。终于有一次，他们邀请我一同前往，那时我已经赢得了他们的信任。从高二开始，我就经常去伯比博物馆，与迈克和斯科特成了朋友。在他们的印象当中，我一开始是个惹人烦的少年，沉迷于恐龙，手里总拿着录音机和“锐意”记号笔，以宗教般的虔诚参加这座博物馆一年一度的“古生物节”活动。很多知名的科学家都会出席这个活动，并在活动上发言，讲述他们研究恐龙的经历。值得一提的是，我第一次遇到保罗·塞里诺和马克·诺雷尔（Mark Norell）就是在这个活动上，他们俩都是出类拔萃的古生物学家，后来都成了我学业上的导师。整个大学期间，我也没有中断，总是开车回到罗克福德。当我正式开始在塞里诺的实验室接受成为古生物学家的训练时，迈克和斯科特认为我已经做好了加入他们一年一度地狱探险的准备。

罗克福德和伊卡拉卡相隔1 000英里。抵达那里之后，我们在一个名叫尼德摩尔营的地方住下。这个营地位于松林深处，下临那片劣地，非常凉爽，很多木制简易棚屋散布其中。在那里的第一晚，隔壁棚屋里有个音响合成器不停发出巨响，吵得我整夜都没睡着。那间屋里住的三名志愿者都是有工作的职业人士。他们特地从罗克福德开车前来，想暂时逃离枯燥的办公室生活。他们当中领头的是一个行事古怪的矮个子家伙，名叫赫尔穆特·雷德施拉格（Helmuth Redschlag）。这个名字总是让人想起专横跋扈的普鲁士将军，不过他来自美国中部，工作也安生得多：他是位建筑师。每天晚上，他都跟伙伴们开派对，直至深夜——菲力牛排配进口意大利奶酪大快朵颐一番，伴着垃圾金属风格的音乐啜饮果味比利时啤酒。即便如此，他每天早晨六点就能起床，满怀激情地扎进"地狱火炉"里，寻找恐龙留下的痕迹。

"这让我感到我还活着。灼热。阳光洒下来，炙烤着你，把你的脖子和后背烤焦。你一心想要找到阴凉，想要喝水。"一个宁静的早晨，在向"火炉"进发之前，他这样对我说。呃，哦，嗯，我一边听一边点头，不知道该怎么评价他这个人。

几天后，当我跟斯科特以及一些学生志愿者在外面勘察时，我们接到了一通来自赫尔穆特的电话，他在电话里激动异常。他当时沿着路走了几英里，享受太阳炙烤皮肤的快感，忽然，冲沟里有什么东西吸引了他的目光，那是一个暗褐色的凸出物，包裹在暗褐色的泥岩里。能吸引赫尔穆特目光的东西有很多，毕竟，他本来就是个建筑师，而且是个相当优秀的建筑师，他关注形状和纹理的细节，这让他成了一个非常敏锐的"化石猎人"。他感到这块石头不同寻常，于是开始向山腰挖掘。等我们赶到现场的时候，恐龙的一块股骨、几条肋骨和脊椎骨已经显露出来，还有头骨残片。头部的骨头揭示了这条恐龙的身份：很多骨头都是形状随机的碎片，似是来自某种扁平、盘子一样的东西，就像碎掉的玻璃；另外几块骨头就很锋利，呈尖尖的圆锥状，那是角。在地狱溪生态系统之中，只有一种恐龙符合上述特征：三角龙。它的脸上有三只角，眼睛后方有个公告牌一样宽而厚的头盾。

跟它们的宿敌君王暴龙一样，三角龙也是恐龙当中的明星。在电影和纪录片中，三角龙通常扮演温柔、富有同情心的植食者的角色，与暴虐的君王形成强烈的戏剧反差。正如福尔摩斯和莫里亚蒂是死敌、蝙蝠侠跟小丑是死敌一样，三角龙和君王暴龙也是死敌，但这完全不是电影的向壁虚构。6 600 万年前，这两种恐龙真的是敌手。它们共同生活在地狱溪世界的河畔和湖边，是那里最常见的两个物种。在地狱溪发现的恐龙化石当中，三角龙占了大约40%，君王暴龙位列第二，约为25%。君王需要消耗大量的肉质以刺激新陈代谢，而它三只角的对手是14吨重、行动缓慢的优质肉排。可以想象，两者遭遇之后会发生什么。事实上，三角龙骨头上的咬痕与君王暴龙的牙齿吻合，这证明在远古时期两者曾经短兵相接。但千万不要认为，这是一场不公平的战斗，捕食者必定会取得胜利。三角龙随身携带致命武器：角。它鼻子上的角非常粗壮，而且每只眼睛上各有一只较细、较长的角。跟脑袋后部的头盾一样，这些角最重要的功能是为了展示——让潜在对象觉得自己性感，或让对手觉得害怕。不过，如果有需要，三角龙也必定会把这些角用于自卫。

在我们的故事当中，三角龙是一种新型恐龙。它属于角龙类，角龙类全都是植食性鸟臀类恐龙。其祖先是体形不大、奔跑迅速、牙齿像叶子一样的小兽，比如早侏罗世的畸齿龙和莱索托龙。从侏罗纪的某一时期开始，角龙类走上了独立演化之路。它们从后腿走路转变为四肢着地，并演化出花样繁多的角和头盾。随着年龄的增长，角龙的角和头盾会越来越大，越来越华丽，因为成年后的角龙受到激素的驱使，需要吸引异性交配。起初，角龙类长得跟犬差不多大；其中有一种纤角龙一直活到了晚白垩世，与体形比它大得多的表亲三角龙一起生活。随着时间的推移，角龙类越长越大，最终

三角龙头骨。三角龙是有角类恐龙中的明星。

变成了像牛一样的恐龙，在白垩纪末期的北美洲十分常见。它们的颌骨也发生了相应的变化，以便吞下足够多的植物。它们的牙齿排列得非常紧密，这样它们的颌骨就成了刀片——总共有四片，上颌左右各一片，下颌左右各一片。上下颌骨通过简单的上下移动就咬合在了一起，相对位置的刀片会稍微错开一点儿从彼此旁边经过，原理与断头台相仿。口鼻部前端有一个剃刀般锋利的喙，喙能扯下茎叶，并送到刀片上切断。毫无疑问，三角龙是吃植物的高手，就跟君王暴龙是吃肉的高手一样。

对伯比博物馆来说，找到一只三角龙是另一项重大的成功，这家博物馆的新展厅正需要这样一具骨架给少年君王暴龙做伴。从赫尔穆特把地上的骨头展示给我们看的那一刻起，我就已经明白，迈克和斯科特绝对是这么想的。赫尔穆特也是如此。作为这种新恐龙的发现者，他有给这只恐龙起昵称的特权。跟我一样，赫尔穆特也是《辛普森一家》的死忠影迷，于是他决定把这只恐龙命名为荷马。我们想着终有一天，荷马会跟简一起站在伯比博物馆的展厅里。

但我们要做的第一件事，就是把荷马挖出来。团队开始用石膏绷带缠绕裸露出来的骨头，这是为了保护化石，免得在运回罗克福德的途中发生损坏。其他人的任务是寻找更多骨头。我的朋友托马斯·卡尔，一个喜欢喝苦艾酒、穿哥特式服装的君王暴龙研究者，也是我们这次考察团队的一员。这次他穿着卡其布衣服（平时那一身黑色装束不适合这里炎热的天气），不停地灌佳得乐运动饮料（苦艾酒基本只在室内喝）。他用地质锤（他给地质锤起了个绰号叫"武士"）和地质镐（绰号叫"领主"）攻击泥岩，又露出了一些三角龙骨头。他和其他人奋力发起攻势，越来越多的骨头开始松动。最终，挖掘现场扩大到了700平方英尺左右，共挖到了130多块骨头。

很快，现场的情形变得非常复杂，于是斯科特让我画一份地图，我一个月前刚刚跟保罗·塞里诺学到了这项技能。我把凿子凿进岩石里当作支点，每隔一米沿水平和垂直方向各拉一条线，形成一个一米见宽的网格网络。以此为参照，我在野外笔记本上大致画下了每一块骨头的位置。在相邻一页上，我把每块骨头区分开，编号，并记录下骨头的尺寸和方向。这样，我们就把混乱不堪的局面变得井井有条。

这份地图和骨头清单揭示了一个不同寻常的事实。同一块骨头有三份：三块左侧鼻骨，也就是构成口鼻部前部和侧部的骨头。任何三角龙都只有一块左鼻骨，就跟它

一堆三角龙骨头，出土于发现"荷马"的遗址。这些骨头属于一群未成年三角龙。

2005 年，我跟随伯比博物馆参加了地狱溪远征。这是我当时做的野外笔记中的两页，是我绘制的遗址野外地图，我们正是在这里发现了"荷马"。

们只有一个头、一个大脑一样。不过我们立刻恍然大悟：我们挖到了三只三角龙，不仅有荷马，巴特和丽萨也在。原来，赫尔穆特发现了一个三角龙墓地。在同一个地方发现一只以上的三角龙，这还是有史以来头一次。在赫尔穆特走进这个冲沟之前，我们一直以为三角龙是独来独往的。我们曾对此颇为自信，因为三角龙太常见了，100多年来，人们发现了成百上千的化石，每次发现都仅有单独的个体。然而，一次发现就足以推翻以往的观点，根据赫尔穆特的发现，我们现在认为三角龙是成群活动的。

实际上，这没有特别出人意料。有充分证据显示，三角龙的近亲（某些大型、长角的角龙类，在白垩纪最后的 2 000 万年里生活在北美洲的其他地方）是社会性生物，会结成大型群体共同生活。尖角龙就是其中之一，它们生活在今天的艾伯塔，比三角龙的生活年代早了约 1 000 万年，鼻子上长着一只巨大的角。尖角龙也是在一个骨床里被发现的。那可不是荷马所在的那种小骨床，而是面积相当于 300 个橄榄球场的大骨床，里面埋有 1 000 多只个体。我们也发现过其他一些角龙类的群葬墓，相关间接证据表明，这些身体硕大、行动缓慢、头上长角、以植物为食的生物是营群居生活的。这让我们浮想联翩：这些恐龙很有可能结成数量庞大的群体，在晚白垩世的北美洲西部游荡，数量可能达到几千只。它们走过时，大地为之震颤，扬起的漫天尘土如乌云一般。数千万年后，北美野牛征服了同一片草原，两者的情形大同小异。

结束了荷马遗址的工作之后，我们继续在伊卡拉卡周围绵延数英里的劣地中勘察，我们每天一大早就出发，为的是避开一天中最酷热难当的时段。我们发现了很多其他种类的恐龙化石，虽然没有荷马那么重要，但也为我们提供了一些线索，让我们了解其他与三角龙和君王暴龙共同生活在白垩纪末期泛滥平原上的动物。我们发现了几十颗小一点儿的食肉动物的牙齿，有跟伶盗龙差不多的驰龙类的牙齿，也有体形跟矮种马相仿的伤齿龙的牙齿。后者是驰龙类的近亲，但饮食结构更倾向于杂食。我们还找到了一些体形跟人类差不多的杂食性兽脚类恐龙的脚骨。这类名为窃蛋龙类的恐龙长相奇特，没有牙齿，但头骨上长着华丽的头冠，喙非常锋利，适合吃各种各样的食物，包括坚果、贝类、植物、小型哺乳动物和蜥蜴。其他化石还包括两种截然不同的植食者：一种平平无奇却名为奇异龙的鸟臀类恐龙，大小跟马相似；另外一种是稍大一些而且长得非常有意思的肿头龙，它有着圆圆的脑袋，头骨宛如保龄球，在争夺配偶或者领地时会用头撞击对手。

　　我们还花了几天时间在另一个地点挖掘，希望它能像荷马遗址那样"多产"，然而美好的期望落了空。我们的确挖到了一些骨头，这些骨头来自地狱溪组第三常见的恐龙——植食性的埃德蒙顿龙。重约 7 吨、从口鼻部到尾巴长约 40 英尺的埃德蒙顿龙，跟三角龙一样，是体形巨大的植食性恐龙，但这两种恐龙属于不同的种类。埃德蒙顿龙是鸭嘴龙类的一种，而鸭嘴龙类是从鸟臀类的另外一支演化而来的。埃德蒙顿龙也是晚白垩世常见的恐龙种类之一，尤其是在北美洲。它们之中的很多都成群生活。埃德蒙顿龙既可以双足行走，也能四足行走，取决于它们想以多快的速度前进。它精巧的头冠内部长有弯曲盘绕的鼻腔结构，能产生低沉而浑厚的声响，这是埃德蒙顿龙用来相互交流的"语言"。它们的绰号来自口鼻部前端宽扁、没有牙齿、像鸭嘴一样的喙

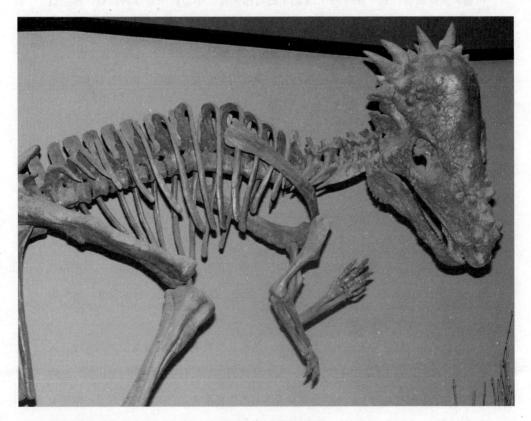

在地狱溪发现的肿头龙。这种恐龙脑袋圆圆，喜欢用头顶东西。

嘴，喙嘴可以用来获取嫩枝和树叶。跟角龙类一样，它们的颌骨也演化成了剪刀的形状，能够用来切割，但它们牙齿的数量更多，排列得也更紧密。而且，埃德蒙顿龙的上下颌不仅能做简单的上下运动，还能从一侧向另一侧移动，甚至能稍微向外错开，从而可以进行复杂的咀嚼动作。它们是演化史上出现过的最复杂精细的进食机器。

鸭嘴龙类，也许还有角龙类，拥有高度复杂的颌部结构是有原因的。这种结构在演化过程中发生了细微的变化，以便于取食白垩纪早期出现的一种新型植物——被子植物，这种植物还有一个更常见的名称——开花植物。尽管开花植物在今天异常丰富，既是我们食物来源的重要组成部分，也是很多花园里的美丽装饰，但在三叠纪的泛大陆上，最早出现的恐龙应该还没见过这种植物。同样地，侏罗纪那些长颈蜥脚类恐龙也不熟悉这种植物，它们以其他种类的植物为食，比如蕨类植物、苏铁植物、银杏类植物和常绿植物。到了距今约 1.25 亿年的早白垩世，小型花朵在亚洲出现。再经过6 000万年的演化，这些原始被子植物衍生出了一系列灌木和乔木，包括棕榈和木兰，点缀着晚白垩世的土地。对能够以被子植物为食的植食性恐龙来说，这些植物非常可口。地上甚至可能长出了一些草，不过，那是一种特化了的被子植物。真正的草场要到很晚很晚的时候才会出现，那时恐龙早已灭绝了几千万年。

鸭嘴龙类和角龙类都吃开花植物，小一点儿的鸟臀类以灌木为食，肿头龙类为了确立服从秩序会用头彼此冲撞，贵宾犬大小的驰龙类则伺机猎食蝾螈、蜥蜴甚至与我们人类有亲缘关系的某些早期哺乳类动物，所有这些都可以通过地狱溪的化石得知。一些杂食性动物什么都吃，比如伤齿龙和"怪咖"窃蛋龙类，食谱比较专一的肉食者和植食者忽略的东西成了它们的果腹之物。还有一些恐龙我还没有提到，比如速度非常快的似鸟龙类，以及重装坦克般的甲龙，它们也在为获得生态位而战斗。翼龙类和原始鸟类在空中翱翔，鳄类沿河畔湖边潜踪隐迹。蜥脚类恐龙一只也没有，至尊的王——君王暴龙统治着一切。

这就是晚白垩世北美洲土地上的情形，是末日劫难来临之前恐龙最后的辉煌。从巴纳姆·布朗到伯比博物馆的团队——他们发现的这笔化石宝藏让我们意识到，此地曾是整个恐龙时代地球上已知的恐龙最为丰富的生态系统。它向我们呈现了一幅关于恐龙生活最完整的画卷，我们得以了解不同种类的恐龙如何共同生活，并且各安其位形成一条完整的食物链。

　　亚洲的情形与此大同小异：匹诺曹暴龙等大型暴龙类统治着所有的鸭嘴龙类、肿头龙类、驰龙类和兽脚类杂食性恐龙。由于亚洲在地理上与北美洲接近，生活在这两块大陆上的物种经常会往来互通。

　　与此同时，赤道之南则是一种截然不同的画风。

　　在巴西几乎正中央的位置，有一片连绵起伏的高原。曾经，这里覆盖着稀树草原，但如今这里已是主要的农业区。这里的人们种植的作物跟我家乡和伯比博物馆之间的田野上生长的作物几乎相同，以玉米和大豆为主，也有甘蔗、桉树等稍具异域特色的作物，还有很多鲜美可口但不怎么为人所知的水果。这片区域就是戈亚斯州，一个有着大约 600 万居民的内陆州，数条孤独的公路贯穿其间。此地距离巴西首都巴西利亚只有几小时的车程，往北 1 000 英里左右的地方就是亚马孙。几乎没有什么外国游客会到这里来。

　　然而，戈亚斯州保有很多秘密，光从平淡无奇的地貌来看，你什么也发现不了。然而，农场的地下隐匿着一个王国。在距今 8 600 万~6 600 万年前这段时期里，这个王国位于地上，是一片狂风吹袭形成的沙漠，卡在巨大河谷的边缘。而今天，原来的沙漠已经变成了由 1 000 英尺厚的岩石构成的基座，上面是种满玉米和大豆的田野。这些岩石都是由晚白垩世的沙丘、河流和湖泊塑造而成的。当时，这里是一个巨大的盆地，在南美洲和非洲分裂时产生的残余应力的作用下形成。这个盆地曾是恐龙的乐园。

　　戈亚斯州的大部分白垩纪岩石仍然埋在地下，但在路边和溪岸，偶尔会有一些岩石冒出头来。不过最佳观岩地却是在采石场，在那里，重型机械撕裂了表面的泥土，下方的层层砂岩和泥岩就会暴露出来。2016 年 7 月初的一天，我就去了一个采石场。彼时，南半球的冬日刚刚开始，但天气仍然湿热。我戴了一顶安全帽以防落石，还绑上了护腿，从脚遮到膝盖，以防范一种更可怕的危险：蛇。这次是罗伯托·坎德埃罗（Roberto Candeiro）邀请我来巴西的，他是戈亚斯联邦大学（当地重点大学）的教授，也是研究南美恐龙的专家。我曾在北美洲和亚洲挖掘过不少晚白垩世恐龙，并做了细致的研究，但罗伯托建议我应该再从南方的视角进行观察。但他当时可没提有蛇这回事。

　　戈亚斯联邦大学位于该州首府戈亚尼亚迅速发展的郊区，校园里棕榈成排。早些年，罗伯托开设了一门新的地质学本科课程。讲堂的回廊笼罩在亚热带湿润的和风之中，雪白的墙壁与仅仅几英里外尘土飞扬的街道和简陋的铝顶棚屋形成了强烈的对比。机动脚踏两用车低吼着驶过，路边的老人正挥着砍刀砍椰子，远处的树上有猴子在晃荡。等我下次重访此地的时候，这些巴西旧日子遗恐将不复存在。

　　新的课程，再加上坐落在附近最大城市的美丽校园，让大家激动不已。很多求知若渴的学生慕名而来，他们中的一些人将跟着罗伯托和我，一起踏上那次采石场之旅。这些人里就有安德烈，他是一位性格活泼、长着啤酒肚的喜剧演员，尝试过很多不同的职业：木瓜种植者、出租车司机，几年前在平原地区的一个大型农场里帮过工，负责给雄猪人工取精，给雌猪人工授精。后来他又重返校园。18 岁的卡米拉就比他年轻多了，她个子不高，但体内似乎蕴藏着无尽的能量，而且非常凶悍，她在忙碌之余会用跆拳道减压。还有拉蒙，一个身材高挑，有着古铜色皮肤的型男，穿着紧身牛仔裤，头发梳向一侧，就像是刚从每家餐厅电视里都会播放的 MV 里跑出来的巴西男孩乐队的成员。

　　我们去的这个采石场属于一个年轻人。他的家族世世代代都在巴西中部务农，他们采掘岩石来制造肥料。这种石头相当奇怪，看起来像混凝土，白色基质里嵌着形状各异、大小不一的鹅卵石：白色基质是石灰石；鹅卵石是种类不一的岩石，巴西白垩纪末期汹涌的河水把石头冲到了这里。鹅卵石中间混杂着极其少量的骨头——恐龙化石，也许每 10 000 或 20 000 块当中就有 一块是化石。但不管是什么骨头，只要能找到，就都是宝贝，因为它们都是南美洲最后一批恐龙的骨头，这些恐龙跟北美洲的君王暴龙、三角龙还有地狱溪组的恐龙大致生活在同一时期。

　　遗憾的是，经过数小时的搜寻，我们没有在采石场里找到任何骨头。不过也没有人被蛇咬，因此，这一天虽然空手而回，但我仍然很开心，这种情形可不多见。后来，我们在其他地方找到了一些，但仅仅是骨头的残片。这次不会有新发现了——探查新区域往往会以此告终，因为找到一种以前从未见过的恐龙并不是一件容易的事情，要看运气和条件。但过去的十年里，罗伯托已经开展过很多这样的野外考察，常常会带上东拼西凑起来的学生队伍。他们也找到了很多骨头，其中一部分骨头被他保存在了

罗伯托·坎德埃罗在巴西戈亚斯寻找化石。

自己位于戈亚尼亚的实验室里。在巴西余下的日子里，我就跟罗伯托和他的一个朋友在实验室里工作。他的朋友名叫费利佩·辛布拉（Felipe Simbras），是一家石油公司的地质学家，研究恐龙是他的业余爱好。

要是你能看到罗伯托实验室架子上的化石，肯定会惊异于这里竟然没有君王暴龙的化石。事实上，白垩纪末期的巴西从未出现过任何一种暴龙类。如果你花上一天时间，穿行于蒙大拿州的地狱溪劣地，可能会发现数颗君王暴龙的牙齿——没错，就是这么常见。但在巴西就完全没有，或者说，在南半球任何地方都没有。相反，罗伯托有几抽屉其他种类的肉食性恐龙的牙齿。有一些来自我们已经见过的种群鲨齿龙类，这群强大的肉食者是从异特龙演化而来的，在白垩纪早期，它们威震八方，让地球上大部分地区的生物不寒而栗。它们之中有一些，比如我和保罗·塞里诺一起研究的来自非洲的鲨齿龙，最终长到了惊人的大小，堪与君王暴龙媲美。在北半球，鲨齿龙类来而复去，在统治了数千万年之后于白垩纪中期把王冠让给了暴龙类。而在南半球，它们一直生存到了白垩纪结束，保住了王者的头衔，因为那里没有暴龙与之一争高下。

还有一种牙齿在巴西相当常见。这种牙齿也很锋利，像带有锯齿的刀刃，由此可以判定它们来自某种肉食性动物，但这些牙齿通常都比较小，也比较脆弱。这些牙齿属于另外一种兽脚类恐龙——阿贝力龙类，它们是侏罗纪一种相当原始的恐龙的旁支，在白垩纪来到了南部诸大陆。密林龙是阿贝力龙类的一种，在与戈亚斯州相邻的马托格罗索州，人们发现过密林龙的骨架。骨头已经破碎，据研究属于一只长约 30 英尺、重达数吨的恐龙个体。

更往南的阿根廷出土过更完好的阿贝力龙类的骨架，而在马达加斯加、非洲和印度也发现过这类恐龙。这些更为完整的化石——其中包括食肉牛龙、玛君龙、蝎猎龙——表明，阿贝力龙类虽然比暴龙类和鲨齿龙类略小，但相当凶猛，仍然居于食物链顶端。它们的头骨短而高，靠近眼睛的部位有时会长出粗短的角。其面部和口鼻部的骨头包裹着粗糙且带有肌痕的组织，可能用于支撑由角蛋白形成的骨凸。它们像君王暴龙一样，用两条肌肉强劲的后腿走路，但上臂更加短小。以食肉牛龙为例，这种恐龙有 30 英尺长、1.6 吨重，上臂却比厨房用的锅铲大不了多少，在身前摆来摆去没什么用处。哪怕它就在你眼前晃来晃去，干它通常干的那些事，你可能也注意不到它的上臂。不过，显而易见的是，阿贝力龙类并不需要这两条胳膊，所有"脏活"全靠颌骨和牙齿来完成。

对阿贝力龙类和鲨齿龙类来说，所谓的脏活就是抓住并吃掉与它们共同生活的其他恐龙，尤其是植食者。其中一些恐龙与北美洲的种类差不多，比如，人们在阿根廷也发现了一些鸭嘴龙类。但就整体而言，南方的植食者与北方的并不相同。这里没有像三角龙这样会结成庞大群体的角龙类，也没有长着圆圆脑袋的肿头龙。不过，这里有蜥脚类，而且数量非常多。君王暴龙从未在远古时代的蒙大拿州追逐过这些长脖子的庞然大物，因为从白垩纪中期的某一时刻起，蜥脚类似乎就从北美洲的大部分地区消失了（尽管它们仍然经常出现在这片大陆的南部地区）。不过在巴西和南半球其他地区，情况并非如此。体形巨大的蜥脚类恐龙在这里仍然是重要的植食者，直至恐龙时代的终结。

不过南美洲的蜥脚类相当特别。侏罗纪是蜥脚类的黄金时代，像腕龙、雷龙和梁龙这样的种群都聚集在同样的生态系统当中。它们各自的牙齿、脖子和进食方式都不尽相同，其生态位也因此被精细地划分。它们各安其所，一切都井井有条。然而，这样的日子后来就不复存在了。生活在白垩纪末期的蜥脚类恐龙，种类就相对单一，主要来自一个叫作巨龙类的亚类。其中一些成员，躯体之庞大，仿佛出自神话传说，比如阿根廷的无畏龙和南方海神龙。费利佩和他的同事们根据一系列脊骨（每块脊骨都有浴缸那么大）描述了南方海神龙，这些骨头都是在位于戈亚斯正南方的圣保罗州发现的。这是有史以来在巴西发现的个头最大的恐龙，从口鼻部到尾部有 80 英尺左右。体长如此，让人一时半会儿难以估算出它的体重，不过很可能在 20~30 吨，也可能远高于这一区间。

生活在巴西和南美洲其他地区的巨龙类就小得多。风神龙类的体形就不算大，至少从蜥脚类恐龙的角度来看的确如此。有些知名度比较高的种类，比如林孔龙，只有 4 吨重，36 英尺长。另一个亚类叫作萨尔塔龙类，总体而言个头跟林孔龙差不多。它们的皮肤表面披着一块一块的甲胄，可以抵御饥肠辘辘的阿贝力龙类和鲨齿龙类的攻击。

南半球还有一些体形较小的兽脚类恐龙，但跟北美洲阵容强大的中小型肉食者和杂食者完全不同。你可能会说，也许只是我们还没有找到它们小巧纤细的骨头，但这解释不太让人满意。因为人们在巴西发现了很多大小类似的动物骨架，但它们都是鳄类，而不是兽脚类。有些鳄类已经是相当标准的水生动物，可能根本不会与恐龙产生什么竞争关系。还有一些鳄类就长得十分怪异，它们已经适应了陆地上的生活，跟今天的鳄鱼大相径庭。波罗鳄腿很长，体形跟犬类似，是一种善于追逐的捕食者。马里利亚鳄有着类似哺乳动物的尖齿、犬齿和臼齿，它可能像猪一样，利用这些牙齿料理不同的食物。犰狳鳄能够徒手挖掘洞穴，身上披着灵活柔韧的铠甲，似乎还能像犰狳一样把身子蜷成一团，因而有了这样一个名字。就我们所知，这些动物都没在北美洲出现过。照此看来，在巴西乃至整个南半球，本应由恐龙占据的生态位被这些鳄类所占据。

有鲨齿龙类和阿贝力龙类但没有暴龙类，有蜥脚类但没有角龙类，有成群的鳄类但没有驰龙类、窃蛋龙类和其他小型兽脚类。在白垩纪步入尾声之际，北半球和南半球存在诸多差异，这一点毋庸置疑。但与同一时期大西洋中部发生的事情相比，这些大陆就显得平淡无奇，甚至有点儿无聊乏味；大西洋当中演化出了史上最诡异的一些恐龙，它们正在被水淹没的欧洲所剩无几的陆地上蹦来跳去。

在所有研究过恐龙、收集过恐龙骨头，以及严肃思考过恐龙的人当中，弗兰兹·诺普乔·冯·费舍尔－西尔瓦什（Franz Nopcsa von Felső-Szilvás）是最特立独行的一个。

我应该称他弗兰兹·诺普乔·冯·费舍尔－西尔瓦什男爵，因为此人是如假包换的贵族，一位挖掘恐龙骨头的贵族。他行事古怪、荒诞不经，像是某位疯子小说家笔下的人物，过于离经叛道，肯定是虚构出来骗人的。但他的的确确是个有血有肉的人，一位招摇浮夸的花花公子，一位悲剧性的天才。他在特兰西瓦尼亚寻找恐龙化石的短暂旅程是他疯狂的一生中难得头脑清明的时光。不偏不倚地说，德库拉伯爵在恐龙男爵面前也要相形见绌。

1877 年，诺普乔出生于特兰西瓦尼亚的一个贵族家庭。当时，特兰西瓦尼亚还是行将就木的奥匈帝国的边陲地带，群山连绵，如今则属于罗马尼亚。诺普乔能熟练使用多种语言，这些语言激起了他游历四方的热望。不过，他的心里还有另外一种渴望。二十多岁的他成了一位特兰西瓦尼亚伯爵的情人。这个年纪比他大的男人给他讲了很多关于南方山中一个隐秘王国的故事：在那里，部落居民穿着整洁漂亮的服装，挥舞着长剑，说着某种不可索解的语言。当地山民把自己的家乡称作 Shqipëri，也就是如今的阿尔巴尼亚。当时，此地是欧洲南部边缘的穷乡僻壤，曾被另一个伟大的帝国——奥斯曼帝国占领了数百年。

男爵决定亲自前往那里一探究竟。他一路南下，穿过了分隔两个帝国的边境地区。抵达阿尔巴尼亚之后，迎接他的却是一声枪响。他的帽子被射穿，子弹擦着头骨飞过。但他面无惧色，继续前进，步行穿越了该国很大部分领土。他学了这个国家的语言，蓄了发，开始像土著一样穿衣打扮，并赢得了山里与世隔绝的部落居民的尊重。不过，部落居民如果知道真相，可能就不会那么友好了：诺普乔是名间谍。奥匈帝国政府出钱让他刺探奥斯曼帝国的情报。随着两大帝国的崩溃，以及欧洲地图在"一战"的地狱烈火中被改写，他的使命变得更加重要，也更加危险。

不过，这并不意味着男爵仅仅是一名间谍。阿尔巴尼亚让他着迷，甚至可以说是痴迷。他成了欧洲首屈一指的阿尔巴尼亚文化专家，还真正爱上了这个国家的人民，尤其是他们之中的一位。诺普乔爱上了一个年轻男人。这个男人来自高山上的一个牧羊村庄，名叫巴亚齐德·埃尔马兹·多达（Bajazid Elmaz Doda）。他名义上是诺普乔的秘书，但实际上远远不止于此。在那个不甚开明的年代，这样的事不会被公之于众。这对恋人忍受着周围人的嘲讽，在各自所在的帝国分崩离析之后仍然不离不弃，骑着摩托车（诺普乔负责驾驶，多达坐在挎斗里）环游欧洲，彼此相守了近30年。在"大战"之前的混乱局势中，多达一直陪在诺普乔身边。后者策动了山民对土耳其人的政变，甚至还向山民走私军火以建造武器库。后来，诺普乔还试图自立为阿尔巴尼亚国王。不过，两项计划均以失败告终，诺普乔也就把精力转移到了别处。

事实证明，这个"别处"，就是恐龙。

其实，在对阿尔巴尼亚有所了解之前，在遇到多达之前，诺普乔已经对恐龙产生了兴趣。在他18岁的时候，他的妹妹在家族庄园里捡到一块破损的头骨，骨头已经变成石头。经常有动物在庄园里奔跑或是翱翔，但这块骨头似乎不属于任何一种男爵在庄园里见过的动物。那年，男爵开始了在维也纳的大学生活，他把石头带在身上，拿给一位地质学老师看。老师看了之后，让他再找一些这样的石头。他照做了。他时而步行，时而骑马，在庄园的田野、山间、河岸细细探查，乐此不疲，日后他将成为这里的主人。四年之后，名为贵族但仍是学生的他站在奥地利科学院一群饱学之士的面前，宣布自己的发现：一个由奇怪的恐龙构成的完整生态系统。

此后，诺普乔一直在特兰西瓦尼亚收集恐龙，并持续了很长一段时间。在阿尔巴尼亚需要他的时候，他就会中断这项工作。他不仅收集化石，也对化石进行研究，还因此成了真正把恐龙当作一种真实动物来理解的先驱之一。在此之前，恐龙只是有待分类的骨头。诺普乔在解读化石方面有着惊人的天赋，没过多久，他就发现，在自己的庄园里找到的这些骨头有点儿不同寻常。他能够看出，这些骨头属于在世界其他地方也相当常见的类群：被他命名为沼泽龙的新种类属于鸭嘴龙类；名为马扎尔龙的长颈恐龙属于蜥脚类；此外，他还发现了甲龙类的骨头。不过，与大陆上的那些亲戚相比，这里的恐龙体形较小，有的恐龙甚至小到了不可思议的程度。尽管它的亲戚在巴西能长到 30 吨，走路时大地也会颤抖，但马扎尔龙只有一头牛那么大。起初，诺普乔还以为这些骨头属于未成年个体，但用显微镜观察之后，他发现了成年个体的标志性结构。这样一来，合理的解释就只有一个：这些特兰西瓦尼亚恐龙都是袖珍版的恐龙。

由此产生了一个显而易见的问题：这里的恐龙为什么这么小？诺普乔有自己的想法。他精于间谍术、语言学、文化人类学、古生物学，骑摩托车也不在话下，还擅长整体规划，除此之外，男爵还是一位非常优秀的地质学家。他制作了一份地图，把包含恐龙化石的岩石全都画在上面。他发现，这些岩石都是在河里形成的，厚厚的砂岩层和泥岩层序列来自泛滥的河水在河道内部或河岸一侧的沉积。在这些岩石下面还有来自海洋的岩层，细黏土和页岩中含有大量微小的浮游生物的化石。在描画出河流相岩层的范围，并且仔细查看河流相岩层与海相岩层之间接触的地方之后，诺普乔意识到他的庄园以前曾是某座岛屿的一部分，在白垩纪末期露出水面。这些迷你恐龙共同生活在一个狭小的空间内，面积也许只有 30 000 平方英里，跟伊斯帕尼奥拉岛差不多大。

诺普乔猜测，恐龙之所以那么小，也许是因为它们栖息于岛上。这一想法源于当时某些生物学家持有的一种理论。基于对生活在岛屿上的现生动物的研究，以及在地中海发现的一些奇怪的小型哺乳动物的化石，该理论认为，岛屿就相当于演化的实验室，某些适用于大型陆地的一般规则在这里就不成立了。岛屿通常地处偏远，哪些物种最终能在哪些岛上生活，往往是有一些随机成分的，比如被风带到岛上，或是依靠浮木漂流到岛上。岛上的空间比较狭小，资源也比较有限，这样一来，有些物种可能就无法长到太大。再者，岛屿与大陆隔绝，植物和动物都各自独立演化，彼此不受影响。岛上生物的 DNA 与其生活在大陆上的亲属没有任何交流，久而久之，岛上的每一代生物就越发独特。诺普乔认为，这就是为什么岛栖恐龙长得这么小，看起来这么萌。

后来的研究表明，诺普乔的理论是对的。他发现的迷你恐龙如今也被认为是"岛屿效应"的绝佳范例。然而，在其他方面，命运对男爵就没有那么仁慈了。奥匈帝国是"一战"的战败方，于是，特兰西瓦尼亚被交给了战胜国之一的罗马尼亚。诺普乔失去了土地和城堡，他曾试图收回庄园的所有权，但终归徒劳无功。他自己也被一群农民痛殴，还被扔在路边等死。由于没有钱来支持自己挥金如土的生活方式，诺普乔不情愿地接受了匈牙利地质研究院院长一职，但官僚生活非他所愿，他便弃职出走。他卖掉了自己的化石收藏，跟多达一起移居维也纳。诺普乔终日郁郁寡欢，今天看来，他可能是患上了抑郁症。最终，他觉得受够了。1933 年 4 月，昔日的男爵在情人的茶里偷偷放了一点儿镇静药。在多达沉沉睡去之后，诺普乔朝他开了一枪，随后饮弹自尽。

　　诺普乔的悲剧性死亡留下了一个谜团。男爵已经破解了岛栖恐龙的秘密，知道了为什么它们长得如此之小，但他收集的每一块骨头——无论是蜥脚类、鸭嘴龙类，还是甲龙类——几乎都来自植食性恐龙。这个迷你动物群生活着哪些捕食者，他毫无头绪。这座岛的统治者是滑稽的迷你暴龙类或鲨齿龙类吗，抑或是从大陆跳到这里来的其他恐龙？其他种类的肉食者同样身材短小吗？又或者，这里根本就没有肉食性恐龙，这些植食者之所以敢把身材缩小，是因为这里不存在捕食它们的对手？

　　直到一个世纪之后，这个谜题才被另一位杰出的人物破解。此人跟诺普乔一样，也是来自特兰西瓦尼亚的博学多识之士。马加什·弗雷米尔（Mátyás Vremir）能讲多种语言，喜爱旅行，靠一只背包就敢踏上异国他乡。就我所知，他从未做过间谍，但多年来他一直在非洲转悠，在石油钻探平台上工作，为新的钻井进行选址勘察。如今，他在自己的故乡克卢日－纳波卡市经营一家公司，为建筑项目做环境调查并提供地质方面的咨询服务。他的兴趣还有很多：滑雪、探索喀尔巴阡的洞穴、在多瑙河三角洲泛舟、攀岩，还经常带上他的妻子和两个年纪尚小的儿子一起（就这一点而言，他与诺普乔截然不同）。他又高又瘦，像摇滚歌手那样蓄着一头长发，目光锐利，让人联想到狼。他自有一套严格的待人之道：对傻瓜没什么耐心——或者说，根本没有耐心，但如果他喜欢你、尊重你，那么就算是上战场他也会陪你一起去。在这个世界上，马加什是我最喜欢的人之一。如果我发现自己身处真正危险的境地，无论是在这颗星球上哪个天杀的角落，我都会希望他能在我身边。我知道，他是一个能够以性命相托的人。

马加什拥有多种本领，但他最擅长的还是寻找恐龙。在我所认识的人当中，最优秀的"恐龙猎手"有两个：一个是我的波兰朋友格热戈日，最早的恐龙型类的足迹全都是他发现的；另一个就是马加什，对他来说，找到恐龙似乎是一件轻而易举的事。我们一起在罗马尼亚进行野外考察的时候，我用全套昂贵的野外作业装备把自己武装起来，而马加什就穿着一条大短裤，嘴里叼着一根香烟，但发现好化石的总是他。实际上，寻找化石真的并非易事。马加什其实是个拼命三郎：一旦嗅到化石的气息，他会在罗马尼亚的寒冬涉过冰冷刺骨的河水，或者从上百英尺高的悬崖攀绳而下，或者把身体扭成各种奇怪的角度以通过狭窄深邃的洞穴。我曾亲眼看见他在一只脚骨折的情况下还奋力穿过激流，只因为他看到河对岸有一块骨头露了出来。

也正是在那条河中，马加什做出了人生中最重要的发现。那是 2009 年的秋日，他正带着团队在野外勘察，突然，他看见离水面几英尺高的一侧河岸上有灰白色成块的东西从锈红色的岩石中露出来。是骨头。他拿出工具，开始凿软泥岩，越凿骨头越多，看得出这是一只贵宾狗大小的动物的四肢和躯干。短暂的兴奋很快就变成了担忧：当地的水电站马上就要向河里泄洪，不断上涨的水流很有可能会把骨头冲走。于是马加什加快了挖掘速度，但仍然不失外科医生般的精准，总算把这具骨架从围困了它 6 900万年的坟墓中取了出来。他把骨头带回克卢日-纳波卡，妥善地保存在当地的博物馆里，然后开始潜心研究，试图弄清这究竟是什么动物。他相当有把握地认为这是一种恐龙，但它跟以前在特兰西瓦尼亚出土的恐龙完全不同。马加什觉得有必要征询一下其他人的意见，就给一位曾经挖掘并且描述了一系列各种不同的小型晚白垩世恐龙的古生物学家发了电子邮件。这个人名叫马克·诺雷尔，是纽约美国自然历史博物馆的恐龙馆馆长，大名鼎鼎的巴纳姆·布朗曾任该职。

跟我一样，马克经常收到不知是谁发来的电子邮件，让他帮忙鉴定化石，而这些化石往往不过是奇形怪状的岩石，或者是一坨混凝土。不过，当他打开马加什发来的邮件，下载了附件中的照片之后，他彻底呆住了。我能知道得这么清楚是因为我当时就在现场。那时我是马克的博士生，正在写一篇关于兽脚类恐龙的谱系和演化的论文。马克把我叫到他的办公室（一个富丽堂皇的套间，可以远眺中央公园），问我对刚刚收到的那封来自罗马尼亚的密信有什么看法。我们俩一致认为，这些骨头看上去像是来自某种兽脚类恐龙。我们进一步研究的时候，才意识到特兰西瓦尼亚从未出土过什么像样的肉食性恐龙的骨架。马克给马加什回了信，并从此结下了友谊。几个月后，我们三人一起出现在布加勒斯特二月料峭的寒风中。

我们在一间装饰着实木护墙板的办公室里开会，这间办公室属于马加什的同事，一位三十多岁名叫佐尔坦·奇基－萨瓦（Zoltán Csiki-Sava）的教授。当他在齐奥塞斯库军队的强制服役因政治原因画上句号之后，他进入大学学习，并成了欧洲顶尖的恐龙专家之一。所有骨头都摆在我们面前的桌子上，等着我们四人的鉴定。亲眼看到这些标本之后，我们的疑虑荡然无存，这肯定是一只兽脚类恐龙。它的很多骨头又轻又脆弱，跟伶盗龙和其他轻巧而凶猛的驰龙类的骨头很相像。它跟伶盗龙差不多大，可能略小一点儿。但有些地方不太对劲：马加什发现的恐龙每只脚有四根脚趾，中间的两根脚趾长有巨大的、镰刀状的爪子。众所周知，驰龙类长着可以伸缩的爪子，用来攻击猎物并把猎物开膛破肚，但它们每只脚上只有一个爪子。更何况，驰龙类只有三根脚趾，而不是四根。我们陷入了困惑之中，我们眼前的可能是一种新恐龙。

那一周我们一直在研究这些骨头，不停地测量，不停地把它们跟其他恐龙的骨架进行比对。最终，我们恍然大悟。这种新的罗马尼亚兽脚类恐龙是一种驰龙类，但又非常特殊。与大陆的亲戚相比，它们脚趾和爪子的数量更多，这是一个非常重要的启示：在远古的特兰西瓦尼亚岛上，不但植食性恐龙变小了，捕食者也变奇怪了，怪异之处不单单是那对致命的利爪和额外的脚趾。这种罗马尼亚盗龙比伶盗龙更壮实，胳膊上和腿上的很多骨头长到了一起。它的前肢甚至已经萎缩，只剩粘连在一起的粗短手指和腕骨。这是一种新的肉食性恐龙，几个月之后，我们给它取了一个恰如其分的学名：邦多克巴拉乌尔龙，"巴拉乌尔"在古罗马尼亚语里是"龙"的意思，"邦多克"的意思是粗壮。

在晚白垩世的欧洲诸岛，巴拉乌尔龙是当之无愧的大佬。与其说它是暴君，倒不如说是杀手，在不断上升的大西洋中的小岛上，它会用爪子制服奶牛般大小的蜥脚类恐龙、迷你版鸭嘴龙，以及披甲的恐龙。就我们所知，它是这些岛屿上体形最大的肉食性恐龙。谁也不知道马加什接下来会发现什么化石，但几乎可以确定的是，他永远

马加什·弗雷米尔在查看特兰西瓦尼亚的红色峭壁，寻找矮个儿恐龙的化石。

巴拉乌尔龙的脚骨。巴拉乌尔龙体形迷你，是白垩纪最末期特兰西瓦尼亚岛上的顶级捕食者。

图片由米克·埃利森拍摄。

也不会找到身躯庞大、像暴龙类一样的肉食性恐龙。经过一个世纪的搜寻，在收集到成千上万的化石（不仅有骨头，还有蛋和足迹；不仅有恐龙，还有蜥蜴和哺乳动物）之后，大型肉食性恐龙的踪迹丝毫没有出现，连一颗牙齿都没有。这一事实或许告诉我们：这座岛太小了，没法养活能咬碎骨头的巨兽，因此，像巴拉乌尔龙这样精力充沛的小恐龙才登上食物链的顶端。这同时也说明在白垩纪即将结束的时日里，这些最令人称奇的恐龙生态系统有多么不同寻常。

我曾数次前往特兰西瓦尼亚。有一回，我们下午没有出去寻找化石，而是走进群山，来到一个名叫瑟切尔的小村附近。马加什把车停在一座城堡前，想当年，这座城堡肯定美轮美奂，如今由于弃置多时，早已残破不堪，几成废墟。外墙亮绿色的油漆剥落殆尽，露出了墙砖的颜色；窗户悉数破碎，木地板也腐朽不堪，墙面喷满了涂鸦。野狗像僵尸一样梭巡来去。每一处都落满了灰尘。然而奇怪的是，一盏镀金的枝形吊灯骄傲地悬在门厅的天花板上，好像在挑衅重力的作用和时间的摧残。我们爬了几级摇摇欲坠的楼梯，经过吊灯下面时都不免心生紧张。楼上，展现在我们眼前的仍是一派残破景象：这个房间就像一个能传出回声的裂口，原来安装着凸窗的地方现在只剩下一个敞开的大洞。

一百年前，这里曾是一间书房。诺普乔男爵就坐在这里，阅读有关恐龙的书籍和文献，了解它们骨骼的细微差异，试图解释为什么他在外面岩石中找到的化石如此奇怪。这座城堡就是诺普乔的家，几百年来，这里是他家族王朝的权力中心，很多代的诺普乔族人都曾在这里居住。在男爵如日中天之时（那时他正为自己所服务的帝国刺探阿尔巴尼亚人的消息，对来自整个欧洲的成群的学生讲解有关恐龙的知识），这一切似乎还将一直延续下去，世代相传。

对恐龙们来说也是如此。在白垩纪行将结束之时，君王暴龙和三角龙仍在北美洲争斗不休；鲨齿龙类在整个南半球狩猎大型蜥脚类恐龙；一群小个子占据了欧洲诸岛。那时，恐龙似乎是不可战胜的。不过，正如城堡一样，正如帝国一样，正如活得精彩绝伦的天才贵族一样，演化造就的伟大王朝也有轰然崩塌的一天，但谁都没有预料到的是，那一天的到来如此猝不及防。

第八章

飞向蓝天的恐龙

始祖鸟

我的窗外有一只恐龙。写下这句话的时候，我正看着它。

不是广告牌上的照片，也不是博物馆的恐龙骨架复制品，更不是游乐场里经常能见到的那些用机电装置搞出来的恼人东西。

一只真正的、确实的、活着的、能呼吸的、正在动的恐龙。它是出现在2.5亿年前的泛大陆上的勇者——恐龙型类的后代，跟雷龙和三角龙列于同一家谱中，而且是君王暴龙和伶盗龙的近亲。

它跟家猫差不多大，长长的上臂贴着胸口收起，细枝般的双腿则短得多。它通体洁白，宛如新娘的婚纱，但上臂边缘为灰色，前肢尖端呈亮黑色。它双腿直立，稳稳地站在邻居家的屋顶上，头部骄傲地向上扬起，在苏格兰东部乌云渐深的天空的映衬下，留下一个庄严的剪影。

当阳光偶尔透过乌云照下来的时候，我看到它圆溜溜的眼珠里闪过一丝亮光，它开始左顾右盼。毫无疑问，这只动物感官敏锐，非常聪明，它正盘算着什么事。也许，它知道我正看着它。

旋即，没有任何征兆，它张大嘴，发出尖锐的鸣叫，可能是在向同伴示警，也可能是为了吸引配偶。又或者，这是向我发出的威胁。不管目的何在，我能透过双层玻璃，清晰地听到它的声音。我们之间隔着一扇玻璃窗，这让我感到安心。

这个穿着带毛外衣的小家伙安静了下来，转了一下脖子，径直朝着我望过来。毫无疑问，它知道我在这里。我以为它会再叫一声，它却闭上了嘴。让我惊异的是，它的上下颌闭合之后形成了一个尖利的黄色的喙，前端向下弯曲。虽然没有牙齿，但这个喙看起来像个相当厉害的武器，能造成不小的伤害。不过我又想起来，自己现在身处室内，无受伤之虞，于是我就像开玩笑似的敲了敲玻璃窗。

这只动物随即采取了行动。它用长着蹼的脚蹬了一下青石瓦片，生有羽毛的上臂向外舒展，以笔墨难以形容的优雅姿势跃入和风之中。我目送它消失在树林里，也许它正飞向北海吧。

我一直注视着的恐龙是一只海鸥。爱丁堡生活着数以千计的海鸥，我每天都能见到它们。离我的住处往北几英里的地方有一片海，它们有时候会扎进海里捕鱼。但更多的时候，我带着鄙夷观察它们在"老城"的街道上啄人们丢弃的汉堡包装纸和其他垃圾。我时不时还会看到一只海鸥向毫无戒备之心的游客发起"俯冲突袭"，用喙叼起一两根薯条后又冲向天空。这种行为——狡猾、敏捷、卑劣，让我很容易就能看出，这些海鸥虽不起眼，但它们的身体里住着一只伶盗龙。

海鸥，还有所有其他的鸟类都是从恐龙演化而来的。从这个意义上说，所有的鸟类都是恐龙。换个说法就是，鸟类和恐龙拥有共同的祖先，因此鸟类跟君王暴龙、雷龙或三角龙一样，全部都是恐龙，正如我的堂兄弟姐妹跟我一样，都姓布鲁萨特，因为我们拥有同一个祖父。鸟类无非是恐龙的一个亚类，就像暴龙类跟蜥脚类也是恐龙的一个亚类，是恐龙家族树上诸多分支中的一脉。

这个说法非常重要，值得再说一遍。鸟类就是恐龙。的确，理解这一点不太容易。在这个问题上，经常有人同我争论。他们会说："没错，尽管鸟类是从恐龙演化而来的，但它们跟君王暴龙还有雷龙大相径庭，跟其他我们熟悉的种类也截然不同，因此不应该把鸟类算作它们中的一员。鸟类身材小巧、有羽毛、能飞，不能把它们叫作恐龙。"这种说法乍看之下似乎很有道理，但我有一个现成的例子可以用来反驳：蝙蝠的样貌与行为跟老鼠、狐狸或者大象相差很大，但它们仍然是哺乳动物，这一点毫无争议。蝙蝠只是一种演化出了翅膀、发展出了飞翔能力的奇怪的哺乳动物而已。同样，我们也可以说，鸟类不过是一种演化出了翅膀、发展出了飞翔能力的恐龙。

这样，一切就都明白无误了。我说的就是鸟类，真正的、真实的鸟类。它们与恐龙时代另外一种广为人知的爬行动物翼龙类毫无关系。翼龙类通常又被称作翼手龙类，是一种能够凭借长而瘦削的翅膀（在延长的第四指和后腿之间伸展的皮肤和肌肉膜）在空中滑翔或翱翔的爬行动物。大多数翼龙类都跟我们今天普通的鸟类差不多大，不过也有一些翼龙类的翼展比小型飞机还要宽。它们跟恐龙几乎同时出现在三叠纪的泛大陆上，并在白垩纪结束的时候灭绝。翼龙类不是恐龙，也不是鸟类，它们是恐龙的近亲。翼龙类是第一个演化出翅膀、具备飞行能力的脊椎动物类群。以鸟类的面目出现的恐龙则是第二个。

这意味着时至今日，恐龙仍生活在我们周围。我们对"恐龙已经灭绝"这种说法习以为常，但实际上，超过 10 000 种的恐龙仍然存在。它们构成了我们现代生态系统不可或缺的一部分，同时也是我们的食物和宠物，不过，它们有时会变成"害鸟"，就像海鸥一样。没错，在距今 6 600 万年的白垩纪末期，君王暴龙与三角龙对峙、巴西的巨型蜥脚类和特兰西瓦尼亚迷你恐龙共存的地球陷入一片混乱，绝大多数恐龙都在那时消亡。恐龙的统治宣告结束，一场革命接踵而起，恐龙不得不把自己的王国拱手相让。也有些恐龙经受住了考验，活了下来。这些了不起的幸存者的后代，也就是鸟类，一直生活到了今天。所以说，鸟类是恐龙主宰世界逾 1.5 亿年后留下的不灭遗产，是一个已经逝去的帝国的遗老。

鸟类就是恐龙这一事实可能是恐龙古生物学家最重要的一项发现。尽管在过去几十年里，我们对恐龙的了解有了长足的进步，但这并不是我们这一代科学家提出的革命性新观念。恰恰相反，这个理论可以追溯到很久以前达尔文生活的年代。

那是在 1859 年。经过 20 年的书斋枯坐，达尔文完成了对自己早年随"小猎犬号"进行环球考察时所做的观察笔记的整理和研究。此时，达尔文终于准备好公布自己最惊世骇俗的发现：物种并非一成不变，而是会随着时间的推移不断演化。他甚至还用一套机制来阐释演化，并把这个过程称作自然选择。同年 11 月，《物种起源》（*Origin of Species*）一书出版，达尔文在书中把自己的理论全盘托出。

演化的原理是这样的。所有有机体种群中的个体都拥有不同的特征。比如，如果你观察自然状态下的一群兔子，就会发现它们的毛色会略有差异，哪怕它们都属于同一种。有时候，某种变异会带来生存方面的优势，比如，较深的毛色能够帮助兔子更好地伪装自己。这一优势使得具有该特征的个体可以活得更久、繁衍出更多后代。如果这种变异是可遗传的，也就是其后代能获得这种变异，那么久而久之，这种特征就会在整个种群中大量存在，届时，该种群里的所有兔子都会变成深毛色。深色毛发这一特征经过自然选择被保留下来，兔子也就实现了演化。

这个过程甚至可以产生新物种：如果一个种群由于某种原因发生分裂，每个子种群都独立发展，在自然选择的作用下，各自就会演化出不同的特征。终有一日，这两个子种群会因差异过大而出现生殖隔离，那时，这两个种群就成了两个不同的物种。在数十亿年的时间里，地球上的所有物种都是经由这个过程产生的。也就是说，一切生物——不管是现生的还是已灭绝的——彼此之间都存在着亲缘关系，处于同一个巨型家族谱系上的不同分支。

"通过自然选择实现演化"，达尔文的这一理论简洁精妙，影响深远。如今，它被视为理解这个世界的基础理论之一。这个理论可以解释恐龙为何会出现，为何会有如此繁多的种类，不仅能适应大陆漂移、海平面变化、气温变化，消除妄图篡权的竞争对手的威胁，还能统治地球那么长的时间。通过自然选择实现演化的理论，也能解释我们人类出现的原因。而且毋庸置疑的是，这一机制如今仍在发挥作用，就在我们周围，一刻不曾止息。我们对产生抗药性的超级细菌忧心忡忡，总是需要新药来防治会给我们带来伤害的细菌和病毒，都是出于这个原因。

不过，今天仍有一些人在质疑演化的真实性（我不会对此再多说什么），但不管我们之间有何分歧，与 19 世纪 60 年代发生的事情相比，都是小巫见大巫。达尔文的这本以优美的散文体写成、普罗大众皆可理解的书引发了轩然大波。一时间，社会上有关宗教、精神性、人类在宇宙中的地位等一些最不容触碰的观点要拿来辩论了。双方以证据自卫，以指责相攻，同时也在寻找能够一锤定音的"王牌"。在达尔文的很多支持者看来，新理论的终极证据就是"缺失的环节"，也就是像定格画面一样展示一种动物如何转变为另外一种动物的过渡化石。这些化石不但可以证明演化在起作用，还能向公众直观地传达这一信息，效果远远好于任何书本或讲座。

达尔文没有等太长时间。1861 年，巴伐利亚的采石场工人发现了一种奇怪的东西。他们正在采掘一种可以裂成很多薄片的细颗粒石灰岩，这种岩石在当时被用于平版印刷。一名矿工——姓名已不可考——劈开了一块石板，发现里面有一具动物骨架，距今已有 1.5 亿年。这种动物如弗兰肯斯坦一般非常奇特：尖尖的爪子，长长的尾巴，像是爬行动物；但同时也有羽毛和翅膀，又像是鸟类。不久，人们在巴伐利亚乡间星罗棋布的石灰岩采石场里又发现了这种动物的化石。有一具骨架化石保存得非常完好。这具骨架像鸟一样有一个叉骨，但它的上下颌又像爬行动物一样布满了锋利的尖牙。不管这是什么动物，有一点似乎可以肯定：它是一种半爬行动物半鸟的生物。

这种侏罗纪混合型生物被命名为始祖鸟，还轰动一时。达尔文在后续版本的《物种起源》中加入了这一证据，以证明只有演化理论才能解释鸟类的悠久历史。这具奇怪的化石也吸引了达尔文一个朋友的注意，他是最卖力支持达尔文的人士之一。托马斯·亨利·赫胥黎（Thomas Henry Huxley）为人所铭记或许是因为他为了描述自己不确定的宗教观点而创造了"不可知论"一词，但在 19 世纪 60 年代，人人都知道他是"达尔文的斗犬"。这是他给自己起的外号，因为他坚持不懈地捍卫达尔文的理论，不管是谁说了达尔文的坏话，用拳头也好，用笔头也罢，他都会与之斗争。赫胥黎也认为始祖鸟是过渡性化石，连接了爬行动物和鸟类。但他在此基础上更进一步，他注意到这具化石与在同一个石版石灰岩岩层里发现的另一具化石非常相似，那是一种叫作美颌龙的小型肉食性恐龙。于是他提出了一个非常大胆的观点：鸟类是恐龙的后裔。

争论一直持续到了 20 世纪。一些科学家认同赫胥黎的观点；另一些则无法接受恐龙与鸟类之间存在联系的说法。尽管美国西部出土了大量新的恐龙化石——有异特龙和蜥脚类这样的侏罗纪莫里森组恐龙，也有地狱溪里众多白垩纪的君王暴龙和三角龙——但似乎仍没有足够的证据能彻底解答这个问题。到了 20 世纪 20 年代，一位丹

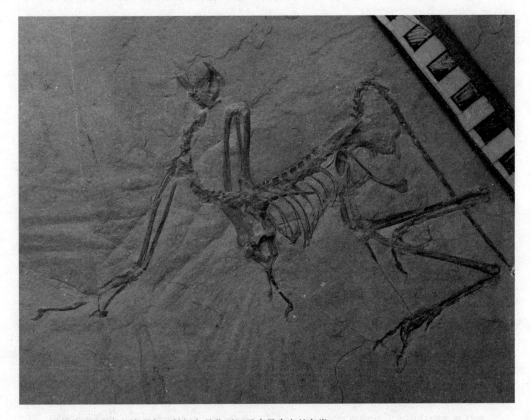

覆盖着羽毛的始祖鸟骨架。始祖鸟是化石记录中最古老的鸟类。

麦艺术家在自己的书里以相当简单的方式论证鸟类不可能来自恐龙，原因显而易见，恐龙没有锁骨，而鸟类是有锁骨的（跟叉骨融合在了一起）。尽管听起来有些荒谬，但在 20 世纪 60 年代之前，这种观点相当有影响力（今天我们知道恐龙的确是有锁骨的，因此这一点不成立）。随着"披头士狂热"席卷全球，抗议人士走上街头为南美洲争取民权，战争在越南肆虐，人们在一点上仍能达成共识，那就是恐龙与鸟类没有关系，它们的亲缘关系非常疏远，只是看起来有点儿相像。

然而到了 1969 年，也就是群情澎湃、奔放热烈的"伍德斯托克之年"，一切都发生了改变。革命已经开始，社会的传统和规范在整个西方世界遭到挑战。反叛精神也渗透进了科学领域，古生物学家开始以不同的眼光审视恐龙。于是，恐龙一改以往头脑简单、颜色灰暗、行动迟缓的形象，变成了生龙活虎、精力充沛的动物；它们凭借聪明才智统治了世界，不再是一种徒占空间、毫无价值的史前生物。而且，从很多角度来看，它们都非常像现生生物，尤其是鸟类。以低调的耶鲁大学教授约翰·奥斯特罗姆（John Ostrom）和他狂放不羁的学生罗伯特·巴克为代表的新一代古生物学家彻底重构了恐龙，甚至提出了一个石破天惊的论述：恐龙营群居生活，其感官高度发达，能照顾自己的幼崽，而且有可能跟人类一样是温血动物。

这次"恐龙文艺复兴"的催化剂是此前几年里出土的一系列化石，由奥斯特罗姆和他的团队在 20 世纪 60 年代中期所收集。当时，他们深入蒙大拿州最南端毗邻怀俄明州的地方，勘察一些五颜六色的岩石。这些岩石于早白垩世时期在一个泛滥平原上形成，距今有 1.25 亿~1 亿年的历史。他们发现了 1 000 多块骨头，全都属于一种跟鸟极其相似的恐龙。它的上臂很长，看上去很像翅膀；它的体格轻巧，说明它行动迅疾，精力充沛。在对这些骨头进行了数年研究之后，奥斯特罗姆于 1969 年宣布，这是一个属于驰龙家族的新物种，并将之命名为恐爪龙。它是伶盗龙的近亲，伶盗龙化石于 20 世纪 20 年代在蒙古被发现，亨利·费尔菲尔德·奥斯本（也就是给君王暴龙命名的纽约的那位"过去年代的偏执狂"）描述了这种恐龙，但在系列电影《侏罗纪公园》尚未上映的年代里，它还没有成为一个家喻户晓的名字。

奥斯特罗姆意识到自己的发现将产生深远的影响。他以恐爪龙为据，让赫胥黎"鸟类从恐龙演化而来"的理论起死回生。20 世纪 70 年代，奥斯特罗姆在一系列具有里程

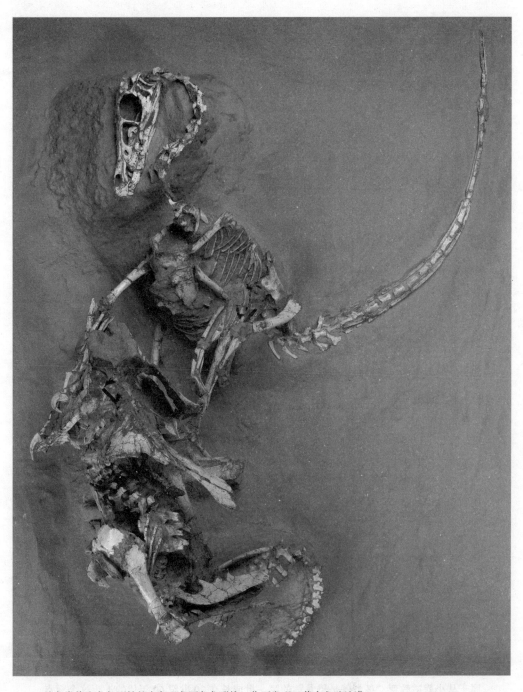

驰龙类伶盗龙与原始的有角恐龙原角龙酣战。化石发现于蒙古戈壁沙漠。

图片由米克·埃利森拍摄，德尼斯·芬宁（Denis Finnin）协助。

碑意义的科学论文中反复论证这一观点，仿佛一名律师拿出不可辩驳的证据严谨细致地为自己的案件辩护。与此同时，曾经师从于他的巴克则采用了另一种方式。这个头戴牛仔帽、发型如嬉皮士，张扬不羁的学者，摇身一变成了一位布道者，坚持不懈地向公众宣传恐龙和鸟之间的联系，宣讲恐龙的新形象：温血、大脑发达、演化史上的成功者。1975 年，巴克登上了《科学美国人》杂志的封面故事；20 世纪 80 年代，他的作品《恐龙异说》（*The Dinosaur Heresies*）一书出版，并取得了极佳的销量。巴克与他的老师截然不同的行事风格导致彼此间摩擦不断，但不管怎样，他们的努力让人们对恐龙的认知发生了革命性的转变。到了 20 世纪 80 年代末，大多数古生物学领域的研究者都认同了他们的观点。

对"鸟类来自恐龙"的承认衍生出了一个相当具有挑衅意味的问题：奥斯特罗姆和巴克认为，也许现代鸟类最为人所熟知的一些特征最早是在恐龙身上演化出来的。也许像恐爪龙（从骨头和身体比例来看已经非常像鸟了）这样的驰龙类甚至具有鸟类最重要的一个特征：羽毛。毕竟，由于鸟类是从恐龙演化而来的，而且半恐龙半鸟的始祖鸟身上也覆盖着化石化的羽毛，那么羽毛一定是在演化的某个阶段出现的——也许某种生活时代远早于鸟类的恐龙就长有羽毛。此外，如果某些恐龙的确有羽毛，对少数不承认恐龙和鸟之间存在联系的顽固分子来说，这不啻当头一棒。

不过问题在于，奥斯特罗姆和巴克并不能确定，像恐爪龙这样的恐龙是否真的有羽毛。他们手里就只有骨头，诸如皮肤、肌肉、腱、内脏以及羽毛等软组织在经过死亡、腐败和掩埋的摧残后几乎无法形成化石。始祖鸟（奥斯特罗姆和巴克认为这是化石记录中最古老的鸟类）是一个幸运的例外，它在一个平静的潟湖中被迅速埋葬，很快就变成了化石。也许他们永远都没法弄清楚真相到底是什么，于是只能等待，盼着有什么人能在某个地方通过某种途径找到有羽毛的恐龙。

1996 年，职业生涯已近尾声的奥斯特罗姆参加了古脊椎动物学会在纽约举办的年会。这里聚集了全球各地的"化石猎人"，他们展示自己的新发现，交流讨论各自的研究。当奥斯特罗姆在美国博物馆闲逛的时候，菲利普·柯里找上门来。柯里来自加拿大，属于从小就被教育"鸟类就是恐龙"的第一批成长在 20 世纪 60 年代的人。这个观点让柯里大为着迷。于是，在 20 世纪八九十年代，他把大部分时间都用来寻找像鸟一样的小型驰龙类化石，足迹遍及加拿大西部地区、蒙古和中国。实际上，他刚刚结束中国之旅回国。在这次旅行期间，他得知有人发现了一块非同寻常的化石。他把自己拍的一张化石照片从口袋里拿出来，请奥斯特罗姆过目。

就是它，一只小型恐龙，身上绕着一圈羽状绒毛形成的"光环"。这只恐龙保存得非常完好，仿佛昨天刚刚死亡。奥斯特罗姆失声大叫，他两脚发软，几乎跌倒在地：终于有人发现了他要找的长羽毛的恐龙。

柯里请奥斯特罗姆看的这块化石——后来被命名为中华龙鸟——只是一个开始。科学家们纷纷赶赴化石发现地——中国东北的辽宁省，脑子里装满了淘金者才会有的疯狂念头。但是，当地的农民才是真正的权威人士。他们对这片土地了如指掌，他们还知道，哪怕就只有一个完美标本，一旦卖给博物馆，得到的回报也比种一辈子田赚得多。没过几年，当地的农民又发现了其他几种有羽毛的恐龙，它们分别被命名为尾羽龙、原始祖鸟、北票龙和小盗龙。20 年后的今天，这样的物种已有 20 多个，个体化石数以千计。这些恐龙生活在一片密林当中，森林周围是古代湖泊形成的"美妙仙境"。然而，这里不断地被火山定期活动所摧毁，"仙境"成了恐龙的绝境。有时，火山喷出的火山灰与水混合后直冲下来，如海啸一般淹没了这块土地，滚滚泥流吞噬了一切。正在进行日常活动的恐龙被泥流包裹，保存了下来，情形跟庞贝古城毫无二致。正因为此，羽毛的细节才这般清晰。

奥斯特罗姆就像一个在等公交车的人：等了几个小时，一辆车也没来；等到车终于来的时候，又一下子来了好几辆。如今，他有了一整个由有羽毛的恐龙构成的生态系统。这也证明了他的理论是正确的：鸟类的确从恐龙演化而来，是包含君王暴龙和伶盗龙在内的这一家族的延伸。在辽宁发现的有羽毛的恐龙如今已是全世界最知名的化石之一，显然，这实至名归。在我看来，就新恐龙的发现而言，其重要性无与伦比。

我在职业生涯中享受过的"特殊礼遇"之一就是参与了对不少辽宁有羽毛恐龙的研究，这些恐龙被保存在中国各地的博物馆里。我甚至还有机会命名并描述一种新恐龙：振元龙，它在本书开篇那几页出现过。振元龙属于驰龙类，大小跟骡子差不多，还长着翅膀。这些出土于辽宁的化石精美绝伦（不只可以摆在国家级历史博物馆里，放在画廊里也毫不突兀），但其意义远不止于此。

正是这些化石帮助我们解开了生物学上最大的谜团之一：演化何以产生出完全不同的全新生命类群，其成员的身体经过重新设计，能够进行令人惊叹的新行为。小巧玲珑、生长迅速、温血而能飞的鸟类由与君王暴龙和异特龙类似的祖先演化而来，这是此类"跳跃"（生物学家们把这种跳跃称为"重大演化转折"）的一个极佳范例。

想研究重大演化转折，得有化石做基础，因为这种现象既不能在实验室里重现，也无法在自然界中观察到。在辽宁发现的恐龙可以作为近乎完美的研究案例。这种恐龙在这里有很多，它们在身体大小、形状和羽毛结构方面呈现出极高的多样性。从长着豪猪一样的翎管、跟狗差不多大的植食性角龙类，30英尺长、身披毛发一样绒毛的君王暴龙的原始亲戚（比如我们在前几章遇到过的华丽羽王龙），到长着完整翅膀、像振元龙这样的驰龙类，甚至还有一些跟乌鸦差不多大、上臂和腿上都有翅膀的"怪咖"，没有一种现生鸟类是这个样子的。每种恐龙都是一幅快照，如果把它们串在一起，放到一棵家族树上，它们就能像放电影一样表现出演化转折的动态情形。

这当中最根本的是，在辽宁发现的化石确认了鸟类在恐龙家族树上的位置。鸟类是一种兽脚类，来自凶猛的肉食者类群，与著名的君王暴龙和伶盗龙同属一类，其同胞中还有很多我们已经提到过的捕食者，比如在幽灵牧场发现的营群居生活的腔骨龙，来自莫里森组的屠夫异特龙，称霸南方大陆的鲨齿龙类和阿贝力龙类。这正是赫胥黎以及后来的奥斯特罗姆大力主张过的理论。辽宁的化石给出了一锤定音的证明，因为鸟类和其他兽脚类之间存在着众多独一无二的共同特征：不仅仅是羽毛，还有叉骨、长有三指又能贴着身体收起的前肢，以及骨骼上的其他相似特征，有上百处之多。没有哪种类群的动物——不管是已灭绝的还是现生的——能跟鸟类或者兽脚类有如此多的共同之处。这毫无疑问地表明，鸟类来自兽脚类，任何其他结论都需要大量的"片面辩护"。

在兽脚类恐龙当中，鸟类属于一个名为近鸟类的先进类群。这些肉食性动物打破了很多人至今仍持有的关于恐龙的刻板偏见，尤其是有关兽脚类的偏见。它们不是君王暴龙那样的巨兽，它们更加小巧，更加灵活，也更加聪明，其大部分成员都跟人类

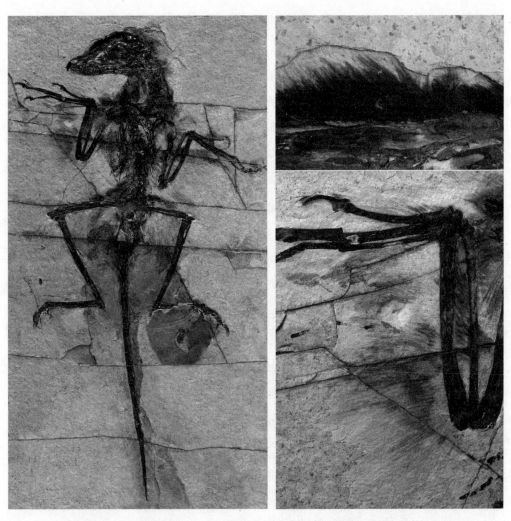

（左图）带羽毛的驰龙类中国鸟龙，化石出土于辽宁省。中国鸟龙头部简单的丝状羽毛特写（右上），与上臂类似翎管的羽毛（右下）。

照片由米克·埃利森拍摄。

差不多大，甚至还要更小一些。实际上，近鸟类是兽脚类当中与众不同的亚类，它们用祖先的肌肉和个头换取了更大的大脑、更敏锐的感官、更紧凑且更轻盈的骨架，从而拥有了一种更活跃的生活方式。近鸟类还包括奥斯特罗姆发现的恐爪龙、伶盗龙和我命名的振元龙（真的非常像鸟），以及所有其他驰龙类和伤齿龙类。这些恐龙跟鸟类亲缘关系最近。它们全都有羽毛，其中很多都长着翅膀，而且有相当一部分无论是在形体上还是行为上都非常接近现代鸟类。

在近鸟类物种版图上的某一位置存在一条线，将鸟类和非鸟类区分开来。跟恐龙与非恐龙的分野（两者分道扬镳可以追溯到三叠纪）一样，鸟类和非鸟类的分野也是相当模糊的。随着一块又一块新化石在辽宁被发现，这条分界线也越发模糊。这其实只是一个语义学上的问题：当代古生物学家把鸟类定义为任何属于包括赫胥黎的始祖鸟、现代鸟类及其侏罗纪共同祖先的全部后代在内的类群的动物。这与其说是反映了生物学上的区别，还不如说是一种传统的延续。按照这个定义，恐爪龙和振元龙位于分界线上稍稍偏向非鸟类一侧的地方。

不过，我们先把这件事放一放，定义会打乱讲故事的节奏。

在所有现生动物当中，鸟类独一无二：羽毛、翅膀、没有牙齿的喙、叉骨、"S"形脖子上灵活摆动的大脑袋、中空的骨头、牙签似的细腿……这个清单可以开列得很长。这些标志性特征决定了鸟类的形体构型，使鸟成为鸟。这种形体构型使鸟类拥有了很多令它们声名远播的超能力：飞翔的能力、极快的生长速度、温血的生理机能、高度发达的智能，以及敏锐的感官。我们想要知道的是，鸟类的形体构型从何而来。

辽宁的有羽恐龙给了我们答案。这个答案值得大书特书：很多被认为是现今鸟类的标志性特征——其构型的组成部分——最初都是在它们的恐龙祖先身上出现的。这些特征绝非鸟类所特有，很早之前就已经在陆生兽脚类恐龙当中演化出来了，与飞行毫无关系。羽毛就是最好的例子（我们一会儿再回头探讨这个问题），但它只是某个更为宏观的规律的一个代表。要明白这一点，我们必须从家族树的底部入手，再向上移动。

我们从鸟类蓝图的一个中心特征开始。又长又直的腿和长着三根细瘦的主要脚趾的脚——现生鸟类剪影的标志——最初于 2.3 亿年前出现在最原始的恐龙身上。彼时，恐龙的身体正在重塑，以成为可以直立行走、快速奔跑的发动机，这样一来，它们不但能比对手跑得更快，狩猎效率也会更高。事实上，这些后肢特征是所有恐龙都具有的决定性特征。恐龙能够在如此长的时间内主宰世界，这些特征功不可没。

稍晚一些时候，某些直立行走的恐龙（兽脚类王国最早的成员）的左右锁骨融合在了一起，形成了一个新的结构：叉骨。这个看起来很细微的变化使恐龙的肩带变得稳固，让这些行踪诡秘、跟狗差不多大的捕食者在捕获猎物的时候，能更好地吸收冲击力。随着时间的流逝，鸟类又把叉骨当作能在振动翅膀时储存能量的弹簧。不过，这些原始兽脚类无从得知叉骨最后竟能用于飞行，正如螺旋桨的发明者完全不会想到莱特兄弟会把螺旋桨装到飞机上。

几千万年之后，直立行走、胸部有叉骨的手盗龙类——兽脚类的一种——长出了优雅的弧线形脖子，个中原因尚不得而知。我猜可能与搜寻猎物有关。与此同时，一些种类的个头变小，可能是因为变小之后就能占据新的生态位——树木、灌木丛，甚至包括地下的洞穴或潜穴，这些都是令雷龙或剑龙这样的大家伙束手无策的地方。再后来，这些小型、直立行走、长着叉骨、脖子摇来晃去的兽脚类开始将胳膊折叠起来收在身体两侧，也许是为了保护大约在同一时期演化出来的脆弱的翎羽。它们全都属于近鸟类——手盗龙类的一个亚类，也就是鸟类的直接祖先。

这里只举了几个例子，类似的例子还有很多。我想说明的是，当我透过窗户看到那只海鸥的时候，我能根据众多特征一眼认出它是一只鸟，但其中的很多特征并非鸟类独有。恐龙也具备那些特征。

这一规律并不只局限于解剖学方面。很多现生鸟类最具代表性的行为和生理特征也可以追溯到它们的恐龙祖先。其中，一些最有说服力的证据并非来自辽宁，而是来自另外一个上品化石的"宝箱"——蒙古的戈壁沙漠。在过去的二十多年里，由美国自然历史博物馆和蒙古科学院联合组成的一支团队每年夏天都会来到亚洲中部这片广袤荒凉的地带科考。他们收集到的化石（来自晚白垩世，距今8 400万~6 600万年）为我们了解恐龙和早期鸟类的生活方式提供了前所未有的洞见。

戈壁项目的负责人是美国最杰出的古生物学家之一——马克·诺雷尔。他是美国博物馆恐龙馆的馆长，也是我的博士生导师。马克在南加州长大，留着一头长发，喜爱冲浪，崇拜吉米·佩奇（Jimmy Page），但同时也对收集化石有着难以理解的热情。他在耶鲁大学完成了研究生毕业设计，奥斯特罗姆是他在耶鲁的导师之一。接任一度由巴纳姆·布朗执掌的馆长职位时，他还不到30岁，众所周知，这是全球顶级恐龙研究职位。

在一般人眼里，学者往往迂腐不堪、自视甚高到可笑的地步，但马克则全然不同。他走遍世界，狩猎两种他最熟悉的东西：一种是恐龙，这显而易见；另一种是亚洲艺

马克·诺雷尔展示他在潮湿地带收集化石时的惯用招数：把包裹着化石的石膏外壳淋上汽油，然后点燃。

图片由艾诺·图莫拉（Aino Tuomola）提供。

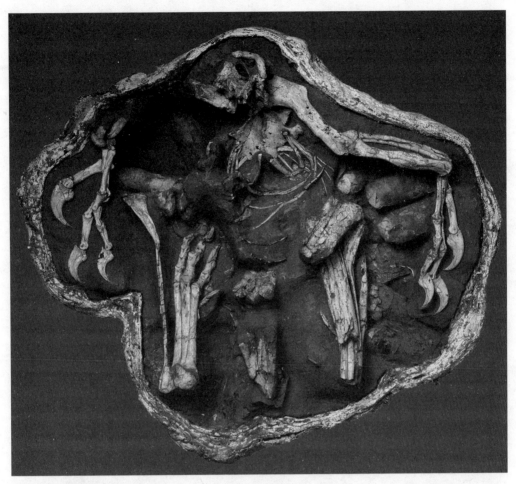

一只正在保护自己巢穴的窃蛋龙化石，由马克·诺雷尔收集于蒙古。

术品，他亦沉醉其中。他在收集亚洲艺术品的过程中的种种遭遇（往往发生在拍卖行、中国的舞厅、蒙古的毡包、豪华的欧洲酒店，以及脏兮兮的酒吧）令人难以置信，简直不像真的，因此他成了我所认识的最会讲故事的人之一。几年前，《华尔街日报》刊登了一篇称颂马克的文章，称他是"活着的人当中最酷的家伙"。从着装打扮上看，他活脱脱就是嬉皮士版安迪·沃霍尔（Andy Warhol）（他的另一位崇拜对象）。马克的办公室下临中央公园，极其奢华，藏有众多古代佛教艺术珍品，让很多博物馆都自叹弗如。他远赴沙漠也不忘带上便携式冰箱，这样他就能在进行野外考察的同时制作寿司了。

把他称为"全球最酷的家伙"就够了吗？我想还是请大家来评判吧。

不过有一件事我能确认，那就是马克是全世界最优秀的导师。他绝顶聪明，思路开阔，总是鼓励他的学生提出有关演化原理的根本性问题，比如，恐龙是如何变成鸟的？他不会事必躬亲，也不会贪他人之功，他总是在努力吸引那些胸怀大志的学生，向他们提供最惊艳的化石，然后就退到一旁。还有一点值得记上一笔，那就是他从不让学生付啤酒钱。

我和马克的很多学生都是靠着研究他千辛万苦从戈壁带回来的恐龙来构筑自己的职业生涯的。在这些恐龙当中，有被骤洪吞没的骨架，那是仍在巢中孵蛋的成年恐龙。这种行为跟我们今天所知的鸟类一样。这表明，鸟类从恐龙祖先那里遗传了超强的育儿技能，此类行为至少可以追溯到一些小型、有翅、颈项弯曲的手盗龙种群。马克的团队还发现了恐龙的头骨，包括保存得非常好的伶盗龙和其他手盗龙的颅骨。CAT扫描（最先进行 CAT 扫描的是马克以前的学生埃米·巴拉诺夫，我们在第六章提到过她）显示，这些恐龙脑容量非常大，前脑部分在额部膨大，正是这种巨大的前脑让现生鸟类如此聪明。它还充当了鸟类飞行时的计算机，使鸟类能够完成高度复杂的任务：一边飞行，一边在复杂的 3D（三维）高空世界中找到正确的路。我们还没有完全弄清为什么这些手盗龙类能有如此发达的智力，但戈壁的化石告诉我们，鸟类的祖先在飞上天空之前就已经很聪明了。

这个清单还可以继续开列。在戈壁和其他地方发现的无数兽脚类的骨头都是中空的，里面有气囊结构，我们在前面提到过，这表明这些恐龙拥有效率极高的让空气单向流动的肺，在吸气和呼气的时候都能供氧。对鸟类而言，这项了不起的特征为它们提供了足够的动力，以维持高能耗的生活方式。恐龙骨骼的这种显微结构表明，很多种恐龙——包括所有已知的兽脚类——的生长速度和生理特征都介于爬行动物（生长缓慢、冷血）和现生鸟类（生长迅速、温血）之间。因此我们知道，最初的让空气单向流动的肺和相对较快的生长速度早已出现，比鸟类飞上天空要早一亿多年。那些最早的能高速奔跑的长腿恐龙已经拥有了一种新的生活方式。它们是干劲十足、精力充沛的家伙，跟它们战场上的对手——懒散的两栖类、蜥蜴和鳄类——完全不同。我们甚至知道，鸟类典型的睡觉姿势，以及它们将自己骨骼内的钙质转为蛋壳的能力也都是承袭自恐龙。早在鸟类诞生之前，恐龙就已经具备了这些特点。

因此，我们所理解的鸟类形体构型，并不是一成不变、像乐高积木那样在演化的过程中一个方块一个方块地组合到一起的。同样地，现生鸟类在行为、生理和生物方面的典型特征也是如此。羽毛亦如是。

每次来到中国，我都会抽出时间去见徐星。他文质彬彬、和蔼可亲，出生于新疆的一个贫寒家庭。新疆位于中国西部，丝绸之路就经过这里。跟大多数西方的儿童不一样，徐星小时候对恐龙毫无兴趣。他甚至不知道世界上曾有恐龙的存在。后来，他获得了一笔丰厚的奖学金，可以去北京读大学。学校告诉他，他要读的是古生物学，这是他从未听说过的学科。徐星服从了要求，并真的喜欢上了这个专业。之后，他又远赴纽约，在马克·诺雷尔的门下深造。如今，他已是全世界最了不起的"恐龙猎人"。他命名的新恐龙超过了50种，当今世上无人能与之相提并论。

跟马克在美国自然历史博物馆塔楼中的总统套房相比，徐星在中国科学院古脊椎动物与古人类研究所的办公室显得很寒酸。但他的办公室里有一些令人叹为观止的化石。除了自己找到的恐龙，他还不断收到来自中国各地的农民、建筑工人和其他形形色色的人找到的化石。其中很多都是新找到的来自辽宁的有羽毛恐龙。每次我去拜访他，走到他的办公室门口，我的肾上腺素就开始飙升，那心情就像孩子来到玩具店一样。

我在徐星的办公室里看到的化石讲述了羽毛演化的故事。与鸟类身体的其他部分或其他生物学特征相比，羽毛要重要得多。它可以帮助我们理解鸟类（以及很多鸟类独有的能力，比如飞翔）从何而来。羽毛是自然的终极版瑞士军刀，用途广泛，可以用来展示、保温、保护蛋和雏鸟，当然还有飞翔。事实上，由于翅膀的用武之地非常多，我们很难判断羽毛最初被演化出来是为了实现哪项功能，我们也不知道羽毛是如何演变成飞翼的，但在辽宁发现的化石为我们提供了一种思路。

羽毛并不是在鸟类初登舞台之时凭空出现的，而是在它们的恐龙祖先身上最先演化出来的，甚至所有恐龙的共同祖先也可能是有羽毛的。我们并不能肯定，因为我们无法直接研究它们的祖先，但这个推论是建立在这样一个观察之上的：来自辽宁的很多保存完好的小型恐龙——除了中华龙鸟这样的肉食性兽脚类恐龙，还有鹦鹉嘴龙这种体形很小的植食性恐龙——都包裹着某种形式的覆盖物。这些种类各异的恐龙或是各自独立演化出羽毛（这种可能性不大），或是从某个远祖那里将羽毛继承。不过，这些最初的羽毛看起来跟现生鸟类的翎管大不相同。中华龙鸟和大多数辽宁恐龙身上的那层东西更像是绒毛，由成千上万像毛发一样的丝状结构组成，古生物学家把这种结构称为原始羽毛。这些恐龙不可能会飞——它们的羽毛太简单了，而且它们连翅膀都没有。因此，最初的羽毛一定是出于什么别的目的演化出来的。这些小型、像毛丝鼠一样的恐龙也许用羽毛来保持体温，或者用羽毛来伪装自己的身体。

对大多数恐龙（我在徐星的办公室和中国其他博物馆里看到的绝大多数恐龙）来说，有一层绒毛或者刚毛状的羽毛就够了。但是，在其中一个亚类里——长着叉骨、脖子弯曲的手盗龙类——这种成缕的毛变得越来越长，并且开始分叉，先是简单地长成一簇，然后变成更有序的羽枝序列，从中心的一个轴向侧边伸展。于是，翎管（在科学术语里称为正羽）就诞生了。这些更加复杂的羽毛沿着每只上臂层层排列，就形成了翅膀。很多兽脚类恐龙，尤其是手盗龙类，拥有形状各异、大小不同的翅膀。一些恐龙，比如属驰龙类的小盗龙（徐星命名并描述的最早的有羽毛恐龙之一），甚至在两条胳膊和两条腿上都长出了翅膀，这一特征还未见于当今的鸟类。

毫无疑问，羽毛对飞行来说至关重要。羽毛是提供升力和推力的不对称飞羽。正因如此，很久以来人们认为，翅膀之所以被演化出来，就是专门用于飞翔；有些手盗龙类把原始的恐龙绒毛变成了一层又一层的正羽，是因为它们正在对自己的身体进行微调，将之变成飞机。这种解释与直觉相符，但很有可能是错误的。

2008年，一支由加拿大的研究人员组成的团队在艾伯塔南部劣地进行勘察。这片区域满是暴龙类、角龙类、鸭嘴龙类和其他晚白垩世仍生活在北美洲的恐龙。团队的领队也是一位彬彬有礼、温柔可亲的科学家——达拉·泽勒尼茨基，她是世界级的研究恐龙蛋和恐龙生殖的专家之一。她的团队发现了一种大小跟马差不多的似鸟龙类。这是一种长着喙、杂食、像鸵鸟一样的兽脚类，身体覆盖着稀疏的深色条纹，其中一些条纹似乎一直延伸到了骨头上。达拉带着挖苦的笑容对队员们说，如果这是在辽宁，那他们就可以把这些东西称作羽毛了，还能宣布一项能够改变学术生涯的发现。但这些不应该是羽毛。这只似鸟龙埋葬在河流沉积形成的砂岩之中，而不是在类似辽宁的

达拉·泽勒尼茨基在蒙古收集恐龙化石。

剧烈火山活动创造的完美条件中被快速掩埋起来的。更何况，北美洲此前从未发现过有羽毛的恐龙。

　　一年之后这个笑话就寿终正寝了。当时，达拉和她的团队——她的丈夫弗朗索瓦·塞里恩（François Therrien）也是团队成员，他是一位恐龙生态学专家——发现了又一只几乎完全相同的恐龙。它埋葬在砂岩里，周身有棉花糖一样的绒毛。其中必有蹊跷。于是，两人走进皇家泰瑞尔古生物博物馆（弗朗索瓦是博物馆的一位馆长）的仓库，打算查看藏品中其他似鸟龙的化石。在这里，他们又发现了一具长着绒毛的骨架，该骨架发现于 1995 年——一年之后，菲利普·柯里拍下了辽宁第一只长羽毛的兽脚类恐龙的照片，并把照片拿给约翰·奥斯特罗姆看。而 1995 年前后在艾伯塔挖到该化石的古生物学家还不知道，恐龙的羽毛竟然能被保存下来。但达拉和弗朗索瓦能判断出来，这三只似鸟龙的成簇绒毛在尺寸、形状、结构和位置方面，与很多发现于辽宁的兽脚类恐龙的羽毛相差无几。这只可能意味着一件事：他们已经发现了北美洲第一批有羽毛的恐龙。

达拉和弗朗索瓦发现的这些似鸟龙不只长了羽毛，它们还有翅膀。可以清楚地看出，在它们上臂骨上附着大型羽片的地方有黑色的斑点。整条臂上都整齐地排列着一条一条的点画线。不过，这只恐龙绝不可能会飞。它太大了，也太重了；它的上臂太短，翅膀太小，无法提供足够大的表面积以将自己托举到空中。此外，它也没有发达的、能为飞行提供动力的胸肌（现生鸟类的胸肌能为飞行提供动力，面积很大）；它也没有不对称飞羽（主尾羽比尾羽更短，更坚硬），要想承受高速穿过气流产生的巨大作用力，这种羽毛不可或缺。而且，在辽宁发现的很多长翅膀的兽脚类也都是这样的，振元龙也不例外。没错，它们有翅膀，但它们的身体很重，翅膀也小得可怜，如此弱不禁风的身体结构根本不适合飞行。

不过，恐龙究竟为什么会演化出翅膀呢？这似乎是个无法解开的谜团，但我们必须记住，现生鸟类的翅膀除了飞行，还有很多其他用途（正因如此，那些不会飞但又有翅膀的鸟类，比如鸵鸟，并没有将上臂完全退化掉）：可以用于展示，以吸引异性或恐吓竞争对手；可以当作平衡装置，以助攀爬；可以充当鳍，以助游泳；还可以用作毛毯，给巢里的蛋保温。翅膀的出现可能是出于上述任意一种原因，也有可能是为了实现另外一种完全不相干的功能，但最有可能的似乎是为了展示，我们在这方面拥有的证据越来越多。

我在纽约跟马克·诺雷尔读博士的时候，雅各布·温特（Jakob Vinther）正在离我们往北约几小时车程的耶鲁念书，就读于奥斯特罗姆执教的系。后者在 2005 年去世之前一直在那里任教。雅各布来自丹麦，他那维京人的身体特点足以为证：高个子，褐金色的头发，乱蓬蓬的长胡子，一双炯炯有神的典型北欧人的眼睛。雅各布原本并未打算研究恐龙，因为他最痴迷的是寒武纪——一个比恐龙在地球上出现早了几亿年的时期，当时海洋正在经历生命的大爆发。在研究这些远古动物的时候，雅各布开始思考，微观尺度的化石是如何保存的。他用高倍显微镜观察大量不同的化石，并意识到，很多化石都保留了各种不同的小型泡状结构。将之与现生动物的组织进行对比，结果表明，这些结构是黑色素体，也就是含有色素的细胞结构。不同大小和形状的黑色素体对应着不同的颜色（比如香肠状对应黑色、肉丸状对应锈红色等），雅各布据此认为，通过观察化石化的黑色素体，就能判断出史前动物活着的时候是什么颜色。总有人会说，这不可能，但雅各布证明了这些专家的说法是错误的。在我看来，这算得上我见证的古生物学家做过的最聪明的事之一。

雅各布自然就打算去看一看新发现的有羽毛恐龙。他想的是，要是羽毛保存得足够好，可能就会含有黑色素体。雅各布和他在中国的同事把在辽宁发现的恐龙逐个放到显微镜下观察，事实证明，他的直觉是对的。他们发现黑色素体随处可见，有着不同的形状和大小，方向各异，分布不均，这表明这些长着翅膀但不会飞的恐龙有着彩虹一般色彩斑斓的羽毛。有些羽毛甚至是泛着虹彩、闪闪发光的，跟现代那些光泽闪亮的乌鸦一样。这种五颜六色的翅膀无疑是完美的展示物，如同孔雀那华丽到无以复加的尾巴。尽管这并不能确凿地证明这些恐龙也是利用翅膀做展示，但无疑是相当有力的旁证。

在所有这些证据——最初在恐龙身上演化出来的既大又笨的翅膀不能用于飞行，这些翅膀颜色花哨、富有装饰意味，现生鸟类将翅膀用于展示——的支持下，一种全新而大胆的假说诞生了。起初，翅膀是为了用于展示而被演化出来，好似从上臂上延展出来的广告牌，而且有些恐龙的腿上甚至尾巴上都长了翅膀，比如小盗龙。然后，这些长着时髦翅膀的恐龙发现，按照牢不可破的物理定律，这么大的表面积肯定会产生升力、阻力和推力。最早的长翅膀的恐龙，比如跟马差不多大的似鸟龙，甚至是包括振元龙在内的大多数驰龙类，都很可能认为，这些"广告牌"产生的升力和阻力相当讨厌。毕竟，翅膀产生的升力根本不足以把体积那么大的动物带到天上去。但对较为先进的近鸟龙类（它们拥有较大的翅膀和较小的个头这一梦幻组合）来说，这些"广告牌"能够实现某种空气动力学的功能。如今，这些恐龙能够在空中来来去去了，尽管最初会有些笨拙。飞行已经演化出来，而这个功能的出现，完全出于偶然。"广告牌"于是变成了飞翼。

我们发现的化石越多（尤其是在辽宁发现的化石），故事就变得越复杂。飞行的早期阶段显得相当混乱。没有有序的进步，也没有演化的行进，也就是说，没有哪种恐龙亚类不断提升飞行技能，成为越来越优秀的"飞行家"。相反，演化过程中出现了这样一类恐龙：身材小巧、有羽毛、有翅膀、生长迅速、呼吸效率高。也就是说，它们拥有在空中嬉戏需要的全部条件。恐龙的家族树上仿佛出现了一个区域，位于该区域的恐龙能自由地进行各种实验。有一种可能的解释是，飞行并行演化出多种模式，这些不同种的恐龙（飞翼和羽毛的排列都不同）发现，当它们从地面向上跳、腾跃上树或者在枝杈间跳跃的时候，翅膀会产生升力。

恐龙当中的"滑翔者"只能依靠气流被动上升。毫无疑问，小盗龙可以滑翔，它上臂和腿上的翅膀足够大，能使身体升到空中并给予足够的支撑。这绝非只是猜测，已经有实验证实了这一点。科学家构建出了解剖学特征准确又与原物等大的模型，并把它们放到风洞里，这些模型不但能非常听话地浮在空中，而且能很好地在气流中滑翔。还有一种恐龙可能也会滑翔，但滑翔的方式跟小盗龙截然不同。奇翼龙（Yiqi）可能是迄今发现的最古怪滑稽的恐龙。这种恐龙非常小，长着翅膀，但它的翅膀不是由羽毛构成的。相反，跟蝙蝠一样，它的手指和身体之间覆盖着一层翼膜。这种翼膜肯定是用来飞行的，但却缺乏弹性，不能主动扇动，因此唯一的可能的飞行方式就是滑翔。小盗龙和奇翼龙的翅膀配置如此不同，十分有力地证明了不同种类的恐龙演化出了不同的飞行模式，彼此独立、互不干扰。

其他带羽毛恐龙则以另外一种方式开始飞翔——鼓翼。这种方式叫作动力飞行，因为要通过拍打翅膀主动产生升力和推力。数学模型显示，一些非鸟类恐龙很可能是通过拍打翅膀飞翔的，包括小盗龙和属于伤齿龙科的近鸟龙。这两种恐龙的翅膀都足够大，身体也足够轻，因而拍打翅膀可以为它们在空中的飞行提供足够的动力，至少理论上是如此。最初的尝试很有可能相当笨拙，因为这些恐龙没有发达的肌肉或充沛的体力，无法长时间停留在空中，但它们为日后的演化提供了一个起点。如今，有了这些长着大翅膀、小身体的恐龙翩然来去，自然选择就能够发挥作用，对这些动物做出修改，让它们成为更优秀的飞行家。

在拍打翅膀的恐龙谱系中，有一支（可能是小盗龙或近鸟龙的后代，也可能是单独演化出来的）的身体变得越来越小，胸肌越来越大，上臂大大伸长。它们扔掉了尾巴和牙齿，抛弃了一侧卵巢，并让骨头越发中空，以减轻身体的重量。它们的呼吸效率更高、生长速度更快、代谢率更进一步提高，因而成为完全的温血动物，能够一直保持较高的体温。而且每经过一次演化增强，它们的飞行能力就得到提升，有的能在空中连续停留几个小时，还有的甚至能突破氧气稀少的对流层上部，飞越高耸入云的喜马拉雅山。

正是这些恐龙变成了今日的鸟类。

演化让鸟类从恐龙中诞生。而且正如我们所知，这一过程非常缓慢，兽脚类恐龙的一支需要数千万年的时间才能一点一点获得当今鸟类的关键特征和行为。君王暴龙不会在一天之内突变成鸡，这种转变过程是一步一步发生的，从家谱上看，恐龙和鸟类形成了一种你中有我、我中有你的关系。伶盗龙、恐爪龙和振元龙在系谱上的"非鸟"一侧，但如果它们能活到今天，很可能会被认为是另外一种鸟，不会比火鸡或鸵鸟显得更奇怪。它们有羽毛、有翅膀、守护巢穴、照顾幼鸟，有些还能飞上那么一会儿。

在恐龙逐一演化出鸟类标志性特征的这几千万年里，不存在"一盘大棋"，不存在更伟大的目标。没有什么力量能指引演化过程，让这些恐龙能更顺利地适应天空生活。演化只发生在当下，自然选择会筛选出能让某种动物在某时某地取得成功的特征和行为。飞翔无非一种机缘巧合，甚至可以说，只是到了不可避免会发生这件事的节点。如果演化制造出一种体形小、上臂长、大脑发达、带羽毛以保暖、长翅膀以吸引异性的猎手，那么离这种动物开始拍打翅膀升上空中就指日可待了。在那一刻，通过与一种能拍打翅膀的恐龙（它掌握了笨拙的飞行技巧，要努力在这个恐龙吃恐龙的世界生存下去）合作，自然选择就能发挥作用，并开始塑造其后代，让它们更善于飞翔。每进行一次升级，它们的飞行能力就提升一个档次，可以飞得更好、更远、更快，直到现代鸟类出现。

这次漫长转型的顶点是生命史上一个翻天覆地的事件。演化终于成功地组装出一只体形小、长翅膀、会飞的恐龙，一项了不起的新技能就此解锁。最初的鸟类开始了疯狂的多样化进程，原因或许在于，它们演化出了一种新能力，能够侵入新的栖息地，拥有一种与前辈不同的生活方式。我们能在化石记录中看到这一突如其来（相对而言）

的变化。

作为自己博士项目的一部分，我跟两位"数字处理师"联手，评估演化速率在恐龙向鸟类转变的过程中是如何变化的。格雷姆·劳埃德（Graeme Lloyd）和汪良（Steve Wang）是古生物学家，但我不知道他们俩是否收集过哪怕一块化石。他们是一流的数据统计师，也就是能在电脑前一坐就是几个小时的数学天才，写代码、跑分析，乐此不疲。

我们三人联手设计了一种新方法，用以计算动物骨骼特征的改变速度有多快（或多慢），以及谱系上不同分支的变化速率有什么不同。我们从新的、庞大的鸟类和它们的兽脚类近亲的谱系（马克·诺雷尔和我联合制作）入手。接下来我们建立了一个大型解剖学特征数据库，包含了这些动物所具有的不同特征，比如，有些种类有牙齿而有些种类有喙。把这些特征的分布情形在谱系上描绘出来，我们就能发现一种性状在哪里变成了另外一种性状，牙齿何时消失，喙何时出现，如此等等。我们还能看出，谱系上的每一分支发生了多少次变化，通过化石定年，还能弄清每一分支出现了多长时间。变化与时间的比值就是速率，由此我们可以测出每一个分支的演化速度。之后，利用格雷姆和汪良的统计学专长，我们可以检测出，在恐龙向鸟类转变过程中的某些特定时间段或谱系上的某些类群，是否有着更高的变化速率。

结果非常明确，可以说，这是我见到过的统计软件所能给出的最具确定性的结果：大多数兽脚类恐龙的演化速率都相当普通，与背景速率差异不大，然而能升上空中的鸟类一出现，演化就驶上了"快车道"。最初的鸟类演化远远快于其恐龙祖先和其他亲戚，并且在此后的数千万年里保持了这一加速演化的趋势。与此同时，其他研究也已表明，在谱系上这个时间点附近，出现了体形突然缩小的现象，四肢的演化速率也突然升高，因为最初的鸟类正迅速变小，其上臂越来越长，翅膀越来越大，这样它们就能更好地飞行。尽管从恐龙到能飞的鸟类之间经历了数千万年的时间，但此时，事情的进展非常快，鸟类正展翅高飞。

离徐星在北京的办公室没多远，有另外一间工作室。这里更加明亮，也没有那么肃穆，不过化石要少一点儿。这是邹晶梅（Jingmai O'Connor）工作的地方，不过她在这里做兼职。办公室里的化石不多，原因在于邹晶梅研究的是辽宁的鸟类，也就是在带羽毛恐龙头顶上振翅高飞的飞行家，而这些鸟类的化石大多数都是镶嵌在石灰岩板里的，因此，她可以通过电脑屏幕上显示的照片对化石进行描述和测量。这就意味着，她完全可以在家办公。她的家藏在胡同深处，所谓胡同，是由单层石制住宅彼此相连构成的传统街区，有窄巷贯穿其中。如今在北京，这样的胡同所剩不多了。科研之外，她把很多时间都用来逛胡同，或是在这个突然新潮起来的首都的时髦酒吧里谈天说地，有时甚至会客串一次 DJ（音响师）。

邹晶梅自称"古生物达人"，这个名号相当贴切，她本人也是一副"时尚达人"范儿：豹纹莱卡、穿洞和文身，所有这些在夜店里都非常自然，但在学术圈那群古板正统的人里就显得标新立异（当然这没什么不好）。她出生在美国南加利福尼亚州，有一半爱尔兰血统和一半中国血统，精力超级充沛——上一秒还在三言两语发表毒舌评论，下一秒就开始滔滔不绝、慷慨激昂地讨论政治问题，接下来还会讨论音乐、艺术或是洋溢着强烈个人色彩的佛教哲学观点。当然，她还是全球首屈一指的研究那些从恐龙演化而来、挣脱大地束缚飞上天空的早期鸟类的专家。

恐龙时代生活着很多鸟类。最初拍打翅膀的飞行者必定是在 1.5 亿年前的某个时间出现的，因为始祖鸟——赫胥黎的"弗兰肯斯坦生物"——已经有 1.5 亿岁了。而且据我们所知，它仍然是化石记录中最古老的真正的鸟类，能够进行动力飞行，这一点毫无争议。在侏罗纪中期的某一时间（约 1.7 亿到 1.6 亿年前），一种体形小、有翅膀、能鼓翼飞行的真正鸟类很有可能已经演化出来。也就是说，在大约 1 亿年的时间里，鸟类与先于它们出现的恐龙共同在地球上生活。

1 亿年已经足以实现程度很高的多样化了，特别是，早期鸟类的演化速度比其他恐龙快得多。邹晶梅研究的辽宁鸟类是"中生代鸟园"的一幅缩影，是对鸟类在演化史初期正在做什么的最佳描绘。全中国的中间商和博物馆馆长每周都给邹晶梅和她在北京的同事寄照片，照片上通常是东北的农民在土地中新发现的鸟类化石。在过去的 20 年里，此类化石报告已有几千次，而且鸟类化石比小盗龙或振元龙这样的有羽毛恐龙要常见得多。原因可能在于，大规模火山爆发产生的毒气使大量原始鸟类窒息而亡，它们柔软的尸体落入湖中或森林里，被含有火山灰的软泥掩埋，而同时被埋下的，还有长羽毛的恐龙。

邹晶梅打开电子邮件，下载照片，然后就会发现自己正盯着一种全新的鸟类。这

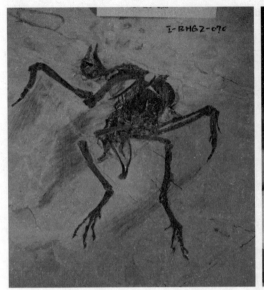

（左）燕鸟，一种真正的鸟类，能通过拍打带羽毛的翅膀飞翔。化石出土于辽宁省。（右）邹晶梅，全球首屈一指的古鸟类化石专家。

样的事情每周都在发生。

鸟类的种类之多不可胜数。邹晶梅几乎每一两个月就会命名一种新鸟类。它们有的生活在树上，有的生活在地上，还有的像鸭子一样生活在水中或水边。其中的一些鸟类仍有牙齿和长尾，继承自它们长得像伶盗龙的祖先，也有一些鸟类像现生鸟类一样，身体极小，胸肌发达，短尾，翅膀非常有力。与此同时，跟这些鸟类一起滑翔或者笨拙地拍打翅膀的，是一些正在尝试飞行的恐龙，比如四翼的小盗龙、像蝙蝠一样拥有翼膜的恐龙，等等。

这基本上就是6 600万年前的情形。鸟类的全部成员以及其他会飞的恐龙都在那里，在空中滑翔或拍打着翅膀，而君王暴龙和三角龙则在北美洲短兵相接，鲨齿龙类在赤道以南的地方追逐着巨龙类，袖珍恐龙在欧洲诸岛悠游度日。它们目睹了接下来发生的事，那一刻几乎让所有的恐龙就此绝迹。只有一小部分最高级、适应能力最强、最善于飞行的鸟类在这次大屠杀中幸存，直到今天仍然生活在我们身边，比如我窗外的那些海鸥。

第九章

恐龙灭绝

埃德蒙顿龙

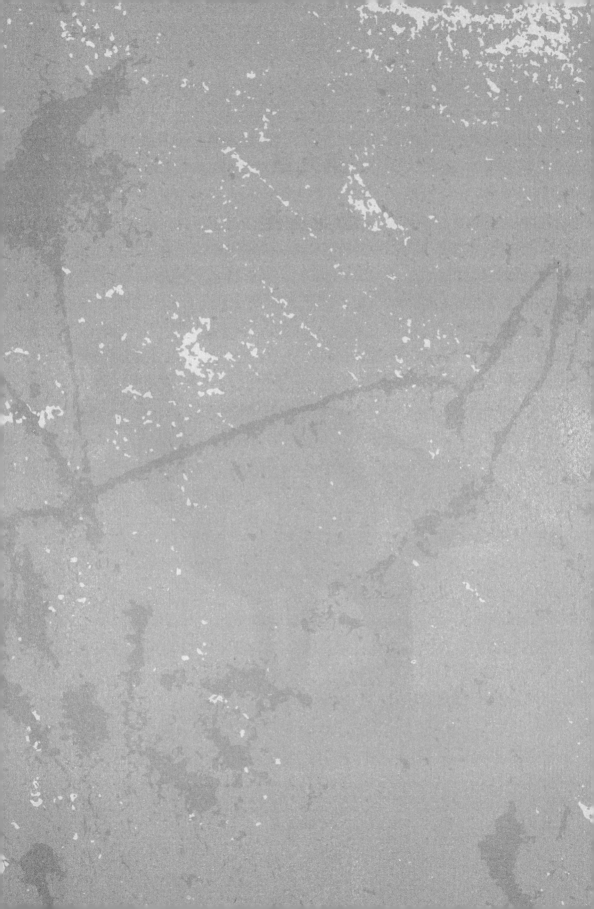

这是我们这颗星球历史上最惨烈的一天。难以想象的猛烈冲击持续了几个小时，逾1.5亿年的演化努力付诸东流，生命走上了新的征途。

君王暴龙目睹了整个过程。

6 600万年前的一个清晨，一群君王暴龙在后世历史所称的白垩纪的最后一天醒来，一切看起来都与平常无异。千百万年来，一代又一代君王来而又去，而地狱溪王国里一切照旧。

针叶类和银杏类植物向着地平线延伸开去，其间点缀一些棕榈和木兰的鲜艳花朵。远处有一条河流在咆哮，向东奔流，注入拍打北美西部的巨大海道，但这声音被一群三角龙低沉的吼声淹没了，一眼望去，这群三角龙足有几千只。

阳光透过枝叶间的空隙照射下来，形成了斑驳的光影，君王暴龙已经做好了狩猎的准备。阳光勾勒出众多在空中来回穿梭的小型动物的身影，有的拍打着长有羽毛的翅膀，有的乘着清晨的湿气蒸腾上升形成的热气流滑翔。它们婉转的啼鸣悦耳动听，生活在森林和泛滥平原之上的所有动物都听见了这曲晨间交响乐：披甲的甲龙类，躲在树林间脑袋圆圆的肿头龙类，刚刚开始享用早餐（花和叶子）的成群的鸭嘴龙类，在灌木丛中追逐着老鼠般大小的哺乳动物和蜥蜴的驰龙类。

然而事情有些不对劲了，地球历史上还从未发生过这样的事。

在过去的几周里，君王暴龙中感知能力较为敏锐的可能已经觉察到，遥远的天空中出现了一个闪亮的球体——主体模糊但边缘异常明亮，就像暗一些、小一些的太阳。光球似乎在变大，可随后就会消失，在一天内的很长一段时间里都看不见它。君王暴龙不知道该怎么理解这回事，它们的脑力远远不足以思考天体运行这么复杂的问题。

但今天早上，当君王暴龙穿过树林来到河岸的时候，大家都能看出来，情况有些异常。光球又回来了，而且非常庞大，在朦胧而迷幻的雾霭中，照亮了东南方向的很大一部分天空。

接着，一道闪光。没有声音，只在那么一瞬间，黄光大炽，点亮了整个苍穹，君王暴龙一时间不知所措。它们眨了眨眼，再定睛观看，光球已经不见了，天空一片暗蓝。领头的君王暴龙转回头，看了看身后的伙伴……很快，所有君王暴龙都惊呆了。又一道闪光，但这次要强烈得多。清晨的空气被光芒点燃，形成了明亮的焰火，直射入它们的眼角膜。一只未成年雄性君王暴龙倒下了，肋骨断裂。其他君王暴龙站在那里一动不动，疯狂地眨眼，想要把充斥在视野区域的闪光清除掉。视觉冲击虽然猛烈，但仍然没有声音。实际上，的确一点儿声音都没有。鸟类和会飞的驰龙类都已停止鸣叫，地狱溪陷入一片死寂。

寂静只持续了几秒钟。它们脚下的大地开始剧烈地震颤，接着又开始摇动，之后竟流动起来。仿佛波浪一样。能量脉冲从岩石和土壤中释放出来，大地此起彼伏，宛如一条巨蛇在地下挣扎扭动。没有扎根的东西全都被抛向空中，然后跌落在地，之后又起，又落，地球的表面成了一个蹦床。小型恐龙、小型哺乳动物和蜥蜴全都被弹射上天，落下来的时候，有的挂在了树枝上，有的撞到了岩石上。空中全是这些上上下下的受害者，像划破天际的一颗颗流星。

就连这些最大、最重、40英尺长的君王暴龙也被抛上抛下，离开地面足有几英尺。在几分钟的时间里，它们被弹过来弹过去，却毫无办法，只能在蹦床上翻滚。不久之前，它们还是整个大陆毫无争议的霸主，如今，它们只是7吨重的弹珠，柔软的躯体在空中猛冲、撞击。这样的冲击足以撞碎它们的头骨、折断它们的脖子和腿骨。等到摇晃停下来、大地终于不再颤抖的时候，这群君王暴龙沿河岸散落得到处都是，成了战场上的伤者与亡者。

在这些君王暴龙之中，或者说在地狱溪的所有恐龙之中，躲过这次浩劫的少之又少。运气好的幸存者步履蹒跚地从血泊中走出来，绕过同伴的尸体。此时，头顶的天空已经开始变色，从蓝色变成橘黄，又变成淡红。红色越来越明显，越来越深。亮光更强烈了，更明亮了，更耀眼了，好似一辆巨型汽车开着远光灯越驶越近。很快，一切都沐浴在灿烂夺目的光辉之中。

然后雨来了。但从天而降的并不是水，而是一颗颗玻璃珠和一块块岩石，全都炽热难当。豌豆大小的块状物击中幸存的恐龙，在它们的身上烙下了深深的烧灼痕迹，让它们皮焦肉烂。很多恐龙中弹倒下，千疮百孔的尸体跟在地震中丧生的恐龙夹杂在一起。与此同时，玻璃质岩石在半空中呼啸而过，把热量也传递给了空气。大气越来越热，地球变成了一个火炉。森林燃烧了起来，野火席卷了大地。幸存的动物被烤炙着，这种随时会造成三级烧伤的高温烹制着它们的皮肤和骨头。

　　从第一道光的出现让这群君王暴龙惊慌失措，到它们全都失去生命，只有短短15分钟的时间，跟它们生活在一起的大部分恐龙也都死了。繁盛一时的林地与河谷火光一片。尽管如此，还是有动物存活了下来，其中一些哺乳动物和蜥蜴生活在地下，一些鳄鱼和海龟生活在水下，有些鸟类则凭借翅膀找到了躲藏之地。

　　在接下来一个小时左右的时间里，弹雨渐渐停止，空气温度下降。地狱溪恢复了些许平静。危险似乎已经过去，很多幸存者从藏身之地出来，查看外面的情况。尸横遍野，一片狼藉。天空变得更暗了，不再是鲜艳的红色，因为森林大火产生的烟灰充塞其间。大火仍在肆虐。几只驰龙类在烧焦了的君王暴龙的尸体边嗅来嗅去，它们一定认为自己已经躲过了这场惊天浩劫。

　　它们错了。第一道闪光之后大约两个半小时，乌云遮天蔽日。大气中的烟灰盘旋起来，形成了龙卷风。然后，倏忽一下，风就席卷了整个平原，扫荡了整片河谷，强度跟飓风无异。在大风的裹挟下，很多河流和湖泊都冲破了堤岸。一声震耳欲聋的巨响在风中炸开，恐龙们从未听过这么大的声音。又是一声。声音传播的速度要比光慢得多，这两声正是两次闪光产生的音爆，而闪光的来源则是几个小时前从遥远之地制造了这番地狱景象的"恐怖物"。驰龙类痛苦地尖叫，它们的耳膜被撕裂了，很多小兽又匆匆回到潜穴里，以防不测。

　　尽管所有这一切都发生在北美洲西部，但世界上的其他地方也在发生天翻地覆的剧变。在鲨齿龙类和巨型蜥脚类漫步的南美洲，地震、玻璃质岩石雨和飓风没那么猛烈，于罗马尼亚发现的袖珍版恐龙的故乡——欧洲诸岛的情形也是如此。不过，这些恐龙也面临其他的挑战：不断颤抖的大地、野火以及灼热，在地狱溪王国被夷为平地的那两个多小时的混乱里，这两个地方也有很多恐龙死亡。然而，其他地方的情况则要严重得多。大西洋中部沿岸的大片区域被有两座帝国大厦那么高的超级海啸撕成碎片，蛇颈龙类和其他生活在海洋中的巨型爬行动物的尸体被冲到了陆地上；在印度，火山喷出的熔岩形成了河流；中美洲和北美洲南部的部分地区（以今天的墨西哥尤卡坦半岛为圆心、半径约600英里的区域）则被屠戮殆尽。一切生命都消失无踪了。

　　从上午到下午，又到了傍晚，大风停了下来，空气继续降温。尽管还有一些余震，但大地总算稳定下来，重新变得坚实。远处的野火渐渐熄灭，与周围的环境融为一体。

等到夜幕降临，最恐怖的一天终于结束，而世界上的很多恐龙，甚至可以说绝大多数恐龙都死了。

然而，有一些恐龙挣扎着活了下来，不仅活到了下一天、下一周、下一月、下一年，甚至还活到了下一个十年以及接下来的数十年。这不是一段容易的时光，紧接着"恐怖之日"的几年里，地球变得又冷又暗，因为烟灰和岩石粉末仍旧滞留在大气中，挡住了阳光。随黑暗而来的是寒冷，这简直就是"核冬天"，只有最顽强的动物才能活下来。黑暗令植物无法给自己制造食物，因为它们需要阳光来进行光合作用，给自己提供养分。植物的死亡导致食物链如同纸牌屋一样崩塌，很多经受住了严寒考验的动物都被饿死了。海洋里也在发生同样的事情：需要进行光合作用的浮游生物死亡，以它们为食的较大一点儿的浮游生物和鱼类随之死亡，相应地，处于食物链顶端的巨型爬行动物也无法幸存。随着雨水带走了大气中的烟灰和其他杂质，阳光最终冲破了黑暗。不过，此时雨水的酸度非常高，地球表面有很大一部分都被酸雨腐蚀了。而且，雨水没有办法去除10万亿吨随烟灰进入空气的二氧化碳。二氧化碳是一种温室效应非常强的气体，能将热量锁在大气中，"核冬天"很快就将让位于全球变暖。这是一场消耗战，种种致命因素导致经受住了一开始的地震、玻璃质岩石雨和烈火考验的恐龙不断死亡。

距"恐怖之日"几百年，最多几千年后，北美西部是末日之后的一片焦土。这里原本有高度多样化的生态系统——森林连绵不绝，回荡着三角龙的足音，而君王暴龙是这里的统治者，但现在寂静无声，空空荡荡。偶有几只蜥蜴在灌木丛中穿梭，一些鳄鱼和海龟在河里游弋，老鼠般大小的哺乳动物时不时从潜穴里探出头来张望。还有一些鸟，正捡食埋在土里的种子，不过所有其他的恐龙都不见了。

地狱溪变成了地狱。世界上的其他地方也大多如此。恐龙时代就此终结。

那一天发生的事——白垩纪在巨响中轰然结束，恐龙的死亡令签发——是一场规模难以想象的大灾变，幸运的是，人类从未经历过这样的劫难。一颗彗星——或是一颗小行星，我们还不确定——与地球相撞，击中了今天墨西哥尤卡坦半岛所在区域。这颗彗星的直径约有6英里，大小跟珠穆朗玛峰差不多。它的移动速度在每小时67 000英里左右，比喷气式飞机还要快上100倍。它撞向地球时的冲击力与100万亿吨TNT（三硝基甲苯）炸药能产生的力量相仿，相当于10亿颗原子弹爆炸产生的能量。

地壳被撕开了一道长约 25 英里的口子，这道裂缝直抵地幔层，形成了一个直径超过 100 英里的陨石坑。

跟这次撞击相比，原子弹也就是独立日的樱桃炸弹。那时，生存可不是件容易的事。

地狱溪的恐龙生活在距撞击点西北大约 2 200 英里的地方，那里有小盗龙在飞翔。稍稍加入一点儿艺术想象，可以认为它们经历了上述一系列恐怖事件。它们生活在新墨西哥州的亲戚——南方版的君王暴龙、其他种类的角龙和鸭嘴龙，以及北美洲为数不多的蜥脚类（我用了很多个夏天收集这种恐龙的骨头）——处于更加糟糕的境地。它们距离撞击点只有大约 1 500 英里。距离越近，情形就越可怖：光和声音的冲击来得更快，地震烈度更高，玻璃质岩石雨更猛烈，烤箱的温度也更高。所有生活在距离尤卡坦半岛 600 英里以内的生物都在瞬息之间魂飞魄散。

天空中闪闪发亮的、让那群君王暴龙感到好奇的光球正是那颗小行星（或者彗星，简便起见，从这里开始我只把它称作小行星）。如果当时你在现场，你也能看到。这很可能与哈雷彗星接近地球时的情形差不多。飘浮在空中的这颗小行星看起来人畜无害，你可能根本不会注意到它——至少一开始时是如此。

第一道闪光发生在小行星穿过地球大气之时，它前方的大气被急剧压缩，空气的温度变得比太阳表面温度还高三四倍，于是空气自燃了。第二道闪光来自撞击，那是小行星碰到基岩所产生的。这两次闪光都伴有音爆，不过声音要在看到闪光几个小时之后才能听到，因为声音的传播速度比光慢得多。跟着光和音爆一起出现的还有风，尤卡坦半岛附近的风速很有可能达到每小时 600 英里，当风吹到地狱溪的时候仍然可达每小时几百英里（作为对比，飓风卡特里娜的最高风速约为每小时 175 英里）。

小行星和地球相撞后释放出巨大的能量，由此引发的冲击波令地面像蹦床一样摇晃。地震的烈度可能在里氏十级左右，比人类文明史上的任何一次地震都要强烈。一些地震引发了大西洋的海啸，房屋大小的鹅卵石被海啸击碎，并被抛到内陆深处；还有一些地震让印度洋的火山变得超级活跃，在接下来的数千年里，火山不断喷发，给小行星造成的灾难雪上加霜。

这次碰撞释放的能量让小行星和小行星撞击的基岩变成了气体。粉尘、灰烬、岩

希克苏鲁伯陨石撞击发生 45 秒之后地球的景象。灰尘和熔化的岩石形成的云不断扩大，直冲入大气层，足以引发野火的热浪在海洋和陆地蔓延。

图片由美国国家航空航天局的唐纳德·E. 戴维斯（Donald E. Davis）创作。

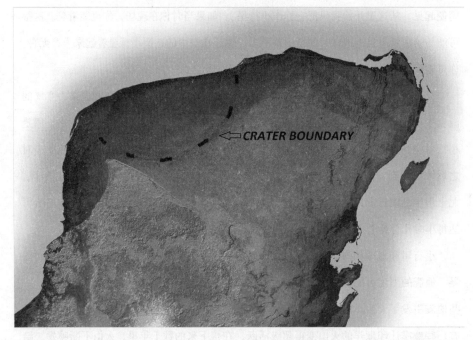

CRATER BOUNDARY

今日墨西哥尤卡坦半岛的地形图，虚线显示的是希克苏鲁伯陨石坑的外缘（陨石坑的其他部分位于水下）。

图片由美国国家航空航天局提供。

石细末和撞击产生的其他碎屑飞入天空，大多数都成了气体或液体，但也有一些虽然很小但仍然处于固体状态的岩石。有一部分混合物穿透大气层外缘，进入了外太空。但是，一切上升的东西（只要还没有达到逃逸速度）最终都会下降，这些物质下降的时候，液化的岩石冷却成玻璃质的团块和泪滴形的矛尖。岩石在凝固的过程中向大气释放热量，将大气变成了一只烤箱。

骤升的温度点燃了森林，虽然并非全球的森林都在燃烧，但北美洲大部分地区和尤卡坦半岛周围数千英里以内的地方野火正在肆虐。我们看到，叶子和树木燃烧后的残留物被保留在了小行星撞击之后不久形成的岩石中。大火产生的烟灰，再加上撞击扬起的灰尘和灰垢（因为太轻不会落回到地面），随着大气环流来到世界各个角落，整个地球都被黑暗所笼罩。接下来的一段时间里（相当于全球"核冬天"），大多数生活在与撞击点千山万水之遥的地方的恐龙很可能都因此死去了。

我可以一直写下去，直到穷尽自己的词汇，但如果我再不厌其烦地写下去的话，你可能就不会相信我说的话了。那样的话，我就会感到很遗憾，因为我写下的这些都真实地发生了。我们之所以能知道这些，是因为有一个人为此做出了卓越的贡献。他是一个地质学天才，也是我的科学英雄之一：沃尔特·阿尔瓦雷斯（Walter Alvarez）。

我之前提到过，我在高中的时候做过一些荒唐事，当时沉迷于恐龙的我简直失去了理智。我像追星族一样去跟踪保罗·塞里诺，而这还不是最荒唐的。1999 年春季的一天，我在没有任何预约的情况下给沃尔特·阿尔瓦雷斯在加州伯克利的办公室打了个电话，这是我做过的最厚脸皮的事。当时我 15 岁，收集了不少岩石；而他则是一位杰出的国家科学院院士，并早在 20 年前就提出了小行星撞击地球导致恐龙灭亡的理论。

电话铃响到第二声的时候，他接了电话。更令人惊诧的是，在我急匆匆地阐明来意之后，他并没有挂断电话。我读过他写的《霸王龙和陨星坑》（T. rex and the Crater of Doom），在我心目中，这依然是有史以来写得最好的古生物学科普作品之一。他把各种线索综合到一起，最终结论指向小行星，我深深为之折服。他在书中解释了这个侦探游戏是如何从一个布满岩石的峡谷里开始的，峡谷位于意大利的一个中世纪小镇古比奥的郊区，隐匿在亚平宁山脉之中。正是在这里，阿尔瓦雷斯第一次注意到标志着白垩纪结束的那层薄薄的黏土不同寻常的特征。巧的是，我们一家人正筹划去意大利旅行，庆祝我父母二十周年结婚纪念日。我想让这次旅行终生难忘，毕竟这是我第一次离开北美。对我来说，"终生难忘"并不是流连于大教堂和博物馆，而是去古比奥朝圣，站在曾启发阿尔瓦雷斯破解科学史上最大谜团之一的地方。

但我需要向导指路，于是我决定直接去找阿尔瓦雷斯。

阿尔瓦雷斯教授详细地向我做了介绍，就连一个不怎么懂意大利语的少年也能听得懂。我们还聊了聊我对科学的兴趣。回想起来，我也着实非常吃惊，这样一位科学巨匠竟如此平易近人，慷慨地给予我他宝贵的时间。不过遗憾的是，这一切都化为了泡影。那个夏天，我们一家没去成古比奥。洪水导致通往罗马的主要铁路关闭。我大失所望，哭得声嘶力竭，几乎毁了父母的第二个蜜月。

幸运的是，五年之后，我有机会重回意大利，这次是为了大学地质课的一个野外项目。我们在亚平宁山区的一个小观测站落脚，这个观测站由亚历山德罗·蒙塔纳里（Alessandro Montanari）负责管理。20 世纪 80 年代，有不少科学家因为研究白垩纪末期大灭绝事件而声名鹊起，他就是其中之一。我们意大利之行的第一天是在图书馆度过的，在那里，有一个人在忽明忽暗的灯光下仔细查看一份地质地图。

"我向你们介绍我的朋友，也是我的导师沃尔特·阿尔瓦雷斯。"亚历山德罗用歌唱般的意大利口音说道，"你们中的一些人可能已经听过他的名字。"

我全身都僵住了。无论在那之前还是在那之后，我都不曾如此不知所措。那天行程的剩余部分全都在一片模糊中度过，之后我悄悄溜回了图书室，轻轻推开那扇门。阿尔瓦雷斯还在那里，弯着腰，聚精会神地研究着地图。我本不想打扰他，说不定他正琢磨什么地球历史未解之谜呢。但我还是忍不住向他做了自我介绍，接着我第二次全身僵住：他竟然记得我们几年前的那次谈话。

"那次你去成古比奥了吗？"他问我。

手足无措的我只能窘迫地回答说没有，我真不想承认浪费了他的时间，不光是那通电话，还有后来互相发过的几封电子邮件。

"好吧，那你准备一下，因为过几天我就要带你们班去那儿了。"他说道。我的脸上立刻绽放出一个超级灿烂的笑容。

几天之后，我们来到了古比奥，聚在峡谷那里，地中海的阳光洒在身上，汽车从身旁呼啸而过，一条 14 世纪的输水管道架在悬崖上方，似乎随时都有可能掉下来。沃尔特·阿尔瓦雷斯走在我们前面，卡其布工装里装满了岩石样本。他头戴一顶宽檐帽，身着一件海蓝色热反射防晒外套。他从皮套里拿出地质锤，指着右下方岩石上的一道细槽。几乎组成整个峡谷的玫瑰色石灰岩上都有这道槽。构成这道槽的岩石更柔软，也更细腻；这是一层黏土，约有 1 厘米厚，就像一张书签，把下面那层白垩纪石灰岩与上面那层在大灭绝之后的古近纪形成的石灰岩分开。25 年前，小行星理论就在这里横空出世，而提出这个理论的人，就站在我的面前，看着这层黏土。

之后，我们停下来休息，在路边一家有着 500 年历史的餐厅享用松露意面、白葡萄酒和脆饼。用餐之前，我们恭恭敬敬地在一本皮质封面的宾客留言簿上签了名。来这里研究峡谷和大名鼎鼎的黏土层的地质学家和古生物学家非常多，我们的名字跟他们的名字排在了一起。这本签名簿简直是一份名人堂花名册，我满怀骄傲地把自己的名字写了上去。在接下来的两个小时里，我跟沃尔特相向而坐，一边吃宽面条一边聊天，他对着我和我的那些被他的光环迷住的同学侃侃而谈，讲述他是如何破解恐龙灭绝之谜的。

20 世纪 70 年代初，就在沃尔特拿到博士学位后不久，"板块构造革命"吸引了整个地质学界，人们如今已经知道，大陆会随着时间的推移而运动。追踪板块运动的方法之一就是观察磁性矿物晶体的朝向，在熔岩或沉积物硬化为石头之时，这些小晶体是指向北极的。沃尔特认为，"古地磁学"这门新科学能够帮助人们理解地中海地区是如何"组装"到一起的——小型地壳板块如何旋转并互相碰撞，形成今天的意大利和高耸的阿尔卑斯山。正是出于这个目的，他才会想到去古比奥，测量峡谷中厚厚的石灰岩序列中的矿物微粒。当他到了那里的时候，他却被另外一个更大的谜题吸引住了。在他所测量的岩石中，有一些含有大量的化石壳体，形状、大小各异，但都属于一种叫作有孔虫的多样性水平很高的生物。这种捕食者非常小，以海洋浮游生物为食。然而，在这些岩石上方，是几乎什么化石都没有的石灰岩，除了偶尔会有一些身体细小、结构简单的有孔虫。

沃尔特看到的，是生与死的界线，就好像飞机驾驶舱中的黑匣子，记录下了永恒

意大利古比奥，沃尔特·阿尔瓦雷斯指着白垩纪岩层（下）与古近纪岩层（上）之间的分界线，也就是位于他的右膝和岩锤之间的那条沟槽。

图片由尼科尔·卢宁（Nicole Lunning）提供。

沉寂之前最后几秒钟的声响。

沃尔特并不是第一个注意到这条线的人，在他之前，地质学家已经对这个峡谷进行了几十年的研究。一位名叫伊莎贝拉·普雷莫利·席尔瓦（Isabella Premoli Silva）的意大利学生在艰辛研究之后，断定这些多样化水平相当高的有孔虫属于白垩纪，而简单的则属于古近纪。两者之间刀刃一样的细线表明，这个时期发生过一次集群灭绝，也就是全球有大量物种在同一时间消失，这样的事情在地球历史上曾经多次发生。

但这一次可不是普通的集群灭绝事件，不起眼的浮游生物并不是唯一的受害者。灭绝不只局限在水域，海洋和陆地上的生物都大批死亡，很多种类的动植物都在这次事件中丧生。

恐龙也是其中的一员。

沃尔特想，这肯定不是巧合，发生在有孔虫身上的事情一定与发生在恐龙（以及其他灭亡的生物）身上的事情存在某种关联。他想要知道，这种关联到底是什么。

他意识到，个中关键就隐藏在白垩纪石灰岩（含有大量化石）和古近纪石灰岩（几乎没有化石）中间这条细细的黏土层中。他第一眼看到这层黏土的时候，没有发现任何特别之处。黏土层中既没有堆叠在一起的化石，也没有色彩斑斓的纹理，更没有腐烂的气味，只有黏土而已，颗粒非常细，仅凭肉眼甚至分辨不出单独的颗粒。

沃尔特转而向他的父亲寻求帮助。他的父亲路易斯·阿尔瓦雷斯恰好是一位物理学家，还获得过诺贝尔奖。路易斯发现了很多亚原子粒子，同时也是"曼哈顿计划"的关键人物之一（他甚至在"艾诺拉·盖伊号"轰炸机后面跟飞，监测"小男孩"投到广岛之后的效果）。沃尔特认为，他父亲可能对用化学方法分析黏土有什么不循常规的想法。也许其中隐藏着什么东西，能够告诉他们这薄薄的一层用了多长时间才形成。如果它是逐渐形成的，是深海中的泥质缓慢堆积了数百万年的产物，那么有孔虫的死亡，以及恐龙的死亡，就是一个旷日持久的事件；但如果这是突然沉积完成的，那就意味着白垩纪结束于一场浩劫。

测量岩层花了多长时间形成可不容易，这是令所有地质学家头疼的一件事，但这对父子搭档想出了一个绝妙的办法。重金属元素（其中一些位于元素周期表的底部区域，比如铱）在地表非常罕见，正因如此，大多数人才从未听说过这些元素。但是这些元素会以基本恒定的速率从外太空落下来，这就是宇宙尘，只不过数量很少。阿尔瓦雷斯父子认为，如果黏土层只含有微量的铱，那么它就是在极短的时间内形成的；如果铱含量较高，那么它就一定是在相当长的一段时间内形成的。如今，科学家们已经可以利用新设备来测量铱的含量，哪怕只有一丁点儿。伯克利一间实验室就有这样一台设备，由路易斯·阿尔瓦雷斯的一名同事负责管理。

这次的发现他们始料未及。

没错，他们发现了铱，不过，数量特别多——简直太多了，多到什么程度呢？如果是宇宙尘堆积起来的，那得要数千万年甚至上亿年的时间。这肯定不可能，因为黏土层上方和下方的石灰岩已经经过比较准确的定年，父子二人由此知道，黏土层最多也就沉积了几百万年。其中必有蹊跷。

这也许是一个误会，与古比奥峡谷本身具有的某种诡异的特性有关。于是他们来到丹麦。在那里，同样年代的岩石径直伸入波罗的海。他们发现，在白垩纪与古近纪之交，铱含量也异常地高。不久，一个高个子丹麦人听说了阿尔瓦雷斯父子正在做的事，这个名叫扬·斯米特（Jan Smit）的年轻人报告说，他也一直在关注铱，他发现西班牙边境的铱含量也有突然升高的现象。很快，出现了越来越多的有关铱的报告，从陆地上形成的岩石，到浅海海域，再到深海，而且都可以追踪到恐龙消失的那个致命时刻。

铱含量异常是千真万确了。父子二人开始设想各种可能的情况：火山喷发、大洪水、气候变化，或是别的什么，但只有一种听上去比较合理。铱是地球上一种非常稀有的元素，但在外太空则要常见得多。是不是太阳系深处有什么东西在 6 600 万年前向地球投下了一颗铱弹呢？也许是一次超新星爆发，但更有可能是一颗彗星或者小行星。毕竟，从遍布在地球和月球表面的陨石坑来看，这些星际来客的确时不时就会到访。这个想法十分大胆，但并不疯狂。

1980 年，路易斯和沃尔特与他们在伯克利的同事弗兰克·阿萨罗（Frank Asaro）和海伦·米歇尔（Helen Michel）共同在《科学》杂志上发表了一篇论文，宣布了这个轰动一时的理论。一场持续了 10 年的科学狂热由此发端。恐龙和大灭绝在新闻中不停地出现；撞击假说在无数本书籍、无数部电视纪录片中被讨论；一颗杀死恐龙的小行星还登上了《时代》杂志的封面；数以百计的科研论文你来我往地讨论究竟是什么杀死了恐龙；来自各个领域的科学家，包括古生物学家、地质学家、化学家、生态学家和天文学家纷纷就这一当时最热门的话题发表见解。有些人结下了私怨，有些人撕破了脸面；在这场激烈的论战里，各种观点的碰撞让每个人都使出浑身解数，不断拿出证据支持或者反驳撞击假说。

到了 20 世纪 80 年代末期，"阿尔瓦雷斯父子是对的"这件事已经毋庸置疑：6 600 万年前，的确有一颗小行星或者彗星撞到了地球。不光在全世界都找到了同样的"铱层"，其他地质学异常现象也表明确实发生过一次撞击。有一种奇怪的石英，其内部的晶面已经坍塌，留下了击穿晶体结构的平行带状痕迹。这种"冲击石英"此前只在两个地方发现过：核试验之后的废墟中和陨石坑的内部，形成于爆炸产生的强烈冲击波。此外，还发现了球粒陨石和玻璃陨石，也就是球形或者矛尖形玻璃质"弹珠"，那是大撞击熔化的物质在大气层中坠落时冷却形成的。人们在墨西哥湾附近发现了形成于白垩纪和古近纪之交的海啸沉积层，这表明就在石英受到冲击、玻璃陨石正在下落的时候，一次重大事件引发了超大规模的地震活动。在 20 世纪 90 年代到来之际，这个陨石坑终于被发现了。这可是个决定性证据。寻找这个陨石坑花了不少时间，因为位于尤卡坦半岛的这个陨石坑埋在了历时数百万年形成的沉积物下面。针对该地区仅有的详尽研究来自石油公司的地质学家，相关的地图和样本被他们束之高阁，一放就是很多年。但事实确凿无疑：经过定年，埋藏在墨西哥地底、直径 110 英里的希克苏鲁伯陨石坑就是在白垩纪末期形成的，也就是 6 600 万年前。这是地球上面积最大的陨石坑之一，坑的大小可以表明这颗小行星有多大，这次撞击的破坏性有多强。在过去的 5 亿年里，这可能是撞上地球的尺寸最大的小行星之一，或许"之一"两个字都可以去掉。也正因为此，恐龙才完全没有幸存的机会。

科学研究中的大辩论总是能吸引怀疑论者，尤其是那些从专业期刊进入公众视野的辩论。小行星理论也不例外。持怀疑态度的人士不会辩称小行星不存在，毕竟希克苏鲁伯陨石坑就在那儿摆着，硬要这么说未免显得太冥顽不灵。他们会说，小行星是无辜的，它只是一个匆匆过客，碰巧坠落在尤卡坦半岛而已。白垩纪末期的恐龙和其他很多同时死亡的生物（会飞的翼龙、海洋爬行动物、蜷曲的菊石、海洋里规模庞大且高度多样化的有孔虫群落以及很多其他的生物）本来就要走下历史舞台了，这颗小行星最多只是完成"最后一击"，为大自然开启的一场大屠杀做了扫尾工作。

这个观点听起来过于巧合，难以令人信服：直径6英里的小行星在上千物种濒死之际光临地球？然而，跟那些认为地球是平的，或者否认全球气候变暖的人不同，这些怀疑论者并非完全没有道理。从空中坠落的小行星所毁掉的，并不是恐龙那如田园牧歌般宁静祥和的"失落的世界"。非但不是如此，当时的地球本就处于巨大的混乱之中。印度那些因为小行星撞击而进入"超级喷发"模式的巨大火山，实际上已经喷发了数百万年。地球正变得越来越冷，海平面剧烈波动。这些因素是不是也跟这次灭绝有关系呢？也许它们才是罪魁祸首，也许是这些长期的环境变化导致了恐龙的缓慢衰亡。

将这些观点彼此对照、验证真伪的唯一方式就是对我们手头已有的证据——恐龙化石进行非常仔细的研究。我们需要做的，就是在时间的进程中追踪恐龙的演化轨迹，看是否有任何长期趋势，看小行星撞击时，白垩纪与古近纪之交或其附近到底发生了哪些变化。我的用武之地就在这里。从我第一次跟沃尔特·阿尔瓦雷斯通电话的那一刻起，我就被"恐龙灭绝"给迷住了。在古比奥峡谷，当我站在沃尔特身边的时候，我的痴迷越发强烈。后来读研究生的时候，我终于有机会利用自己的"秘技"为这场辩论贡献出自己的力量。这项秘技是我在早期做研究的过程中训练出来的，那就是利用大型数据库和统计数据研究演化趋势。

不过，我不是单枪匹马加入这场恐龙灭绝大辩论的，而是跟我的老朋友理查德·巴特勒一起。几年之前，我们曾在波兰采石场披荆斩棘，寻找最古老的恐龙足迹；如今到了2012年，在我的博士学习生涯即将结束的时候，我想要知道为什么这些纤弱祖先的后裔在1.5亿年之后突然消失了，更何况它们本已取得了巨大成功。我们不禁想问：在小行星撞击前的1 000万~1 500万年里，恐龙正在经历怎样的变化。我们利用表形分异度去解释这个问题，也就是我在研究最古老的那些恐龙时用过的方法，把这段时期内的解剖学特征多样化的水平进行量化。在白垩纪末期，如果分异度增加或保持稳定，那就表明恐龙在小行星来袭时状态还不错；相反，如果分异度出现下降，那就表明它们陷入了困境，甚至可能行将灭绝。

我们对这些数字进行了分析，发现了一些非常有意思的结果。在撞击前的最后时日里，大多数恐龙的分异度相对稳定，包括肉食性的兽脚类恐龙、长颈蜥脚类恐龙，以及肿头龙这样的中小型植食性恐龙。没有迹象表明这些恐龙遇到了什么麻烦。但两个亚类的分异度出现了下降：包括三角龙在内的角龙类，以及鸭嘴龙类。这是大型植食性恐龙的两个主要类群，它们有高度发达的咀嚼和剪叶的能力，能消耗大量的植物。如果你穿越回到白垩纪末期（8 000万~6 600万年前的任何时间），你见到最多的应该就是这些恐龙，至少在北美洲（这段时间的化石最为完备）是这样。它们相当于白垩纪的奶牛，是位于食物链底端的基位植食者。

在我们进行这项研究的同时，其他研究者也在从别的角度审视恐龙灭绝事件。由保罗·厄普丘奇（Paul Upchurch）和保罗·巴雷特（Paul Barrett）率领的团队正在伦敦进行中生代时期恐龙物种多样性的普查，也就是清点在每一个给定的时间节点，存活的恐龙有多少种，并根据化石记录的不均衡性对偏差进行修正。他们发现，总体而言，小行星撞击时恐龙多样性的水平仍非常高，种类繁多的恐龙正在北美洲甚至整个地球惬意徜徉。然而令人不解的是，角龙类和鸭嘴龙类的物种数量在白垩纪告终之时出现了下降，与分异度的下降同时发生。

如果用现实世界的话语来叙述的话，这一切意味着什么呢？毕竟，这种情况相当令人费解：绝大多数恐龙的日子过得相当不错，但大型植食者表现出了承压迹象。借助计算机建模，这个问题得到了很好的解答。问题的解决者是非常倚重定量研究的新一代研究者之一——来自芝加哥大学的乔纳森·米切尔（Jonathan Mitchell）。乔纳森和他的团队以某些特定遗址发现的所有化石（除了恐龙的化石之外，还包括所有与恐龙生活在一起的动物的化石，比如鳄鱼、哺乳动物及昆虫）的细致研究为基础，为数个白垩纪恐龙生态系统建立了食物网络。然后，他们利用计算机模拟出如果几个物种被移除会造成怎样的影响。结果相当令人震惊：在小行星撞击时，食物网络（因为多样性下降的缘故，食物链底部的植食性动物数量减少）更容易崩溃；相比之下，在撞击发生的几百万年前，食物网络的多样性水平更高，也就没那么容易崩溃。换句话说，大型植食性动物数量的减少导致白垩纪尾声时期的生态系统变得高度脆弱，尽管其他恐龙并未衰落。

　　虽然统计分析和计算机模拟是相当有用的手段，而且这将构成恐龙研究的未来，但毋庸讳言，这些手段有点儿抽象，有时删繁就简反而大有裨益。这在古生物学领域意味着回到化石本身：把化石拿在手里，凝神沉思，想象它们还活着，把它们当成正在呼吸的生灵，思考它们会如何应对晚白垩世的火山爆发、温度和海平面变化，以及如何注视着大山一样的小行星从天而降。

　　我们真正想要研究的，是活到了最后一刻的那些恐龙，它们目睹了或者几乎目睹了小行星行凶的全部过程。遗憾的是，全世界只有为数不多的几个地方保留了这样的化石，不过这些化石已经开始讲述一个令人信服的故事。

　　最有名的地方莫过于地狱溪。一百多年来，人们一直在美国西部大平原地区的北部收集君王暴龙、三角龙，以及与它们生活在同一时期的其他恐龙的化石。地狱溪化石的测年工作也做得很好。这意味着，你能依照时间顺序追踪恐龙在不同时期内的多样性水平和多度情况，一直到小行星留下痕迹的铱层。一些科学家已经这么做了，其中就包括我的朋友戴维·法斯托夫斯基（David Fastovsky，市面上最好的恐龙教科书的作者）和他的同事彼得·希恩（Peter Sheehan），一个由迪恩·皮尔森（Dean Pearson）带领的团队，以及另几个由泰勒·莱森（Tyler Lyson）牵头的团队。泰勒·莱森是一位年轻有为的科学家，在北达科他州的一个辽阔的牧场长大，这个牧场正位于出土了品相最佳的恐龙化石的劣地的心脏地带。他们都发现了这样一件事：在地狱溪岩石形成的时间里，恐龙生生不息，活得非常好，尽管印度的火山正在喷发，温度和海平面也在不断变化。它们的好日子一直持续到小行星撞击之前，人们在铱层下方几厘米处甚至还发现了三角龙的骨头。看起来，这颗小行星令生活在"幸福的无知"状态里的地狱溪居民猝不及防，那时恐龙王朝正处于最辉煌的时期。

　　西班牙的情形也差不多，位于西班牙和法国交界处的比利牛斯山脉不断有重要的新化石出土。古生物学家二人组贝尔纳特·比拉（Bernat Vila）和阿尔维特·塞列斯（Albert Sellés）——两人都三十出头——已经把这一区域翻了个遍。在我所认识的人当中，他俩是最具奉献精神的，他们经常接连工作几个月，却拿不到一点儿薪水。肇始于2008年的一连串金融危机重创了西班牙的经济，其复苏速度之缓令两人深受其害。他们并没有因此退却，仍在一刻不停地寻找恐龙骨头、牙齿、足迹，甚至恐龙蛋。这些化石表明，在白垩纪结束之际，这里的恐龙多样性水平非常高，有兽脚类、蜥脚类还有鸭嘴龙类，没有任何迹象显示哪里有什么不对。有意思的是，在小行星撞击的几百万年之前，当地发生过一起短暂的"更迭事件"：披甲的恐龙消失，较为原始的植食性恐龙被较为进步的鸭嘴龙类取代。该事件可能与北美洲大型植食性恐龙的衰落有关，不过很难验证。海平面的变化可能是原因之一，在海水起起落落的过程中，恐龙赖以生存的陆地被切割成小块，导致生态系统的组成发生了细微的改变。

在罗马尼亚发生的故事也几乎如出一辙。马加什·弗雷米尔和佐尔坦·奇基－萨瓦一直在罗马尼亚收集化石，他们的研究显示，白垩纪末期恐龙的多样性水平很高。在巴西也是如此，罗伯托·坎德埃罗和他的学生不断发现大型兽脚类恐龙和巨型蜥脚类恐龙的牙齿和骨头，这些庞然大物可能一直生活到了白垩纪终结。这些地区的不足之处是：岩石尚未被准确定年，因此我们无法绝对肯定这些恐龙化石处于白垩纪—古近纪交界的哪一侧，但可以肯定的是，这两个地区的恐龙都属于白垩纪最末期，而且没有迹象表明它们遇到了麻烦。

来自化石、统计数据和计算机建模的新证据如此之多，理查德·巴特勒和我都觉得是时候对这些证据做一番综合了。我们想到了一个有点儿危险的主意：组建一支由恐龙专家组成的"破解"团队，大家坐下来讨论目前所知的有关恐龙灭绝的一切知识，并就恐龙缘何灭绝达成共识。几十年来，古生物学家在这个问题上争执不休，事实上，在 20 世纪 80 年代，某些对小行星撞击假说最为尖刻的质疑就来自恐龙研究者。我们原本以为，这项具有颠覆意义的企划可能会以僵局告终，甚至演变成一场看谁嗓门更大的比赛。但实际情况恰恰与此相反，团队里的所有人都达成了一致。

白垩纪末期，恐龙过得相当不错。整体多样性水平相当稳定，无论是物种数量，还是解剖学特征分异度都是如此，在相当长的一段时间里既没有逐渐下降，也没有明显上升。主要的恐龙类群都活到了白垩纪的尽头，包括大大小小的兽脚类、蜥脚类、角龙类和鸭嘴龙类、肿头龙类、甲龙类，以及小型植食性和杂食性恐龙。至少在北美洲这个恐龙化石记录最完好的地方，我们知道，在小行星毁掉了地球很大一片地区之时，君王暴龙、三角龙和其他地狱溪恐龙都还活着。所有这些事实排除了一个曾流行一时的假说：海平面和温度的长期变化使恐龙逐渐走向死亡，或是自晚白垩世早期（距离白垩纪终结还有几百万年时间）开始喷发的印度火山让恐龙渐渐消失。

与此相反，我们发现了一个毫无争议的事实：从地质时期的角度看，恐龙的灭绝是非常突然的。也就是说，这件事从头到尾顶多用了几千年的时间。恐龙原本相当兴盛，然后突然从岩石里集体消失了，这在全球范围内同时发生，白垩纪末期的岩石都能证明这一点。我们在小行星撞击后形成的古近纪岩石当中，从未发现过恐龙化石，一点儿都没有，连一块骨头或者一个足迹也没有发现。这意味着一次突发的、剧烈的、灾难性的事件要为此负责，而小行星正是最显而易见的罪魁祸首。

不过，这里有一个意味深长的细节。大型植食性恐龙在白垩纪即将终结的时候的确出现了衰退的现象，欧洲的恐龙也经历了一次更迭。表面看来，这次衰退导致了这样一种后果：生态系统更容易崩溃，整条食物链因少数物种灭绝而解体的可能性增大。

这样说来，小行星似乎是在一个对恐龙而言极为不利的时间到来的。如果撞击提早几百万年，在植食性恐龙的多样性水平下降之前，或者在欧洲的更迭发生之前，那时的生态系统可能更坚实，能更好地经受住这次大考验。如果延后几百万年，也许植食性恐龙的多样性水平已经恢复（多样性水平小幅下降后恢复，在逾 1.5 亿年的恐龙演化史上发生过无数次），那么生态系统也会更为强健。也许，直径 6 英里的小行星从天而降，这种事情从来就谈不上什么"好时机"，但对恐龙来说，6 600 万年前这个时间点真的是糟糕至极，在这个很窄的时间窗口，它们处于甚为脆弱的状态。如果早发生几百万年，或是晚发生几百万年，在我窗外聚集的也许就不只是海鸥了，可能还会有暴龙类和蜥脚类。

也许不会如此。有可能不管怎样，小行星还是会让所有恐龙全部死亡。如此巨大的物体，高速撞击到尤卡坦半岛，一切可能本就无处可逃。不管事件发生的具体顺序如何，我可以很有把握地说，小行星是非鸟类恐龙灭绝的最重要原因。如果有唯一的一个直截了当的解释，值得我赌上职业生命，那肯定就是这个：没有小行星，就没有恐龙灭绝。

然而，还差最后一个谜题没有解决。为什么所有非鸟类恐龙都在白垩纪终结的时候死亡了？毕竟，小行星并没有杀掉一切生物。很多动物都挺过来了，包括青蛙、蝾螈、蜥蜴和蛇、海龟和鳄鱼、哺乳动物，没错，还有一些恐龙（以鸟的形态生存下来）。

更不用说海洋里的很多甲壳类无脊椎动物和鱼类，不过这就不在本书的讨论范围内了。那么，对君王暴龙、三角龙、蜥脚类还有它们的亲戚来说，到底是什么让它们成了打击目标了呢？

这是一个关键问题。我们需要回答这个问题，一个尤其重要的原因在于，这与我们当今世界息息相关。当突然发生全球性环境和气候变化时，什么生物能活下来，什么生物会死掉？正是生命史中的案例研究——由化石记录下来，比如白垩纪末期那次大灭绝——为我们提供了至关重要的洞见。

我们首先须要明白的是，尽管的确有一些物种经受住了撞击带来的地狱之火和漫长时间里变化无常的气候，但绝大多数物种都没能幸存。据估计，大约70%的物种都灭绝了。其中包括大量两栖类和爬行类动物，也许还有大多数的哺乳动物和鸟类。所以，"恐龙死了，哺乳动物和鸟类活下来了"这句教科书和电视纪录片中经常出现的话未免失之过简。如果不是某些好基因再加上一点儿好运气，我们的哺乳动物祖先可能也会步恐龙的后尘，我现在也就不能坐在这里打字，写作这本书了。

不过，似乎的确有什么因素令逝者与生者走上了不同的道路。总体而言，活下来的哺乳动物比死掉的个头更小，食谱也更广泛。能四处乱窜、能在洞穴中藏身、能吃各种不同的食物似乎是撞击发生后的疯狂世界中相当大的优势。跟其他脊椎动物相比，海龟和鳄鱼的日子还算好过，原因很可能在于，在事件发生的最初几个小时里，它们能藏在水下，躲避岩石子弹雨和地震的袭击。不仅如此，它们所处的水中生态系统是以碎屑为基础的。这些位于食物链底部的生物吃的是腐败的植物和其他有机物，而不是树、灌木或花朵。因此，即使光合作用无法进行，植物开始死亡，它们的食物网络也不会崩溃。实际上，植物的腐败能为它们提供更多的食物。

这些优势，恐龙一项都不具备。大多数恐龙的体形都相当大，想要藏进洞里躲避烈焰火雨就没有那么容易。同样，它们也无法躲进水中。它们所处的食物链是以植食性物种为基础的，因此，一旦阳光被遮挡，光合作用就无法进行，植物便会死亡，恐龙就成了多米诺效应的受害者。更何况，大多数恐龙的食谱都相当专一，要么只吃肉，要么只吃某几种特定种类的植物，而不像幸存下来的哺乳动物那样，在食物选择方面有更大的灵活性。它们还有其他掣肘之处。很多恐龙可能都是温血的，或者至少如此，它们的新陈代谢水平很高，因此需要大量食物。它们不可能不吃不喝一连蛰伏几个月，但一些两栖动物和爬行动物就可以做到。它们生蛋，而蛋要三到六个月的时间才能孵化，差不多是鸟卵孵化时间的两倍。小恐龙出壳之后，还要花很长时间才能长到成体，漫长而充满严酷挑战的少年期让它们在面对环境的变化时不堪一击。

在小行星撞击之后，也许不是哪个单一因素最终决定了恐龙的命运。它们面临着相当多的不利因素。体形小、食性广泛、生殖效率高，虽然没有一个特征能确保生存无虞，但每一个都能提高存活概率，毕竟当时的地球已经成了一个朝不保夕的大赌场，一切都要拿概率说话。如果说那是一场决定谁生谁死的"梭哈"赌局，那么恐龙拿到的牌无疑差到不可能更差了。

不过，一些物种却拿到了"同花大顺"。其中就包括我们那些老鼠般大小的祖先，它们成功地进入了古近纪，不久之后就顺势而起，建立了自己的王朝。另外还有鸟类。许多鸟类和它们带羽毛的恐龙近亲都死了，包括所有生四翼的、像蝙蝠一样的恐龙，以及所有拖着长尾巴、长着牙齿的原始鸟类。与现代鸟类相仿的鸟类却活了下来，个中原因尚不得而知。也许是因为宽大的翅膀和强健的胸肌让它们得以逃离这个混乱不堪的屠戮场，找到安全的藏身之地；或者是因为鸟蛋的孵化速度快，雏鸟一旦离巢很快就能长成成鸟；也有可能是因为它们专门以种子为食，这些种子营养丰富，能够在土壤中保存数年、数十年甚至上百年。最有可能的是，这些因素，还有另外一些我们尚未认识到的因素都起了作用。除此之外，还要加上运气——非常好的运气。

总而言之，演化也好，生命也罢，命运最终决定了一切。2.5 亿年前，可怕的火山喷发将地球上所有物种几乎全部清除，恐龙抓住了机会，趁势崛起，并在好运气的护持下，承受住了三叠纪末期第二次大灭绝的考验，而它们的竞争对手鳄类则不幸地衰落了。如今，风水轮流转，君王暴龙和三角龙已荡然无存，蜥脚类恐龙雷鸣般的足音也不复再闻。但是，不要忘记那些鸟类，它们就是恐龙，它们活了下来，现在仍然跟我们生活在一起。

帝国已逝，但恐龙犹存。

尾声

恐龙帝国覆灭后的世界

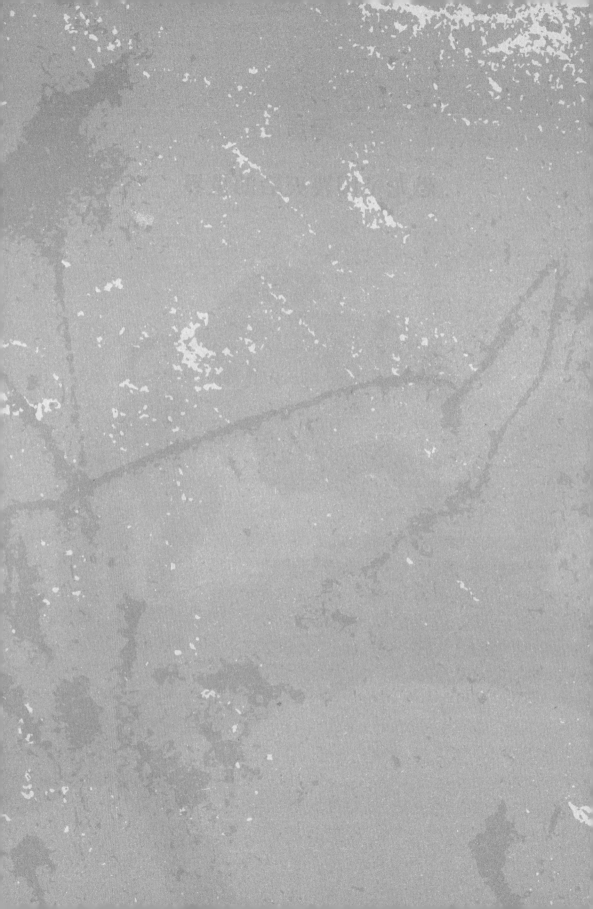

每年5月，我都会前往新墨西哥州西北部的沙漠地带，那里离福科纳斯不远。对我来说，这相当于一次休整，在此之前是考试、试卷打分以及"期末躁狂"中各项按惯例要做的事情。我通常会在这里逗留两个星期，等到行程结束的时候，空旷沙漠的静谧和我们每晚在营地制作的辛辣食物总能让我感到压力尽去，一身轻松。

不过，这并不是休假。我出行大多是为了工作，到沙漠中去也是，而且我所做的就是我在过去的10年里走遍全世界一直在做的工作，包括波兰的采石场、苏格兰的侏罗纪岩石形成的地台、阴影幢幢的特兰西瓦尼亚城堡、巴西的内陆地带，以及桑拿浴室般灼热难当的地狱溪。

我来这里是为了寻找化石。

当然，大部分都是恐龙化石。实际上，这些化石属于地球上幸存的最后一批恐龙，在白垩纪的最后几百万年里，生活在地狱溪往南大约1 000英里的地方。在历史似乎停滞的那段时间里，它们的族群相当兴盛，恐龙对这个世界的统治似乎会永远继续下去，就跟之前那1.5亿年一样。我们发现了暴龙类和巨型蜥脚类的骨头、肿头龙用来你顶我撞的圆形头骨、角龙和鸭嘴龙用来切断食物的颌骨，以及很多驰龙类和其他活跃在大型恐龙身边的小型兽脚类恐龙的牙齿。这里物种丰富，各种生物和谐地生活在一起，没有任何迹象表明，一切即将面目全非。

不过，说句实话，我并不是为了这些恐龙来这里的。这听起来可能有些匪夷所思，毕竟我学术生涯早期几乎都是在研究君王暴龙和三角龙。不，我真正想做的，是弄清楚恐龙消失之后到底发生了什么——地球被治愈，一切重新开始，新世界诞生了——这一切是怎么做到的？

新墨西哥州有不少糖果条纹状的劣地，位于广袤且基本无人居住的纳瓦霍族保留地，在丘巴和法明顿这两个镇附近，其中大部分是小行星撞击后的几百万年里在河流和湖泊中沉积形成的岩石。没有暴龙类的牙齿，也没有巨大的蜥脚类恐龙的骨头。而在白垩纪最晚期，这些骨头都非常常见，包含这些骨头的岩石就在我们现在勘察的岩石下方几英尺的地方，经过定年，我们勘察的岩石属于接下来的古近纪（也就是6 600万~5 600万年前）。这里出现了一个突然的变化：小行星摧毁了一个旧世界，但另一个新世界很快就诞生了。原本非常多的恐龙，突然之间，一只都没有了。诡异的是，这种模式跟沃尔特·阿尔瓦雷斯在古比奥峡谷看到的有孔虫表现出来的模式非常相似。

　　我跟我在科研领域最好的朋友之———汤姆·威廉姆森（Tom Williamson）一起在新墨西哥州干旱的山岭间考察，他是阿尔伯克基自然历史博物馆的一位馆长。25年来，汤姆一直在该地搜寻化石，刚开始他还只是个研究生。他经常带着自己的双胞胎儿子瑞安和泰勒来到这里，他俩在跟随父亲露营无数次之后，已经对寻找化石颇有心得，水平足以媲美我所知道的任何古生物学家，甚至包括波兰的格热戈日·涅兹维兹基和罗马尼亚的马加什·弗雷米尔。其他时候，汤姆则同他的学生来到这里，他们是来自周边保留地的年轻纳瓦霍族人，世世代代生活在这片神圣的土地上。每年5月，汤姆都会接待来自爱丁堡的我和我的学生们，如今已经读大学的瑞安和泰勒经常会跟我们一起。不管是白天寻找化石，还是夜里围着营火而坐，大家都非常开心，讲各种各样只有这么多年一起出野外的人才能听懂的笑话。

在位于美国新墨西哥州圣胡安盆地的劣地进行野外作业。

图片由汤姆·威廉姆森提供。

我在收集哺乳动物的化石。哺乳动物后来取代了恐龙的地位。

一种哺乳动物牙齿的化石，这种哺乳动物生活在白垩纪最末期小行星撞击事件发生几十万年后，化石发现于新墨西哥州。

得到命运之神垂青的汤姆拥有一项我不具备的天赋，而这项天赋对古生物学家非常有用。他有着图片一样精准的记忆力。尽管他自称并非如此，但如果这不是故意谦虚，那就是他自己产生了错觉。他能辨认出沙漠里的每一个小沙丘和峭壁，对我来说，它们看起来完全一样。他能精准地回忆出在这些遗址采集到的几乎每一块化石的精确细节，简直让人瞠目结舌，因为他采集过成百上千的化石，到现在可能已经上万了。

这片区域到处都是化石，在风雨侵蚀之下，不断从古近纪的岩石中冒出头来。除了偶尔发现的几块鸟类骨头之外，这些全都不是恐龙化石。这些颌骨、牙齿和骨架属于恐龙之后的王者，也就是开启了地球历史上下一个伟大王朝的物种，这个王朝包括众多现代世界人们最熟悉的动物，我们人类也位列其中。

它们是哺乳动物。

我们之前提到过，在2亿年前的三叠纪时期，哺乳动物与恐龙一同出现在反复无常、变幻莫测的泛大陆上，但之后两者走上了不同的演化之路。恐龙战胜了早期鳄类竞争对手，安然度过了三叠纪末期的大灭绝，随后长成巨无霸并且踏遍全球。在这一过程中，哺乳动物一直生活在恐龙的阴影之中。它们逐渐适应这种默默无闻的生存状况：学习如何吃各种食物、在潜穴中藏身、四处游走而不被发现，部分哺乳动物甚至学会了以滑翔的方式在树木的枝杈间穿行，还有一些哺乳动物学会了游泳。尽管如此，它们的身体仍然很小，跟恐龙一同生活的哺乳动物，没有一种能大过獾。在中生代这个大舞台上，它们全都是不起眼的龙套。

然而在新墨西哥州，情形就大为不同了。汤姆在头脑中精细分类编目的数千块化石属于种类极为繁多的族群。一些物种非常小，跟鼩鼱差不多，以昆虫为食，与那些在恐龙身边窜来窜去的鼠类没什么不同。有一些物种大小与獾相仿，营穴居生活，牙齿像匕首一样，以肉为食，甚至还有奶牛大小的植食者。它们全都生活在古近纪初期，离小行星撞击只过了不到50万年。

天崩地裂的"恐怖之日"后仅仅50万年，生态系统就恢复了。气温既不像核寒冬那么冷，也不像温室那么热。长满针叶类、银杏类和开花植物（它们的种类正不断增多）的森林再一次繁盛起来。鸭子和潜鸟的原始亲戚在湖边徜徉，海龟在近海水域游弋，对潜伏在下面的鳄鱼毫无察觉。但暴龙类、蜥脚类和鸭嘴龙类则完全不见了，取而代之的是突然兴盛起来的哺乳动物，它们把握住机遇，实现了多样性大爆炸。这个它们已经渴盼了上亿年的机会就是：一片没有恐龙的广阔天地。

在汤姆和他的团队发现的哺乳动物当中，有一具小狗般大的托雷翁兽骨架。它四肢颀长，手指和脚趾也很长，而且要我说的话，可能看上去还很可爱，憨态可掬。它生活在离小行星撞击有 300 万年之遥的时代，但就算把它放在我们现代世界中，看起来也不怎么突兀。你甚至能想象得出它用细长的脚趾攀住树枝，在树林中跳来跳去的样子。

托雷翁兽是最古老的灵长类之一，跟我们人类的亲缘关系很近。它明白无误地提醒我们（包括你、我，以及所有的人类），我们曾有祖先亲历了那可怕的一天，目睹巨石从天空坠落，经受了热浪、地震和核冬天，它们艰难穿越了白垩纪—古近纪分界线，到了分界线的另一侧之后就演化出了像托雷翁兽一样能在树上跳跃的物种。再经过 6 000 万年左右的演化，这些笨拙而不起眼的原始灵长类变成了可以双足行走、善于哲思、能写会读、会收集化石的猿。如果小行星撞击事件从来没有发生，如果灭绝与演化的连锁反应没有启动，恐龙可能至今仍未消失，而我们就不会存在了。

对我们人类来说，恐龙灭绝事件亦是一个更加明确的提醒、一个更为深刻的教训。发生在白垩纪末期的事件告诉我们，即使占据主导位置的动物也有可能灭绝，而且是以非常决绝的方式。在末日到来之前，恐龙已经在这颗星球上生存了超过 1.5 亿年，它们历尽艰辛，演化出了超能力（比如高代谢水平、巨大的身躯），征服了对手，并统治了整个地球。一些恐龙甚至演化出了翅膀，从而能挣脱大地的束缚，在空中飞翔；还有一些恐龙走起路来，大地都要为之颤动。当时，全世界可能有数十亿只恐龙，从地狱溪的山谷到欧洲诸岛，6 600 万年前的那天，它们从睡梦中醒来的时候，还自信地认为，它们在自然之巅的地位安如磐石。

随后，在一刹那间，它们的帝国终结了。

如今戴在我们人类头上的王冠曾经属于恐龙。我们对自己在自然之中的位置满怀自信，即使我们的行为正在迅速改变周遭的环境，这让我感到不安。走在荒凉的新墨西哥州的沙漠之中，看到恐龙的骨头突然消失，取而代之的是托雷翁兽和其他哺乳动物的化石，一个念头在我脑海中挥之不去：

那样的事情既然能发生在恐龙身上，有朝一日是否也会发生在我们人类身上？

致 谢

相对而言，在恐龙研究领域，我入行时间并不算久，所做的贡献也不算大。跟所有科学家一样，我站在了前辈的肩膀上，与我并肩工作的人也给了我不少帮助。我希望这本书能够向读者展示出，古生物学领域当前的景象是多么令人振奋，过去几十年我们对恐龙的一切了解都来自全体从业人员的努力。来自全球各地、背景各异的杰出人士都参与其中，有男有女，有野外志愿者、业余爱好者，也有学生和教授。我无法在此对所有人一一表达感谢，如果我这么做的话，一定会遗漏不少非常重要的人。我要对所有名字或者故事出现在本书中的人士，对所有共事过的人士表达谢意，感谢你们接纳我，让我进入古生物学家这个全球化的大家庭，感谢你们让我过去的这十五年如此令人难以置信。

尽管如此，仍有一些人士我想在此特别提及。我非常荣幸地得到了三名杰出导师的教导——本科生导师保罗·塞里诺（芝加哥大学），硕士生导师迈克·本顿（Mike Benton，布里斯托大学）和博士生导师马克·诺雷尔（美国自然历史博物馆及哥伦比亚大学）。现在我已经知道，我当时是多么幸运，以及学生时代的我又是多么令人无可奈何。他们三人都曾把精美绝妙的化石拿给我，让我研究，带我去野外考察，去世界各地勘察。最重要的是，在我冥顽不灵的时候，他们还对我进行提点。我敢说，就导师而言，没有哪个年轻恐龙研究者有过我这样的运气。

我曾跟很多人共事过，大部分都是非常优秀的恐龙研究同行，而且大体上都很容易相处，我们的合作相当愉快。也有一些人从合作者变成了朋友，我特别想要感谢的，首先是托马斯·卡尔和汤姆·威廉姆森，还有罗杰·本森、理查德·巴特勒、罗伯托·坎德埃罗、汤姆·查兰兹、佐尔坦·奇基-萨瓦、格雷姆·劳埃德、吕君昌、奥克塔维奥·马特乌斯、斯特林·内斯比特、格热戈日·涅兹维兹基、杜格尔·罗斯、马加什·弗雷米尔、汪良和斯科特·威廉姆斯。

我以古生物学为业的时间虽不算长，但有过很多次幸运的经历。最幸运的一件事莫过于在博士即将毕业时说服爱丁堡大学接纳我。雷切尔·伍德（Rachel Wood）是一名"青椒"所希望遇到的最好的导师，直到现在她仍然不肯让我为咖啡、食物、啤酒或威士忌付费。桑迪·图德普（Sandy Tudhope）、西蒙·凯利（Simon Kelley）、凯西·惠勒（Kathy Whaler）、安德鲁·柯蒂斯（Andrew Curtis）、布赖恩·恩圭尼亚（Bryne Ngwenya）、莱斯利·耶洛里斯（Lesley Yellowlees）、戴夫·罗伯逊（Dave Robertson）、蒂姆·奥谢（Tim O'Shea）和彼得·马西森（Peter Mathieson）全都是最好的那种老板——总是给予帮助，从不盛气凌人。杰夫·布罗姆利（Geoff Bromiley）、丹·戈德堡（Dan Goldberg）、沙斯塔·马雷罗（Shasta Marrero）、凯特·桑德斯（Kate Saunders）、亚历克斯·托马斯（Alex Thomas）以及其他年轻教师让我在爱丁堡的工作生活趣味横生。尼克·弗雷泽（Nick Fraser）和斯蒂格·沃尔什（Stig Walsh）邀我进入他们在苏格兰国家博物馆的团队，尼尔·克拉克（Neil Clark）和杰夫·利斯顿（Jeff Liston）介绍我认识了很多苏格兰古生物学家。身为教师，指导自己的学生是我的"专享福利"之一，已经有一批背景迥异、才华横溢的学生从我的实验室毕业：萨拉·谢利（Sarah Shelley）、戴维德·福法（Davide Foffa）、埃尔莎·潘奇罗利（Elsa Panciroli）、米凯拉·约翰逊（Michela Johnson）、艾米·缪尔（Amy Muir）、乔·卡梅伦（Joe Cameron）、佩吉·德保罗（Paige dePolo）、莫吉·奥甘坎米（Moji Ogunkanmi）。你们也许没有意识到，我从你们身上学到了多少东西。

科学已经够难了，写作则更难。我的两名编辑，威廉莫罗出版社（William Morrow）美国分部的彼得·哈伯德（Peter Hubbard）和英国分部的罗宾·哈维（Robin Harvie）帮助我把散乱的趣闻逸事和杂言乱语熔铸成叙事文本。几年之前，简·冯·梅伦（Jane von Mehren）听到了我在广播中做的一个节目，觉得我可能是一个有故事的人，于是说服我完成了一份写作计划。从那之后，她一直都是一名超级能干的代理人。此外，我还要大力感谢 Aevitas 的埃斯蒙德·哈姆斯沃思（Esmond Harmsworth）和切尔茜·赫勒（Chelsey Heller），感谢你们在合同谈判、报酬支付和海外版权方面的帮助。还要大力感谢我的老伙计、无与伦比的艺术家托德·马夏尔（Todd Marshall），他的原创插图让这本书充满灵气。同样要感谢的还有我的挚友米克·埃利森（Mick Ellison），他是全世界最棒的恐龙摄影师，我在书中使用了他拍的一些令人叹为观止的照片。另外还有我家的两位律师，我的父亲吉姆和哥哥迈克，感谢他们确保我的每一份合同都排除合理怀疑，完美无瑕。

我一直喜欢写作，一路走来总是有人相助。朗尼·凯恩（Lonny Cain）、迈克·墨菲（Mike Murphy）和戴夫·维施诺斯基（Dave Wischnowsky）给了我在故乡报社——伊利诺伊州渥太华市的《时代报》——的新闻编辑室工作的机会。我在那里工作了四年，对截稿日期的恐慌和追逐消息源的兴奋让我迅速成长。很多人在他们的杂志或网站上刊登了我十几岁时候写的（往往不怎么样）关于恐龙的文章，特别是弗雷德·伯沃依兹（Fred Bervoets）、林恩·克洛斯（Lynne Clos）、埃伦·德布斯（Allen Debus）和迈克·弗雷德里克斯（Mike Fredericks）。近来，《科学美国人》杂志的王兰静（Kate Wong），克尔瑟斯出版社（Quercus）的理查德·格林（Richard Green），《当代生物学》杂志（*Current Biology*）的弗洛里安·马德斯拜奇（Florian Maderspacher），对话网站（*The Conversation*）的斯蒂芬·卡恩（Stephen Khan）、史蒂文·瓦斯（Steven Vass）和阿克沙特·拉蒂（Akshat Rathi）不但为我提供了平台，还给予了我不少严厉的"编辑之爱"。在我开始写作这本书的时候，尼尔·舒宾（Neil Shubin，我本科时的一位教授）和埃德·扬（Ed Yong）都向我提供了非常有益的建议。

此外，我还要感谢众多出资机构，鉴于这个名单过于庞大，在此恕不一一列举。感谢你们不断拒绝我的资助申请，给了我写作本书的充足时间和自由。另外，我要诚挚感谢美国国家科学基金会（National Science Foundation）和美国国家土地管理局（Bureau of Land Management）（以及为这两家机构提供资金的美国纳税人），美国国家地理学会（National Geographic Society）、英国的皇家学会（Royal Society）和利弗休姆信托基金（Leverhulme Trust），以及欧盟资助的欧洲研究理事会（European Research Council）和"玛丽居里行动计划"（Marie Skłodowska-Curie Actions）（以及为这些机构提供资金的欧洲政府和纳税人），感谢你们对我的支持。我还从不同来源接受过一些小额资助，并得到了美国自然历史博物馆和爱丁堡大学的大量支持。

我的家人是世界上最棒的。我的父母，吉姆和罗克珊，被我拖着在家庭度假的时候陪我去一家又一家的博物馆，并确保我能在大学攻读古生物学专业。我的兄弟，迈克和克里斯，也加入了支持我的行列。如今，我的妻子安妮也加入了进来。她容忍我在出野外的时候无法陪在她身边，容忍我一次又一次偷偷溜到楼上写作，容忍我邀请形形色色的恐龙迷到家里做客，跟在酒吧认识的恐龙爱好者结为朋友（我总是能吸引到这样的人）。她甚至还通读了本书手稿，尽管她对恐龙一点儿兴趣都没有。爱你哟！安妮的父母，彼得和玛丽，让我在他们位于英国布里斯托的房子里度过了很多时光，那是一个能够静心写作的安宁之地。我还有一些非常酷的姻亲，包括我妻子的妹妹萨拉，以及迈克的妻子斯蒂芬妮。

最后，我要感谢所有未得颂扬的英雄，这些人大多没有留下姓名，但如果没有你们，我们这一领域就会消亡。化石标本制作师、野外技术员、本科生助理、大学工作人员和管理人员、参观博物馆的人士、向大学捐款的人士、科学期刊记者、特稿记者、画师和摄影师、期刊编辑和同行评议员、业余化石收集者（他们做了很多有益的工作，还把化石捐献给博物馆）、管理公共土地并为我们颁发许可的人士（特别是我在国家土地管理局、苏格兰自然遗产署和苏格兰政府的朋友）、支持科学（并挺身而出与反科学人士分庭抗礼的）的政界人士和联邦机构、支持研究的纳税人和选民、各个阶段的科学教师，以及许许多多的其他人士。

资料来源说明

本书的主要信息来源于我个人的经验，包括我研究过的化石、做过的田野调查、参观过的博物馆藏品，以及与科学界同事及朋友间的许多讨论。写作本书的过程中，我搜检了大量我为各种期刊撰写的科学论文，查阅了我的教科书 *Dinosaur Paleobiology*（Hoboken, NJ: Wiley-Blackwell, 2012），以及我为《科学美国人》（*Scientific American*）和对话网站（*The Conversation*）写的科普文章。下面的注释提到了我使用的一些补充材料和来源，供想要了解更多信息的读者参考。

序章 发现的黄金时代

我在为《科学美国人》撰写的一篇文章中讲述过赴锦州研究振元龙的故事，这篇文章的名字叫作"Taking Wing"，发表在 2017 年 1 月刊上（vol.316, no.1, 48–55）。吕君昌和我在 2015 年的一篇论文中描述了振元龙，论文发表在 *Scientific Reports* 5，论文编号为 11775。

第一章 恐龙时代的黎明

关于二叠纪末期大灭绝，有两本写得很好的科普读物。一本是 *When Life Nearly Died: The Greatest Mass Extinction of All Time* (Thames&Hudson, 2003)，这本书是我以前的硕士生导师迈克·本顿写的；另一本是 *Extinction: How Life on Earth Nearly Ended 250 Million Years Ago* (Princeton University Press, 2006)，作者是了不起的史密森尼学会古生物学家道格拉斯·厄尔文（Douglas Erwin）。陈中强（Zhong-Qiang Chen）和迈克·本顿撰写过一篇有关这次灭绝和之后复原情形的简短的半技术性评论文章（*Nature Geoscience*, 2012.5: 375–383）。导致这次大灭绝的火山喷发的时间和性质，塞斯·博格斯（Seth Burgess）与同事发表了较新的研究成果，见 *Proceedings of the National Academy of Sciences USA* 111, no.9 (Sept.2014): 3316–3321 和 *Science Advances* 1, no.7 (Aug.2015):

e1500470。乔纳森·佩恩（Jonathan Payne）、彼得·沃德（Peter Ward）、丹尼尔·莱尔曼（Daniel Lehrmann）、保罗·维格诺尔（Paul Wignall）和我在爱丁堡的同事雷切尔·伍德及她的博士研究生马特·克拉克森（Matt Clarkson）写过多篇极好的关于大灭绝的论文，我还曾"骗"马特加入一个教师委员会，那时距离他论文答辩结束没有几天了。

格热戈日·涅兹维兹基发表了大量关于波兰圣十字山脉二叠纪—三叠纪行迹的论文。其中不少论文都是他与波兰地质研究所（Polish Geological Institute）的朋友塔德乌斯·弗里齐斯基（Tadeusz Ptaszyński）、杰勒德·杰尔林斯基（Gerard Gierliński）和格热戈日·皮恩科夫斯基（Grzegorz Pieńkowski）共同撰写的。皮恩科夫斯基是个魅力十足的家伙，在 20 世纪 80 年代的团结工会运动当中非常活跃。民主党派执政之后，他被授予澳大利亚总领事一职。我们穿过波兰湖区东北部到立陶宛寻找化石的时候，他慷慨地向我们敞开他的会客室，并用波兰香肠款待我们。我们共同研究了原旋趾足迹和早期恐龙型类，相关研究最早发表在 2010 年，作者分别是我、格热戈日·涅兹维兹基和理查德·巴特勒，论文题目是 "Footprints Pull Origin and Diversification of Dinosaur Stem Lineage Deep into Early Triassic"，发表于 Proceedings of the Royal Society of London Series B, 278 (2011): 1107–1113；后来又扩充篇幅，成为一篇专题论文，以格热戈日为第一作者，发表在 Anatomy, Phylogeny, and Palaeobiology of Early Archosaurs and Their Kin (Geological Society of London Special Publications no.379, 2013), pp.319–351，由斯特林·内斯比特、茱莉亚·德索荷（Julia B.Desojo）及兰迪·伊尔米斯编著。有关世界其他地方的三叠纪行迹的重要研究还包括保罗·奥尔森、哈特穆特·豪博尔德、克劳迪亚·马尔西卡诺（Claudia Marsicano）、亨德里克·克莱因（Hendrik Klein）、乔治斯·甘德（Georges Gand）及乔治斯·德马修（Georges Demathieu）等人所写的论文。

我在攻读硕士学位期间阐发恐龙及其近亲家族树的论文 "The Higher-Level Phylogeny of Archosauria" 发表在 Journal of Systematic Palaeontology 8, no.1 (Mar.2010): 3–47。

本章的重点是我研究过的早期恐龙型类的行迹，仅简要提到了这些动物的骨架化石。西里龙 [就是本章提到过的在西里西亚发现的"有意思的新型爬行动物的化石"，研究者是耶日·齐克（Jerzy Dzik），也就是文中所提到的"资深的波兰教授"]、兔蜥、马拉鳄龙、*Dromomeron*（兔蜥科的一种）和阿希利龙等物种的骨架化石记录越来越多。麦克斯·朗格（Max Langer）与同事发表了有关这些动物的一篇半技术性综述（见 *Anatomy, Phylogeny, and Palaeobiology of Early Archosaurs and Their Kin*, pp.157–186）。尼亚萨龙是一种令人难以理解的生物，它可能是最古老的恐龙，也有可能只是恐龙的近亲，斯特林·内斯比特与同事对其进行了描述，发表在 *Biology Letters* 9 (2012), no.20120949。

谢里·路易斯（Cherry Lewis）撰写的阿瑟·霍姆斯传记 *The Dating Game: One Man's Search for the Age of the Earth* (Cambridge University Press, 2000) 很好地介绍了放射性测年这个概念，包括这种技术的发现历史，以及这项技术是如何用于测定岩石的年代的。克劳迪亚·马尔西卡诺、兰迪·伊尔米斯及其同事在一篇重要论文中讨论了三叠纪岩石定年这个棘手的问题：*Proceedings of the National Academy of Sciences USA*, 2015, doi: 10.1073/pnas.1512541112。

保罗·塞里诺、阿尔弗雷德·罗默、何塞·波拿巴、奥斯瓦尔多·雷格、奥斯卡·阿尔库巴（Oscar Alcober）和他们的学生、同事撰写了多篇有关伊斯基瓜拉斯托的恐龙以及与这些恐龙一起生活的其他动物的论文。最值得参考的信源是 2012 年古脊椎动物学会实录中的 *Basal Sauropodomorphs and the Vertebrate Fossil Record of the Ischigualasto Formation (Late Triassic: Carnian-Norian) of Argentina*，其中包括对历次伊斯基瓜拉斯托考察的回顾以及一份关于始盗龙的详细解剖学描述，这两部分都是塞里诺撰写的。

在本书英文版即将出版的时候，有两个有趣的进展得到发表。首先，我在讨论中认为是早期鸟臀类恐龙谱系一员的植食性伊斯基瓜拉斯托皮萨诺龙被重新描述，并被重新归类为非恐龙的恐龙型类，与西里龙是近亲（见 F. L. Agnolin and S. Rozadilla, *Journal of Systematic Palaeontology*, 2017, http://dx.doi.org/10.1080/14772019.2017.1352623）。因此，目前存在这样一种可能性，那就是整个三叠纪都没有出土过状态良好的鸟臀类恐龙的化石。其次，剑桥大学博士研究生马修·巴伦（Matthew Baron）和同事发表了一份新的恐龙家族树，将兽脚类和鸟臀类放在了一组（Ornithoscelida），与蜥脚类并列（见 *Nature*, 2017, 543: 501–506）。这个想法让人激动不已，同时也有不少争议。我所在的一个小组（组长是麦克斯·朗格）对巴伦等人的数据集进行了重新评估，并认为较为传统的 ornithischian-saurischian 划分更合理（见 *Nature*, 2017, 551: E1–E3, doi: 10.1038/nature24011）。毫无疑问，这个议题将在未来多年内引发大量讨论。

第二章　恐龙崛起

关于三叠纪恐龙的崛起，有几篇综述。其中一篇由我和几名同事撰写，其中包括"鼠帮"中的斯特林·内斯比特和兰迪·伊尔米斯：Brusatte et al., "The Origin and Early Radiation of Dinosaurs", *Earth-Science Reviews* 101, no.1–2 (July 2010): 68–100。其他的综述文章还包括麦克斯·朗格与不同同事合作撰写的数篇：Langer et al., *Biological Reviews* 85(2010): 55–110; Michael J. Benton et al., *Current Biology* 24, no.2 (Jan. 2014): R87–R95; Langer, *Palaeontology* 57, no.3 (May 2014): 469–478; Irmis, *Earth and Environmental Science Transactions of the Royal Society of Edinburgh*, 101, no.3–4 (Sept. 2010): 397–426。另外还有 Kevin Padian, *Earth and Environmental Science Transactions of the Royal Society of Edinburgh* 103, no.3–4 (Sept. 2012): 423–442。

关于三叠纪以及恐龙如何融入"现代生态系统集合"整体图景，有两本半技术性书可以参考，这两本书都是我在苏格兰国家博物馆工作的朋友尼克·弗雷泽写的。2006 年，尼克出版了 *Dawn of the Dinosaurs: Life in the Triassic* (Indiana University Press)，2010 年他与汉斯–迪特尔·休斯合写的书 *Triassic Life on Land: The Great Transition* (Columbia University Press) 出版。这两本书都配有大量插图，其中第一本书的插图作者是大名鼎鼎的古生物艺术家道格·亨德森（Doug Henderson），而且都参考了大多数重要的三叠纪脊椎动物演化一次文献。有关泛大陆最好的地图是罗恩·布莱基（Ron Blakey）和克里斯托弗·斯考提斯（Christopher Scotese）制作的，他们根据大量地质学证据来描绘远古海岸线，确定那时陆地的位置。在写作本书的过程中，我常常要解释泛大陆是怎么彼此分离的，这些地图令我获益匪浅。

有关在葡萄牙的发掘情况，我们已经发表了几篇论文，其中一篇详细叙述了群葬墓中发现的宽额螈骨架：Brusatte et al., *Journal of Vertebrate Paleontology* 35, no.3, article no.e912988 (2015): 1–23。另外还有一篇描述与这些"超级蝾螈"生活在一起的植龙类的论文：Octávio Mateus et al., *Journal of Vertebrate Paleontology* 34, no.4 (2014): 970–975。

在阿尔加维地区最早发现三叠纪样本的那名德国地质学学生名叫托马斯·舒尔特（Thomas Schröter），描述了他所发现的这些化石的"寂寂无名"的论文是 *Alcheringa* 32, no.1 (Mar.2008): 37–51, Florian Witzmann and Thomas Gassner。

"鼠帮"——兰迪·伊尔米斯、斯特林·内斯比特、奈特·史密斯、艾伦·特纳和他们的同事——发表了大量关于他们在幽灵牧场发现的标本，以及关于该地区古生态环境、他们的发现如何与三叠纪恐龙演化的全球背景相契合的论文。其中最重要的几篇分别是：Nesbitt, Irmis, and William G. Parker, *Journal of Systematic Palaeontology* 5, no.2 (May 2007): 209–243; Irmis et al., *Science* 317, no.5836 (July 20, 2007): 358–361; Jessica H.Whiteside et al., *Proceedings of the National Academy of Sciences USA* 112, no.26 (June 30, 2015): 7909–7913。*The Triassic Dinosaur Coelophysis, Museum of Northern Arizona Bulletin* 57:1–160，由埃德温·科尔伯特在 1989 年发表，他在这篇专题文章中全面描述了幽灵牧场的腔骨龙骨架，而且还在很多引人入胜的恐龙科普读物中复述了他们做出这次发现的故事。马丁·埃斯库拉发表了关于真腔骨龙的论文（*Geodiversitas* 28, no.4: 649–684）。斯特林·内斯比特在 2006 年的一篇短论文中描述了奥氏灵鳄：*Proceedings of the Royal Society of London, Series B*, vol.273 (2006): 1045–1048。后来这篇论文扩充为一篇专题论文：*Bulletin of the American Museum of Natural History* 302 (2007): 1–84。

有关三叠纪恐龙和假鳄类之间的形态差异，我曾在 2008 年发表过两篇论文：Brusatte et al., "Superiority, Competition,and Opportunism in the Evolutionary Radiation of Dinosaurs", *Science* 321, no.5895 (Sept.12, 2008): 1485–1488; Brusatte et al., "The First 50 Myr of Dinosaur Evolution", *Biology Letters* 4: 733–736。这两篇论文是与迈克·本顿、马塞洛·鲁塔（Marcello Ruta）和格雷姆·劳埃德合作撰写的，他们是我在布里斯托大学的硕士生导师，也是我如今在这一领域最信任的同事。这两篇论文都引用并讨论了罗伯特·巴克和艾伦·查理格发表的一些著作，这些著作极大启发了我。许多无脊椎动物古生物学家都对标准表形分异度方法的发展做出了贡献，特别是迈克·富特（Mike Foote）——他在我的本科院校芝加哥大学任教，但遗憾的是我从未上过他的课——和马特·威尔斯（Matt Wills），我在自己的著述中曾大量引用他们的论文。

迈克·本顿这个名字在本部分多次出现。比起我的另外两位学业导师保罗·塞里诺和马克·诺雷尔，在正文中我谈到迈克的时候较少，原因可能是我在布里斯托大学的时间太短了，没有攒够能在本书中大书特书的"爆料"。但这不是迈克的问题。他是一名超级科研明星，他对脊椎动物演化的研究，还有他写的使用广泛的教科书（特别是 *Vertebrate Palaeontology*，Wiley-Blackwell 出版，该书已经屡次再版，最新一版于2014 年出版），几十年来为整个脊椎动物古生物学研究奠定了基础。虽然广受尊重，他仍然非常谦虚，在数十名研究生中备受热爱，他就是这样一名乐于助人的导师。

第三章　恐龙称霸

Dawn of the Dinosaurs: Life in the Triassic 和 *Triassic Life on Land: The Great Transition*，这两本书对三叠纪末期的大灭绝进行了非常棒的概括性描写，我在第二章的注释中都引用过这两本书的内容。本章的一些议题也在一些有关早期恐龙演化的综述论文中进行了讨论，这些论文在第二章中作为材料来源列出。

三叠纪末期喷发创造了大量玄武岩（包括新泽西州的帕利塞兹），如今在四个大洲均有部分地区被玄武岩覆盖。这被称为中大西洋岩浆区（Central Atlantic Magmatic Province，简称 CAMP），马佐里（Marzoli）及同事对此有过非常详尽的描述，见 *Science* 284, no.5414 (Apr.23, 1999): 616–618。布莱克伯恩（Blackburn）与同事（包括保罗·奥尔森）对 CAMP 火山喷发的时机进行了研究，见 *Science* 340, no.6135 (May 24, 2013): 941–945。他们通过研究发现，在 60 万年的时间里发生了四次大规模喷发。我们来自葡萄牙和幽灵牧场的朋友杰西卡·怀特赛德的研究表明，陆地和海洋中的灭绝在三叠纪末期同时发生，而灭绝的最早迹象与摩洛哥最初的熔岩流是同步的。见 *Proceedings of the National Academy of Sciences USA* 107, no.15 (Apr.13, 2010): 6721–6725。保罗·奥尔森也是这项研究的成员之一，他是怀特赛德在哥伦比亚大学的博士生导师。

关于三叠纪到侏罗纪交替时期的各种变化，比如大气中二氧化碳的含量、全球温度以及植物群落的变化，已经有过不少研究者，如 Jennifer McElwain and colleagues, *Science* 285, no.5432 (Aug.27, 1999): 1386–1390; *Paleobiology* 33, no.4 (Dec. 2007): 547–573; Claire M. Belcher et al., *Nature Geoscience* 3 (2010): 426–429; Margret Steinthorsdottir et al., *Palaeogeography, Palaeoclimatology, Palaeoecology* 308 (2011): 418–432; Micha Ruhland colleagues, *Science* 333, no.6041 (July 22, 2011): 430–434; Nina R. Bonis and Wolfram M. Kürschner, *Paleobiology* 38, no.2 (Mar. 2012): 240–264。

在十几岁的青春期狂欢过去几年之后，保罗·奥尔森开始发表有关北美洲东部裂谷盆地和化石的论文。他已经写了两篇关于泛大陆裂谷盆地系统（地质学家所称的纽瓦克超群）的技术性综述，这两篇综述都是与彼得·来图尔诺（Peter LeTourneau）合作撰写的：*The Great Rift Valleys of Pangea in Eastern North America*, vols.1–2 (Columbia University Press, 2003)；一篇非常有用的综述论文 *Annual Review of Earth and Planetary Sciences* 25 (May 1997): 337–401。2002 年，奥尔森发表了一篇重要论文，总结了他多年来在足迹方面的研究，提出了在三叠纪末期灭绝后恐龙快速辐射的证据，见 *Science* 296, no.5571 (May 17, 2002): 1305–1307。

关于蜥脚类恐龙的文献卷帙浩繁。描述这群明星级别恐龙的最好的一本技术性著作是 *The Sauropods: Evolution and Paleobiology* (University of California Press, 2005)，作者是克里斯蒂娜·库里·罗杰斯（Kristina Curry Rogers）和杰夫·威尔森（Jeff Wilson）。保罗·厄普丘奇、保罗·巴雷特与彼得·多德森（Peter Dodson）为经典的学术性恐龙百科全书 *The Dinosauria* (University of California Press, 2004) 的第二版撰写了一篇非常优秀的技术性总结文章，我在自己的 2012 版教科书 *Dinosaur Paleobiology* (Hoboken, NJ: Wiley-Blackwell) 中写了一篇有关蜥脚类恐龙的技术性没那么强的综述文章。我职业生涯早期的两名同事菲尔·曼尼恩（Phil Mannion）和迈克·德伊米克（Mike D'Emic）不久前与他们的导师厄普丘奇、巴雷特和威尔森做了大量描述蜥脚类恐龙的有益工作。

2016 年，我们描述了在天空岛发现的蜥脚类恐龙行迹（Brusatte et al., *Scottish Journal of Geology* 52:1–9）。有关苏格兰蜥脚类最早期的一些碎片式记录的呈现者包括我在格拉斯哥大学的伙伴尼尔·克拉克和杜格尔·罗斯，见 *Scottish Journal of Geology* 31 (1995): 171–176；我无与伦比的苏格兰老乡杰夫·利斯顿，见 *Scottish Journal of Geology* 40, no. 2 (2004): 119–122，以及保罗·巴雷特，见 *Earth and Environmental Science Transactions of the Royal Society of Edinburgh* 97: 25–29。

计算恐龙的体重一向是众多研究的重点。J.F. 安德森（J.F.Anderson）与同事的一项开创性工作最早发现了现生及已经灭绝动物的长骨厚度（就学术而言是为周长）与体重（就学术而言是为质量）之间的关系：*Journal of Zoology* 207, no.1 (Sept. 1985): 53–61。在较近期的论文中，尼克·坎皮奥尼（Nic Campione）、大卫·伊万斯（David Evans）及其同事改进了这一方法，见 *BMC Biology* 10 (2012): 60; *Methods in Ecology and Evolution* 5 (2014): 913–923。这些方法已经被罗杰·本森（Roger Benson）与合著者用来估算几乎所有恐龙的质量，见 *PLoS Biology* 12, no.5 (May 2014): e1001853。

基于摄影测量的估算质量的方法是由卡尔·贝茨和他的两名博士生导师比尔·塞勒斯（Bill Sellers）及菲尔·曼宁（Phil Manning）首创的，见 *PLoS ONE* 4, no.2 (Feb. 2009): e4532，之后该方法在数篇论文中得到了扩展，包括由塞勒斯等人发表于 *Biology Letters* 8 (2012): 842–845，布拉西等人发表于 *Biology Letters* 11 (2014): 20140984，以及贝茨等人发表于 *Biology Letters* 11 (2015): 20150215 等几篇。彼得·法尔金汉姆发表了一篇关于如何收集摄影测量数据的入门文章，见 *Palaeontologica Electronica* 15 (2012): 15.1.1T。我参与了对蜥脚类恐龙的研究，这项研究由卡尔、彼得和韦夫·艾伦（Viv Allen）牵头，相关论文见 *Royal Society Open Science* 3 (2016): 150636。

值得注意的是，这两种方法——基于长骨周长和摄影测量模型的方程——都有可能产生误差。恐龙的体形越大，误差也就越大，尤其是因为这些方法无法在现生动物身上得到证实，毕竟这些动物的体形远远不能与蜥脚类恐龙相提并论。上面引用的原始资料广泛讨论了误差的来源，并且在许多情况下基于这种对不确定性的理解，为每种恐龙都提出了一个合理的体重区间。

蜥脚类动物的生物学和进化是一系列引人入胜的研究论文的主题，这些论文汇集在 *Biology of the Sauropod Dinosaurs: Understanding the Life of Giants*, Nicole Klein and Kristian Remes (Indiana University Press, 2011)。本书中有一章由奥利弗·劳古特（Oliver Rauhut）及其同事撰写，详细讨论了蜥脚类恐龙身体结构的演化：这类恐龙的所有典型特点是如何在千百万年间集于一身的。蜥脚类恐龙何以能长到这么大这一问题不久前在一篇论文中得到了阐发，这篇极其精彩易懂的蜥脚类生物学综述论文的作者是马丁·桑德（Martin Sander）和一个研究团队，多年来他们一直在研究这个问题，见 *Biological Reviews* 86 (2011): 117–155。此项研究得到了一家德国研究基金的大力资助。

第四章　恐龙与漂移的大陆

有关扎林格壁画的信息，请参阅 *House of Lost Worlds: Dinosaurs, Dynasties, and the Story of Life on Earth*, Richard Conniff (Yale University Press, 2016) 或 *The Age of Reptiles: The Art and Science of Rudolph Zallinger's Great Dinosaur Mural at Yale*, Rosemary Volpe (Yale Peabody Museum, 2010)。当然，有机会亲自去皮博迪博物馆看这幅壁画是最好不过了，那真是一件令人叹为观止的艺术品。

有关柯普和马什之间的化石之战，流行说法有很多，但如果想要读一个具有学术性、实事求是的版本的话，我推荐约翰·福斯特（John Foster）的一本极佳著作：*Jurassic West: The Dinosaurs of the Morrison Formation and Their World* (Indiana University Press, 2007)。福斯特花费了几十年的时间在整个美国西部挖掘恐龙化石，他的这本书是对莫里森组恐龙的一个非常好的概括，讲述了它们生存的世界，以及它们被发现的历史。在撰写这一章的内容时，这本书是我最重要的历史信息来源。该书引用了大量一手信源，包括柯普和马什在彼此争斗期间发表的很多研究论文。

"大艾尔"的故事是以一份报告为基础的，报告的作者是布伦特·布莱特豪普特（Brent Breithaupt），他当时是怀俄明大学的古生物学家，如今就职于美国土地管理局（BLM）。该报告是为国家公园管理局撰写的，发表时的标题为"The Case of 'Big Al' the *Allosaurus*: A Study in Paleodetective Partnerships", in V. L. Santucci and L. McClelland, eds., *Proceedings of the 6th Fossil Resource Conference* (National Park Service, 2001), 95–106。

在"大艾尔"的体形大小和病理学方面已经有很多非常有意思的研究，前者包括 Bates et al., *Palaeontologica Electronica*, 2009, 12: 3.14A，后者包括 Hanna, *Journal of Vertebrate Paleontology*, 2002, 22: 76–90。我在本章中提到的异特龙进食的电脑建模研究是由埃米莉·雷菲尔德和同事发表的，见 *Nature*, 2001, 409: 1033–1037。有关柯比·西贝尔的信息是从 *Rocks & Minerals Magazine*, John S. White (2015, 90: 56–61) 中摘录的。关于商业化的恐龙化石收集及买卖这个主题，如果想要阅读一些持平之论，从希瑟·普林格尔（Heather Pringle）在 *Science* (2014, 343: 364–367) 发表的这篇文章开始是个不错的选择。

关于莫里森组的蜥脚类动物有许多非常优秀的研究文章。最好的入门读物就是教科书 *The Dinosauria* (University of California Press, 2004) 中有关蜥脚类恐龙这一章，作者是蜥脚类恐龙专家保罗·厄普丘奇、保罗·巴雷特和彼得·多德森。在过去的 20 年里，关于不同的蜥脚类动物脖子的位置产生过大量争论，我在我的教科书 *Dinosaur Paleobiology* 中做了总结，这本书引用的相关文献大部分都是由肯特·史蒂文斯（Kent Stevens）和迈克尔·帕里什（Michael Parrish）撰写的。有关蜥脚类恐龙的食性也有很多论文发表，其中一些较为重要的论文是厄普丘奇和巴雷特所写。这些议题在我的教科书以及 2011 年桑德等人发表的有关蜥脚类恐龙的论文中都有所讨论和总结（我在第三章注释部分的末尾提到了这篇论文）。更近期以来，厄普丘奇、巴雷特、埃米莉·雷菲尔德及他们的博士研究生大卫·巴顿（David Button）和马克·扬（Mark Young）在计算机建模方面取得了突破性进展，他们这项工作的目的是要理解不同的蜥脚类恐龙是如何进食的，见 Young et al., *Naturwissenschaften*, 2012, 99: 637–643; Button et al., *Proceedings of the Royal Society of London, Series B*, 2014, 281: 20142144。

The Dinosauria 中的相关章节为晚侏罗世其他大陆恐龙提供了非常棒的信息来源。如今闻名遐迩的葡萄牙晚侏罗世恐龙已经得到了很好的研究，研究者之一就是奥克塔维奥·马特乌斯，他既是我的朋友，也是宽额螈骨层的挖掘者之一，我们在本书此前的章节中提到过他。如要阅读相关综述，可参阅 Antunes and Mateus, *Comptes Rendus Palevol 2* (2003): 77–95。坦桑尼亚的晚侏罗世恐龙是在 20 世纪初出土的，当时在德国的牵头下进行了一系列引人注目的挖掘，在 *African Dinosaurs Unearthed: The Tendaguru Expeditions*, Gerhard Maier (Indiana University Press, 2003) 一书中对此有非常详尽的描述。

有关侏罗纪—白垩纪分界期发生的变化，我的最重要信息源是乔纳森·田纳特（Jonathan Tennant）与人合作撰写的一篇非常棒的综述论文：*Biological Reviews*, 2016, 92 (2017): 776–814。我是这篇论文的同行评审员之一，在我评议过的数百份稿件中，这可能是我从中获得最多教益的一份。乔纳森完成这篇论文时还是伦敦的一名博士生。互联网极客读者朋友可能认识这位激情四溢的科普作者，他在推特发表了大量推文，通过博客和社交媒体广泛传播科学知识。

在书籍、杂志和报纸上有很多关于保罗·塞里诺的介绍。其中一些简介是我在 20

世纪 90 年代末期和本世纪早期写的，那时我还是他的 "狂热粉丝"，不过这里我就不多做说明了，想要了解我的 "少作" 的朋友们请稍微多花一点儿力气自己去探索吧。有一天保罗自己或许会（我希望会！）写下他的故事，但在此之前，关于他的考察和发现，在他的实验室网站（paulsereno.org）上有大量信息。他在欧洲较为重要的发现见（括号中标注了相关科学论文的简单引用）：*Afrovenator*（*Science*, 1994, 266: 267–270）；*Carcharodontosaurus saharicus* and *Deltadromeus*（*Science*, 1996, 272: 986–991）；*Suchomimus*（*Science*, 1998, 282: 1298–1302）；*Jobaria* and *Nigersaurus*（*Science*, 1999, 286: 1342–1347）；*Sarcosuchus*（*Science*, 2001, 294: 1516–1519）；*Rugops*（*Proceedings of the Royal Society of London Series B*, 2004, 271: 1325–1330）。保罗和我在 2017 年共同描述了伊吉迪鲨齿龙，见 Brusatte and Sereno, *Journal of Vertebrate Paleontology* 27: 902–916；在一年之后描述了始鲨齿龙（见 Sereno and Brusatte, *Acta Palaeontologica Polonica*, 2008, 53: 15–46）。

关于使用分支学构建家谱（系统发生论）这一主题，有大量的教科书和操作指南可供参考。这种方法建立在由德国昆虫学家维利·亨尼希（Willi Hennig）提出的理论之上，他在一篇论文（*Annual Review of Entomology*, 1965, 10: 97–116）和一本具有里程碑意义的书《系统发生学》（*Phylogenetic Systematics*, University of Illinois Press, 1966）中概述了他的想法。上述著作可能比较难懂，下面这些教科书更容易理解：Ian Kitching et al., *Cladistics: The Theory and Practice of Parsimony Analysis*, Systematics Association, London, 1998; Joseph Felsenstein, *Inferring Phylogenies*, Sinauer Associates, 2003; Randall Schuh and Andrew Brower, *Biological Systematics: Principles and Applications*, Cornell University Press, 2009。我也曾以恐龙为例做过一些一般性解释，相关内容可参阅我的教科书 *Dinosaur Paleobiology* 中 "系统发生论" 一章。

2008 年，我在与保罗·塞里诺共同撰写的一篇论文（*Journal of Systematic Palaeontology* 6: 155–182）中发表了我的鲨齿龙（以及它们的异特龙亲属）的族谱。第二年，我发表了更新版的族谱，当时我和其他同事一起命名并描述了亚洲第一种鲨齿龙类——假鲨齿龙，见 Brusatte et al., *Naturwissenschaften*, 2009, 96: 1051–1058。这篇论文的合著者之一是罗杰·本森，他跟我一样当时也是一名学生。罗杰和我成了非常要好的朋友，一起去了很多博物馆（2007 年我们还一起踏上了难以置信的中国之旅），在鲨齿龙和其他异特龙等几个研究项目上进行过合作，其中包括一篇描述英国的鲨齿龙类——新猎龙的专题论文，见 Brusatte, Benson, and Hutt, *Monograph of the Palaeontographical Society*, 2008, 162: 1–166。罗杰还邀请我参与对鲨齿龙 / 异特龙 / 兽脚类系统发育的进一步研究，这个项目的绝大部分工作都是他做的，见 Benson et al., *Naturwissenschaften*, 2010, 97: 71–78。

第五章 凶暴的蜥蜴之王

这一章是我在《科学美国人》2015 年 5 月号发表的一篇关于君王暴龙演化故事的文章（31234–41）的扩展版。这篇文章的灵感来自我和几名同事在 2010 年发表的一篇关于君王暴龙谱系和演化的综述论文，见 Brusatte et al., *Science*, 329: 1481–1485。这两篇文章都是很好的有关君王暴龙的一般性信息来源。*The Dinosauria* (University of California Press, 2004) 中托马斯·霍兹（Thomas Holtz）所撰写的那一章也非常值得参阅。

吕君昌和我在 2014 年发表的一篇论文（Lü et al., *Nature Communications* 5: 3788）中描述了中华虔州龙（匹诺曹暴龙）。迪迪·克里斯滕·塔特洛（Didi Kirsten Tatlow）在《纽约时报》的一篇文章（sinosphere.blogs.nytimes.com/2014/05/08/pinocchio-rex-chinas-new-dinosaur）中讲述了它被发现的故事。我研究的"奇怪的暴龙"分支龙（正是这项研究让吕君昌找到我帮他研究虔州龙）在一些论文中均有描述：Brusatte et al., *Proceedings of the National Academy of Sciences USA* 106 (2009): 17261–17266; Bever et al., *PLoS ONE* 6, no.8 (Aug. 2011): e23393; Brusatte et al., *Bulletin of the American Museum of Natural History* 366 (2012): 1–197; Bever et al., *Bulletin of the American Museum of Natural History* 376 (2013): 1–72; Gold et al., *American Museum Novitates* 3790 (2013): 1–46。

近 10 年来，我一直在研究暴龙的谱系，随着新暴龙化石的发现，我构建的家族树也越来越庞大。长期以来，这项工作都是跟我的好朋友兼同事——威斯康星州基诺沙县迦太基学院的托马斯·卡尔合作完成的。在我前面提到过的 2010 年发表在《科学》杂志的那篇综述论文（Brusatte and Carr, *Scientific Reports* 6: 20252）中，我们介绍了第一版家族树。本章中有关演化的讨论是以 2016 年版家族树为基础框架的。

很多流行读物和科学读物都介绍过君王暴龙的发现过程。有关巴纳姆·布朗和他的这项伟大发现，最好的信息源是罗威尔·迪古斯和马克·诺雷尔（我的博士生导师）撰写的布朗的传记——*Barnum Brown: The Man Who Discovered Tyrannosaurus rex* (University of California Press)，这本书出版于 2011 年。我在本章中引用的罗威尔的话来自美国自然历史博物馆为这本书建立的一个网页。布莱恩·兰格尔（Brian Rangel）出版了一本非常好的亨利·费尔菲尔德·奥斯本传记，有关他身世的叙述我参考了这本书：*Henry Fairfield Osborn: Race and the Search for the Origins of Man* (Ashgate Publishing, Burlington, VT, 2002)。

亚历山大·阿瓦里阿诺夫在 2010 年的一篇论文（Averianov et al., *Proceedings of the Zoological Institute RAS*, 314: 42–57）中描述了哈卡斯龙。徐星和同事在 2004 年描述了帝龙（见 Xu et al., *Nature* 431: 680–684），在 2006 年描述了冠龙（见 Xu et al., *Nature* 439: 715–718），在 2012 年描述了华丽羽王龙（见 Xu et al., *Nature* 484: 92–99）。对中国暴龙的描述是季强（Qiang Ji）和同事撰写的（见 Ji et al., *Geological Bulletin of China*, 2009, 28: 1369–1374）。罗杰·本森和我命名了侏罗暴龙（见 Brusatte and Benson, *Acta Palaeontologica Polonica*, 2013, 58: 47–54），依据的是罗杰数年前描述过的一个样本（见 Benson, *Journal of Vertebrate Paleontology*, 2008, 28: 732–750）。来自美丽的英格兰怀特岛的始暴龙是由史蒂夫·霍特（Steve Hutt）与同事命名并描述的（见 Hutt et al., *Cretaceous Research*, 2001, 22: 227–242）。

我们命名并描述来自乌兹别克斯坦中白垩纪世的好耳帖木儿龙的论文（Brusatte et al., *Proceedings of the National Academy of Sciences USA* 113: 3447–3452）发表于 2016 年。与萨沙、汉斯以及我一起做相关研究的还有我的硕士研究生艾米·缪尔（她处理了相关的 CT 扫描数据）以及伊恩·巴特勒（我在爱丁堡大学的同事，我们用来研究化石的 CT 扫描仪是他自制的）。有关中白垩世鲨齿龙仍然压暴龙一头的信息，请参阅描述西雅茨龙的论文（Zanno and Makovicky, *Nature Communications*, 2013, 4: 2827）、描述吉兰泰龙的论文（Benson and Xu, *Geological Magazine*, 2008, 145: 778–789）、描述假鲨齿龙的论文（Brusatte et al., *Naturwissenschaften*, 2009, 96: 1051–1058）以及描述气腔龙的论文（Sereno et al., *PLoS ONE*, 2008, 3, no.9: e3303）。

第六章　恐龙之王

首先声明，我在本章开头讲的故事是虚构出来的，不过故事的细节都是以真实的化石发现（本章后文有描述，本部分下文有引用出处）为依据的，在君王暴龙、三角龙和鸭嘴龙的行为方面，存在一定程度的猜测。

要了解君王暴龙的一般性背景知识，包括大小、身体特征、栖息地和年龄，请参阅上一章引用的有关暴龙类的通用参考资料。身体质量估计数据来自罗杰·本森与同事撰写的一篇有关恐龙身体大小演化的论文，这篇论文我之前已经引用过。

关于君王暴龙的食性有大量的文献。日常食物摄入量的信息来自两篇关于这一主题的重要论文：一篇由詹姆斯·法尔洛（James Farlow）撰写（*Ecology*, 1976, 57: 841–857），另一篇由里斯·巴瑞克（Reese Barrick）和威廉姆·肖沃斯（William Showers）撰写（*Palaeontologia Electronica*, 1999, vol.2, no.2）。认为君王暴龙是食腐动物的观点经常在媒体出现，每次都让很多研究恐龙的古生物学家——尤其是我——感到无比沮丧，这种观点已经被我们这一代知识最丰富、最具热情的暴龙研究专家托马斯·霍兹在 *Tyrannosaurus rex: The Tyrant King* (Indiana University Press, 2008) 这本书中彻底驳倒了。罗伯特·德帕玛（Robert DePalma）领导的一个团队描述了嵌有一颗君王暴龙牙齿的埃德蒙顿龙化石（见 *Proceedings of the National Academy of Sciences USA*, 2013, 110: 12560–12564）。名气非常大的内含骨头的君王暴龙粪便是由卡伦·钦（Karen Chin）与同事描述的（见 *Nature*, 1998, 393: 680–82）；骨质胃内容物是由大卫·维利切奥（David Varricchio）描述的（见 *Journal of Paleontology*, 2001, 75: 401–406）。

格雷格·埃里克森和他的团队对君王暴龙的"穿刺–拉扯式"进食做了详细研究，关于这一主题他们发表了几篇重要论文：Erickson and Olson, *Journal of Vertebrate Paleontology*, 1996, 16: 175–178; Erickson et al., *Nature*, 1996, 382: 706–708. 其他重要研究者还包括：梅森·米尔斯（Mason Meers），见 *Historical Biology*, 2002, 16: 1–2; 弗朗索瓦·塞里恩及其同事，见 *The Carnivorous Dinosaurs* (Indiana University Press, 2005); 以及卡尔·贝茨和彼得·法尔金汉姆，见 *Biology Letters*, 2012, 8: 660–664. 埃米莉·雷菲尔德针对暴龙头骨结构和撕咬行为写过两篇非常引人注目的论文，都发表在 2005 年前后，分别是 *Proceedings of the Royal Society of London Series B*, 2004, 271: 1451–1459 和 *Zoological*

Journal of the Linnean Society, 2005, 144: 309–316。她还写过一本关于有限元分析的非常有帮助的入门读物：*Annual Review of Earth and Planetary Sciences*, 2007, 35: 541–576。

约翰·哈钦森与合作者共同撰写了大量关于君王暴龙行动的研究论文，其中主要的几篇见 *Nature*(2002, 415: 1018–1021); *Paleobiology* (2005, 31: 676–701); *Journal of Theoretical Biology* (2007, 246: 660–680) 及 *PLoS ONE* (2011, 6, no.10: e26037)。约翰与马修·卡拉诺（Matthew Carrano）共同发表了关于君王暴龙骨盆和后肢肌肉系统的一篇重要论文：*Journal of Morphology*, 2002, 253: 207–228。约翰还就对恐龙行动能力的研究写了一篇综括性入门文章，收录在 *Encyclopedia of Life Sciences* (Wiley-Blackwell, 2005) 一书中。他的博客文章也非常有意思，而且写得非常棒（https://whatsinjohnsfreezer.com）。

关于现代鸟类高效的肺，以及它的工作原理，在我的书 *Dinosaur Paleobiology* 中有更详细的描述。关于这一主题，还有一些专门论文可供参考，比如 Brown et al., *Environmental Health Perspectives*, 1997, 105: 188–200; Maina, *Anatomical Record*, 2000, 261: 25–44。关于恐龙骨骼中存在气囊（专业术语叫作 pneumaticity）的化石证据，布鲁克斯·布里特（Brooks Britt）曾进行过卓有成效的研究，并以此为题撰写了博士论文，见 Britt, 1993, PhD thesis, University of Calgary。有关这一主题，更晚近的重要研究者包括帕特里克·奥康纳（Patrick O'Connor）及其同事（见 *Journal of Morphology*, 2004, 261: 141–161; *Nature*, 2005, 436: 253–256; *Journal of Morphology*, 2006, 267: 1199–1226; *Journal of Experimental Zoology*, 2009, 311A: 629–646），罗杰·本森及其合作者（见 *Biological Reviews*, 2012, 87: 168–193），以及马修·威德尔（Mathew Wedel）（见 *Paleobiology*, 2003, 29: 243–255; *Journal of Vertebrate Paleontology*, 2003, 23: 344–357）。

萨拉·伯奇在博士论文（Stony Brook University, 2013）中描述了她对君王暴龙前臂的研究，这篇论文曾经在古脊椎动物学会年会上做过介绍，眼下这篇论文正待成书出版。

菲利普·柯里和他的团队写了几篇关于艾伯塔龙群葬墓的论文，发表在 *Canadian Journal of Earth Sciences* 的一期特刊上（2010, vol.47, no.9）。菲利普关于艾伯塔龙和特暴龙集体狩猎的研究在一本科普书上有简要介绍，这本书的名字非常引人遐想，叫作 *Dinosaur Gangs*（Collins, 2011），作者是乔什·扬（Josh Young）。

使用 CT 扫描对恐龙大脑进行的研究不可胜数。关于这一主题，有几篇非常棒的综述论文，当然也可以叫作指南：Carlson et al., *Geological Society of London Special Publication*, 2003, 215: 7–22；由拉里·威特默及其同事撰写的文章，发表于 *Anatomical Imaging: Towards a New Morphology*, Springer-Verlag, 2008。最重要的暴龙 CT 研究论文有两篇：一篇由克里斯·布罗许撰写，*Anatomical Record*, 2009, 292: 1266–1296；另一篇由埃米·巴拉诺夫、盖布·贝弗夫妇以及一队研究人员（我是其中之一）撰写，*PLoS ONE* 6 (2011): e23393 及 *Bulletin of the American Museum of Natural History*, 2013, 376: 1–72。伊恩·巴特勒和我发表的第一篇暴龙大脑演化研究论文是我们对暴龙家族新成员——好耳帖木儿龙所做描述的一部分，对此，我在前一章中已经提及。达拉·泽勒尼茨基对嗅球演化的研究发于 2009 年，见 *Proceedings of the Royal Society of London Series B*, 276: 667–673。肯特·史蒂文斯已经发表了关于暴龙双眼视觉的论文，见 Journal of Vertebrate Paleology, 2003, 26: 321–330。

近期有关君王暴龙（以及更多一般意义上的恐龙）最激动人心的研究之一是利用骨组织学来了解君王暴龙是如何生长的。我强烈推荐两篇讨论这一主题的非常易读的综述论文，格雷格·埃里克森撰写的这篇（*Trends in Ecology and Evolution*, 2005, 20: 677–684）篇幅较短，而阿努苏亚·钦萨米 – 图兰（Anusuya Chinsamy-Turan）撰写的这篇（*The Microstructure of Dinosaur Bone*, Johns Hopkins University Press, 2005）则非常长，已经相当于一本书了。格雷格有关暴龙生长的里程碑式论文 2004 年发表在《自然》杂志（430: 772–775）。有关这一主题的另外一篇重要论文是杰克·霍纳及凯文·帕迪安（Kevin Padian）撰写的，见 *Proceedings of the Royal Society of London Series B*, 2004, 271: 1875–1880。更新近的一篇论文的作者是博学多才的内森·默沃德（Nathan Myhrvol）——物理学博士、微软前首席技术官、常有发明面世的发明家、著名厨师和备受赞誉的 *Modernist Cuisine* 一书的作者，而且还是一名业余恐龙古生物学家，这篇富有启发性的论文阐述了在计算恐龙生长速率方面对统计学技术的使用和不时出现的误用，见 *PLoS ONE*, 2013, 8, no.12: e81917。

托马斯·卡尔写了很多论文，讨论君王暴龙以及其他暴龙在成长过程中是如何变化的。他最重要的论文见 *Journal of Vertebrate Paleontology* (1999, 19: 497–520) 和

Zoological Journal of the Linnean Society (2004, 142: 479–523)。

第七章 恐龙进入全盛期

我承认，我把白垩纪最晚期描述为恐龙繁盛的顶点有点儿主观，我的一些同事可能不会同意我的一些说法。问题的关键在于通过化石记录来测定多样性水平存在困难，各种各样的偏差在所难免，其中很多偏差我们甚至还无法理解。有关恐龙多样性的论文汗牛充栋，其中一些论文使用了统计学方法来估算各个时期的总体恐龙数量。这些论文在细节方面得出的结论并不相同，但确实在一个普遍观点上达成了一致：以录得的数字或估算的物种数量计算，白垩纪最晚期是恐龙多样性非常高的一个时期。即使不能说这是恐龙多样性最高的时期，可能也不会跟最高峰相差太远。我的同事们还有我使用不同的统计方法计算了白垩纪的恐龙多样性水平（见 Brusatte et al.,*Biological Reviews*, 2015, 90: 628–642），发现在物种丰富程度方面，白垩纪最晚期是白垩纪的最高点，或者非常接近最高点。这些年来，一直有其他有关恐龙多样性的重要论文发表，包括 Barrett et al., *Proceedings of the Royal Society of London Series B*, 2009, 276: 2667–2674; Upchurch et al., *Geological Society of London Special Publication*, 2011, 358: 209–240; Wang and Dodson, *Proceedings of the National Academy of Sciences USA*, 2006, 103: 6015; Starrfelt and Liow, *Philosophical Transactions of the Royal Society of London Series B*, 2016, 371: 20150219。

有关伯比自然历史博物馆历史的信息可以在该博物馆的网站（http://www.burpee.org）找到。托马斯·卡尔领导的一个团队目前正在研究伯比自然历史博物馆发现的未成年君王暴龙简目。完整的描述尚未发表，但该化石已经成为古脊椎动物学会许多会议论文的主题。

地狱溪组是个信息宝库。戴维·法斯托夫斯基和安托万·贝科维奇（Antoine Bercovici）写过一篇相当易读的综述论文（*Cretaceous Research*, 2016, 57: 368–390）。如果你想了解更多细节，美国地质学会已经出版了两本关于地狱溪的专刊（Hartman et al., 2002, 361: 1–520; Wilson et al., 2014, 503: 1–392）。罗威尔·迪古斯还写了一本广受欢迎的有关地狱溪及那里的恐龙的书（*Hell Creek, Montana: America's Key to the Prehistoric*

Past, St. Martin's Press, 2004）。关于地狱溪恐龙有两项重要调查，有关该生态系统不同物种所占百分比的数据，我都是从这里引用的。第一项调查的牵头人是彼得·希恩和戴维·法斯托斯夫斯基，他们发表了一系列论文，其中两篇尤为重要：Sheehan et al., *Science*, 1991, 254: 835–839; White et al., *Palaios*, 1998, 13: 41–51。第二项调查是不久前进行的，牵头人是杰克·霍纳与同事，见 Horner et al., *PLoS ONE*, 2011, 6, no.2: e16574。

关于三角龙和一般的角龙类最好的信息来源之一是彼得·多德森撰写的半技术性著作 *The Horned Dinosaurs* (Princeton University Press, 1996)。有关角龙的更加技术性的综述可以在 *The Dinosauria* (University of California Press, 2004) 这本书中多德森与凯西·福斯特（Cathy Forster）和斯考特·萨普森（Scott Sampson）合写的章节中找到。类似地，关于鸭嘴龙的主要信息来源是杰克·霍纳、大卫·维沙佩尔（David Weishampel）和福斯特在 *The Dinosauria* 这本书中撰写的章节，以及不久前出版的一本技术性著作，其中包括几篇有关角龙的论文（Eberth and Evans, eds., *Hadrosaurs*, Indiana University Press, 2015）。*The Dinosauria* 中还有一章讲的是肿头龙，作者是特蕾莎·玛丽安斯卡（Teresa Maryańska）及其同事，他们对这个看起来怪模怪样的群体做了很好的介绍。

在科学文献中，我是对荷马的发现——第一个三角龙骨床——进行描述的团队的一员。这篇论文的牵头人是乔什·马修斯（Josh Mathews），在 2005 年的那次考察中，他也是随行学生中的一员，论文的共同作者还包括迈克·亨德森和斯科特·威廉姆斯，见 *Journal of Vertebrate Paleontology*, 2009, 29: 286–290。在这篇论文中，我们讨论并引用了之前发现过的一些角龙类骨床。大卫·伊伯斯（David Eberth）撰写过一篇非常好的有关角龙类骨床的综述论文，其中引用了很多重要论文，见 *Canadian Journal of Earth Sciences*, 2015, 52: 655–681。在 *New Perspectives on Horned Dinosaurs* (Indiana University Press, 2007) 这本书中，有一章内容是伊伯斯与人合写的，其中描述了尖角骨床。

关于晚白垩世南美洲恐龙（以及更广泛意义上的南部大陆恐龙），最好的一般性参考书就是费尔南多·诺瓦斯（Fernando Novas）的著作 *The Age of Dinosaurs in South America* (Indiana University Press, 2009)。罗伯托·坎德埃罗撰写了多篇关于巴西恐龙的专题论文，他研究兽脚类恐龙牙齿的一些较为重要的论文包括他 2007 年的博士论文（里约热内卢联邦大学）和 2012 年的一篇论文（Candeiro et al., *Revista Brasileira de*

Geociências 42: 323–330）。罗伯托、费利佩及其同事描述了出自巴西的一块鲨齿龙颌骨（见 Azevedo et al., *Cretaceous Research*, 2013, 40: 1–12），费利佩描述南方海神龙的论文发表于 2016 年（Bandeira et al., *PLoS ONE* 11, no.10: e0163373）。有关巴西奇异的鳄类，已经有一系列出版物进行过描述，见 Carvalho and Bertini, *Geologia Colombiana*, 1999, 24: 83–105; Carvalho et al., *Gondwana Research*, 2005, 8: 11–30; Marinho et al., *Journal of South American Earth Sciences*, 2009, 27: 36–41。

由于一些令人百思不解的原因，弗兰兹·诺普乔·冯·费舍尔－西尔瓦什男爵至今还没有成为一部重要传记或电影的主人公。不过，写到他的文章颇有一些。其中最好的是瓦妮莎·韦塞尔卡（Vanessa Veselka）在 2016 年 7 月至 8 月号的《史密森尼》（*Smithsonian*）上发表的文章，斯蒂凡尼·佩因（Stephanie Pain）在《新科学家》（*New Scientist*, April 2–8, 2005）上发表的一篇文章，以及加雷斯·戴克（Gareth Dyke）在《科学美国人》（October 2011）上发表的一篇文章。追随着男爵的足迹，古生物学家大卫·维沙佩尔也曾花费数年的时间在罗马尼亚挖掘恐龙化石，他常常在文章中提到男爵。在 2011 年出版的 *Transylvanian Dinosaurs*（Johns Hopkins University Press）一书中，他笔下的男爵栩栩如生，他还跟奥利弗·克舍尔（Oliver Kerscher）合作，整理了男爵的一系列书信和出版物，其中也包括一份简短的传记，以及对男爵科研工作的背景介绍，见 *Historical Biology* 25: 391–544。

维沙佩尔的 *Transylvanian Dinosaurs* 一书也是关于特兰西瓦尼亚侏儒恐龙的最好的一般性参考资料。如想对此类恐龙有更为专业的了解，可参阅佐尔坦·奇基－萨瓦和迈克·本顿编辑的一系列论文，这些论文作为 *Palaeogeography, Palaeoclimatology, Palaeoecology* 期刊的一期专刊在 2010 年出版（vol.293）。其他一些颇有助益的综述论文还包括维沙佩尔和同事发表于 *National Geographic Research*, 1991, 7: 196–215 以及丹·格里高莱斯库（Dan Grigorescu）发表于 *Comptes Rendus Paleovol*, 2003, 2: 97–101 的文章。我是佐尔坦·奇基－萨瓦领导的一个团队的一员，他以欧洲白垩纪最晚期动物群为主题写过一篇涵盖范围更广阔的综述论文（*ZooKeys*, 2015, 469: 1–161），实际上恐龙当时在数个岛上都有分布，特兰西瓦尼亚岛是得到最充分研究的一个，也是最有名的一个。

马加什·弗雷米尔、佐尔坦·奇基-萨瓦、马克·诺雷尔和我发表了两篇关于邦多克巴拉乌尔龙的论文，其中一篇为简短的初始描述，我们在这篇论文中为它命了名（Csiki-Sava et al., *Proceedings of the National Academy of Sciences USA*, 2010, 107: 15357–15361）；另外一篇专题论文较长，我们详细计算并描述了每一块骨头（Brusatte et al., *Bulletin of the American Museum of Natural History*, 2013, 374: 1–100）。我们还与其他同事一起写了一篇更全面的关于特兰西瓦尼亚恐龙的年龄和重要意义的论文，着重突出了新的发现（Csiki-Sava et al., *Cretaceous Research*, 2016, 57: 662–698）。

第八章　飞向蓝天的恐龙

本章涵盖了我在多篇文章中谈到的多个主题，其中一篇发表在《科学美国人》（Jan.2017, 316: 48–55），另外还有一篇有关早期鸟类演化的专业综述论文（Brusatte, O'Connor, and Jarvis, *Current Biology*, 2015, 25: R888–R898），此外还有一篇发表在《科学》（2017, 355: 792–794）上的评论文章。写作本章的大部分动力来自我的博士论文，这篇论文的主题是鸟类及其近亲的系谱，以及从恐龙到鸟这一演化进程的模式和速率。2012 年我做了博士论文答辩，这篇论文（*The Phylogeny of Basal Coelurosaurian Theropods and Large-Scale Patterns of Morphological Evolution During the Dinosaur-Bird Transition*, Columbia University, New York）于 2014 年发表，见 Brusatte et al., *Current Biology*, 2014, 24: 2386–2392。

关于鸟类的起源以及它们与恐龙的关系，有大量的文献可供查阅。最好的一般性信息来源包括三篇综述论文，分别是 Kevin Padian and Luis Chiappe, *Biological Reviews*, 1998, 73: 1–42; Mark Norell and Xu Xing, *Annual Review of Earth and Planetary Sciences*, 2005, 33: 277–299 以及 Xu Xing and colleagues, *Science*, 2014, 346: 1253293。马克·诺雷尔的书 *Unearthing the Dragon* (Pi Press, New York, 2005) 是我一直最喜欢的一本书，这本书讲述了作者以欢快的脚步走遍中国研究带羽毛的恐龙的故事，而且我的朋友、最好的恐龙画师之一米克·埃利森为该书画了插图，使得这本书图文并茂。不久前出版了 *Birds of Stone* (Luis Chiappe and Meng Qingjin, Johns Hopkins University Press, 2016) 一书，这本地图集非常漂亮，主题是来自中国的带羽毛的恐龙以及原始鸟类。

在 *Taking Wing* (Pat Shipman, Trafalgar Square, 1998) 这本书中，我们可以读到科学家如何第一次认识到恐龙和鸟类之间的联系，以及这个一度引发争议的假说成为主流认知后人们如何针锋相对展开辩论。赫胥黎、达尔文、约翰·奥斯特罗姆和罗伯特·巴克都在这本书中现身。赫胥黎在一系列论文中阐述了他关于恐龙—鸟类联系的理论，包括发表在 *Annals and Magazine of Natural History* (1868, 2: 66–75) 和 *Quarterly Journal of the Geological Society* (1870, 26: 12–31) 的两篇。关于始祖鸟的争论在 *Bones of Contention* (Paul Chambers, John Murray, 2002) 一书中有详细记录，该书引用了截至 21 世纪初的大多数重要文献；不久前克里斯蒂安·福斯（Christian Foth）与同事对一个新始祖鸟标本的描述大大推进了这一领域的研究，见 *Nature*, 2014, 511: 79–82。这篇论文以及其他一些论文主张，兽脚类的翅膀起源于展示用的"广告牌"。这章中提到的"丹麦艺术家"名叫格哈德·海尔曼（Gerhard Heilmann），他在自著的 *The Origin of Birds* (Witherby, 1926) 一书中提出了自己的论点。

罗伯特·巴克曾以他独树一帜的方式讲述了恐龙复兴的故事，这个故事他在《科学美国人》（1975, 232: 58–79）的一篇文章中讲过，也在 *The Dinosaur Heresies* (William Morrow, 1986) 这本书中讲过。约翰·奥斯特罗姆发表过大量有关恐龙与鸟类之间关联的论证严谨的论文，其中最重要的包括：他对恐爪龙的细致专题描述，发表于 *Bulletin of the Peabody Museum of Natural History* (1969, 30: 1–165)；发表于《自然》（1973, 242: 136）的一篇文章；发表于 *Annual Review of Earth and Planetary Sciences* (1975, 3: 55–77) 的综述论文；以及发表于 *Biological Journal of the Linnean Society* (1976, 8: 91–182) 的一篇杰作。这里需要特别指出的是，雅克·戈捷（Jacques Gauthier）在 20 世纪 80 年代进行的开创性分支分析中，坚定地将鸟类置于兽脚类当中，见 *Memoirs of the California Academy of Sciences*(1986, 8: 1–55)。

第一只带羽毛的恐龙——中华龙鸟最初被季强和姬书安（Shu'an Ji）描述为一种原始鸟类（见 *Chinese Geology*, 1996, 10: 30–33）。之后，它被重新解读为一种带羽毛的非鸟类恐龙（见 Pei-ji Chen et al., *Nature*, 1998, 391: 147–152）；后来菲利普·柯里又对其进行了详细描述（见 Currie and Chen, *Canadian Journal of Earth Sciences*, 2001, 38: 705–727）。在人们意识到中华龙鸟其实是带羽毛的恐龙之后不久，一个国际团队宣布，又从中国找到了两种带羽毛的恐龙（见 Ji et al., *Nature*, 1998, 393: 753–761），从此开启了一片新天地。过去 20 年间所发现的带羽毛的恐龙绝大多数都是徐星和他的同事们描述的，诺雷尔的 *Unearthing the Dragon* 一书和前文所列引用了较为近期文献的综述论文也对这些恐龙做出了详细的总结。有关带羽毛恐龙的保存，以及火山在化石化过程中所发挥的作用，很多人都发表过论文，较近期且较综合的论文是克里斯托弗·罗杰斯（Christopher Rogers）及其同事撰写的，见 *Palaeogeography, Palaeoclimatology, Palaeoecology* (2015, 427: 89–99)。

很多人都曾针对鸟类的"形体构型"发表过论文。我的博士论文写的就是这方面内容，我发表在 *Current Biology* 的一篇论文（见上文）也与此有关。*Living Dinosaurs*（Pete Makovicky and Lindsay Zanno, Wiley, 2011）一书中也讨论了这个主题，相关章节写得非常深入浅出。关于美国博物馆的戈壁考察项目，在我最喜欢的一本恐龙科普书中有详细的记录：*Dinosaurs of the Flaming Cliffs* (Anchor, 1996)。这本书的作者是迈克·诺瓦切克（Mike Novacek），他住在纽约，是马克·诺雷尔的同事、考察队的领队，而且也是喜爱冲浪的南加州人。有关戈壁化石的一些较为重要的研究论文包括：对窃蛋龙的描述，Norell et al., *Nature*, 1995, 378: 774–776；有关鸟类大脑演化的论文，Balanoff et al., *Nature*, 2013, 501: 93–96；两篇都解释了这些化石对理解现代鸟类身体蓝图组装的重要意义。有关让空气单向流动的肺和恐龙生长的背景参考材料已经在前面几章的参考资料中简要罗列。徐星和诺雷尔描述了一具来自辽宁的非常漂亮的恐龙骸骨——这只恐龙保持着像鸟一样的睡姿（见 *Nature*, 2004, 431: 838–841）；玛丽·施威泽尔（Mary Schweitzer）和同事最早发现了恐龙的像鸟一样的蛋壳组织（见 *Science*, 2005, 308, no.5727: 1456–1460）。

长期以来，恐龙羽毛的演化都有很多人在研究，相关文献汗牛充栋。徐星和郭昱的综述论文（见 *Vertebrata PalAsiatica*, 2009, 47: 311–329）是一个非常好的起点。从发育生物学的角度解读羽毛演化的论文有很多，理查德·普兰（Richard Prum）的诸多优秀论文可供参阅。达拉·泽勒尼茨基和同事们在 2012 年描述了带羽毛的似鸟龙（见 *Science*, 338: 510–514），我在 *Calgary Herald* 报 2015 年 10 月 25 日刊登的一篇文章中了解到了他们田野工作的细节。雅各布·温特在 2008 年的一篇论文中首次提出了确定羽毛化石颜色的方法（见 *Biology Letters* 4: 522–525），后来他和其他人对带羽毛的恐龙进行了大量研究。雅各布在一篇综述论文（*BioEssays*, 2015, 37: 643–656）以及一篇以第一人称写就的文章（*Scientific American*, Mar. 2017, 316: 50–57）中回顾了相关令人兴奋的进展。一个中国研究者牵头的团队想办法复原了早期带翅膀恐龙的羽毛颜色（见 Li et al., *Nature*, 2014, 507: 350–353），玛丽 – 克莱尔·科肖维茨（Marie-Claire Koschowitz）和同事发表的一篇充满洞见的论文（*Science*, 2014, 346: 416–418）讨论了翅膀的展示功能。徐星和他的团队描述了古怪的奇翼龙（见 *Nature*, 2015, 521: 70–73）。

关于早期鸟类和带羽毛的恐龙的飞行能力，已经有大量相关文献，而且往往相当复杂。亚历克斯·德切基（Alex Dececchi）和同事们发现，小盗龙和近鸟龙很可能能够进行动力飞行，他们不久前发表的一篇论文（*PeerJ*, 2016, 4: e2159）是了解这一问题的绝佳起点。加雷斯·戴克和同事进行的工程学研究（见 *Nature Communications*, 2013, 4: 2489）以及丹尼斯·埃万杰利斯塔（Dennis Evangelista）和同事进行的同类研究（见 *PeerJ*, 2014, 2: e632）讨论了带翅膀的兽脚类恐龙的滑翔能力，并对以往最重要的一些研究做了回顾。

几名同事和我在一篇共同撰写的论文（*Current Biology*, 2014, 24: 2386–2392）中提出了我们对早期鸟类形态演化速率的看法。我们在这篇论文里所使用的方法是与格雷姆·劳埃德和汪良共同开发的，并且在一篇较早前的论文（Lloyd et al., *Evolution*, 2012, 66: 330–348）中有过描述。罗杰·本森和乔纳·乔尼埃（Jonah Choiniere）还展示了在恐龙到鸟转变过程中的物种形成和肢体演化的狂飙突进现象（见 *Proceedings of the Royal Society Series B*, 2013, 280: 20131780），罗杰·本森对恐龙身体大小的研究（前文已经引述）发现，在族谱的同一个点附近的恐龙身材大幅缩小。最近的许多其他研究也着眼于转变前后的进化速度，上面的两篇论文中都有所引用和讨论。

邹晶梅命名了大量来自中国的新化石鸟类。她最重要的两个研究成果，一是早期鸟类系谱（见 O'Connor and Zhonghe Zhou, *Journal of Systematic Palaeontology*, 2013, 11: 889–906），二是 *Living Birds* 一书（前文已经引述）中与艾莉莎·贝尔（Alyssa Bell）和路易斯·恰佩（Luis Chiappe）合写的一章。在过去的 25 年间，她的博士生导师路易斯·恰佩也发表了很多有关早期鸟类的重要论文。

第九章　恐龙灭绝

我在《科学美国人》（Dec. 2015, 312: 54–59）上发表过关于恐龙灭绝的文章，本章的一些故事最初是在相关文章里出现的。理查德·巴特勒和我集合了一群世界各地的同事，坐在一起想要就恐龙灭绝的原因达成共识，我们发表了一篇现状报告（*Biological Reviews,* 2015, 90: 628–642）。除了理查德和我，这群人还包括保罗·巴雷特、马修·卡拉诺、大卫·伊万斯、格雷姆·劳埃德、菲尔·曼尼恩、马克·诺雷尔、丹·佩佩（Dan Peppe）、保罗·厄普丘奇和汤姆·威廉姆森。此外，理查德、我、阿尔伯特·普列托－马尔克斯（Albert Prieto-Márquez）和马克·诺雷尔在 2012 年对大灭绝之前的表形分异度进行了研究（见 *Nature Communications*, 3: 804）。

然而，我对这场恐龙灭绝争论的贡献微乎其微。针对这一恐龙研究史的超级谜团，相关论文有成百上千篇。这里我不可能全部引述，所以我愿意向有很强探索精神的读者推荐沃尔特·阿尔瓦雷斯的一本书：《霸王龙和陨星坑》（*T. rex and the Crater of Doom*, Princeton University Press, 1997）。这本书既好读又非常有趣，同时也是一本非常严谨的著作，以第一人称的方式讲述了沃尔特和同事们是如何解开白垩纪最末期灭绝这个谜团的。这本书引用了有关这一主题所有最重要的论文，包括那些条分缕析地罗列撞击证据的论文，那些辨识出希克苏鲁伯陨石坑并对此定年的论文，以及形形色色的异议观点。我在本章的开头讲的那个故事，虽然进行了艺术加工，但却是以阿尔瓦雷斯描述的撞击事件发生顺序以及他所列出的证据为基础的。

自那以后，相关论文就更多了，其中大部分都曾在我们 2015 年发表在 *Biological Reviews* 的论文中被引用和讨论。近期出现了多篇非常激动人心的新论文（非常新，以至于我们的论文还未予以讨论），作者是保罗·伦尼（Paul Renne）、马克·理查兹（Mark Richards）和他们在伯克利的同事，论文对德干地盾（Deccan Traps，印度大型火山遗迹）进行了定年，表明大多数火山喷发发生在白垩纪—古近纪交界左右，并认为小行星撞击可能已经将火山系统推入超速模式（见 Renne et al., *Science*, 2015, 350: 76–78; Richards et al., *Geological Society of America Bulletin*, 2015, 127: 1507–1520）。在我写下这段文字的时候，德干火山喷发的时间以及喷发与小行星撞击之间的关系仍在争论之中。

当然，任何对科学史感兴趣并热爱原始资料来源的人都应该看看阿尔瓦雷斯团队提出小行星撞击理论的原始论文（Luis Alvarez et al., *Science*, 1980, 208: 1095–1108）以及他们团队的其他论文，还有扬·斯米特与同事在大约同一时期所写的论文。

有许多追踪了中生代恐龙演化的独立研究，其中有很多特别关注白垩纪最末期。除了我们在发表于 *Biological Reviews* 上的那篇论文中提出的新数据，近期关于这项研究的论文还包括：Barrett et al., *Proceedings of the Royal Society of London Series B*, 2009, 276: 2667–2674；以及 Upchurch et al., *Geological Society of London Special Publication*, 2011, 358: 209–240。当代研究试图校正取样偏差，但在一篇非常重要（而且奇怪的是，这篇论文几乎被人遗忘）的论文发表之前，人们并没有真正意识到这一问题的重要意义。这篇论文发表于 1984 年，作者是戴尔·拉塞尔（Dale Russell）（见 *Nature*, 307: 360–361）。2005 年前后，戴维·法斯托夫斯基、彼得·希恩和他们的同事们从这篇论文中吸取教训，发表了一份非常重要的有关白垩纪最晚期恐龙多样性水平的论文（*Geology*, 2004, 32: 877–780）。乔纳森·米切尔的生态食物网络研究是在 2012 年的一篇论文（*Proceedings of the National Academy of Sciences USA*, 109: 18857–18861）中发表的。

关于地狱溪恐龙以及它们在小行星撞击前的变化，最重要的研究者包括彼得·希恩和戴维·法斯托夫斯基团队（见 *Science*, 1991, 254: 835–839; *Geology*, 2000, 28: 523–526），泰勒·莱森及其同事（见 *Biology Letters*, 2011, 7: 925–928）。其余成果还有迪恩·皮尔森与合作者精心编制的化石目录（*Geology*, 2001, 29: 39–42; *Geological Society of America Special Papers*, 2002, 361: 145–167），合作者中包括柯克·约翰逊（Kirk Johnson）和已故的道格·尼科尔斯（Doug Nichols）。

法斯托夫斯基用的本科教科书，我赞不绝口的对象，那本非常棒的 *Evolution and Extinction of the Dinosaurs* (Cambridge University Press)，是他与大卫·维沙佩尔合写的。这本书已经多次再版，而且还有一个篇幅更短、语言更具冲击力的版本可供低年级的学生参考，该版本名为 *Dinosaurs: A Concise Natural History*。

贝尔纳特·比拉和阿尔维特·塞列斯写了许多关于比利牛斯山脉白垩纪最晚期恐龙的论文。其中最具综合性的一篇是有关这一时期该地区恐龙多样性的变化情况的论文（Vila, Sellés, and Brusatte, *Cretaceous Research*, 2016, 57: 552–564），他们曾慷慨地邀请我参与整个项目。其他重要的论文包括 Vila et al., *PLoS ONE*, 2013, 8, no.9: e72579 和

Riera et al., *Palaeogeography, Palaeoclimatology, Palaeoecology*, 283: 160–171。有关罗马尼亚恐龙在白垩纪终结时期的故事，我在第七章已经引述多篇论文。最后要提的是罗伯托·坎德埃罗、费利佩·辛布拉和我写的一篇论文（*Annals of the Brazilian Academy of Sciences*, 2017, 89: 1465–1485），这篇论文对白垩纪最晚期巴西的恐龙进行了总结。

非鸟类恐龙死亡而其他动物幸存下来的原因现在仍然有很多争论。在我看来，最重要的见解是以下这些人提出的：彼得·希恩及其同事，他们研究的主题是基于植物的食物网与基于碎屑的食物网的对比，以及陆地环境和淡水环境的对比（见 *Geology*, 1986, 14: 868–70; *Geology*, 1992, 20: 556–560）；德里克·拉尔森（Derek Larson）、加勒·布朗（Caleb Brown）及大卫·伊万斯，他们研究的主题是动物吃种子的行为（见 *Current Biology*, 2016, 26: 1325–1333）；格雷格·埃里克森和他的课题组，他们研究的主题是蛋的孵化以及生长（见 *Proceedings of the National Academy of Sciences USA*, 2017, 114: 540–545）；格雷格·威尔森（Greg Wilson）和他的导师比尔·克莱门斯（Bill Clemens），他们研究的主题是哺乳动物何以幸存，以及身体小、食谱杂的重要意义（见 *Journal of Mammalian Evolution*, 2005, 12: 53–76; *Paleobiology*, 2013, 39: 429–469）。诺曼·麦克劳德（Norman MacLeod）与同事发表过一篇重要论文（*Journal of the Geological Society of London*, 1997, 154: 265–292），对白垩纪终结之际有哪些动物幸存又有哪些动物死亡进行了很好的总结，并讨论了这对杀伤机制可能具有的重要意义。

恐龙拿了一手"死人牌"——我很喜欢这个比喻。我希望这是我自己想出来的，但就我所知，是格雷格·埃里克森第一个使用这个说法的，卡洛琳·格拉姆林（Carolyn Gramling）在报道他有关卵孵化研究的新闻中引用了他的话（见 "Dinosaur Babies Took a Long Time to Break Out of Their Shells", *Science* online, News, Jan.2, 2017）。

另外，我认为有必要提出这样一个重要告诫：恐龙灭绝可能是恐龙研究史上最具争议性的话题——至少从假说、研究论文、辩论和论证的数量来看是这样。我在这一章中提出的情境（灭绝发生得很突然，主要是由小行星撞击引起的）源于我自己对这个主题的深度阅读和我自己对白垩纪最末期恐龙的初步研究，尤其是我们在 *Biological Reviews* 那篇论文中概述的巨大的群体共识。我坚信，无论是地质记录（灾难性撞击的证据不容否认）还是化石记录（研究表明，直到最后时期恐龙的多样化水平仍然相当高），这种情境与我们掌握的证据最为一致。

然而，也有一些人持不同的观点。这一章的重点不是对每种恐龙灭绝理论逐一进行剖析（要想达到这个目的，可能需要一本书的篇幅），但有必要提一提与我的理论观点不同的文献。数十年来，大卫·阿齐博尔德（David Archibald）和威廉·克莱门斯（William Clemens）一直论称，恐龙灭绝是一个更为缓慢的过程，而造成灭绝的原因是温度或海平面的变化（或两者皆有）；格雷塔·凯勒（Gerta Keller）与同事则一直论称，德干火山喷发是恐龙灭绝的罪魁祸首；我的朋友坂本学（Manabu Sakamoto）更新近的研究利用了复杂的统计模型，并得出了打破传统的结论——恐龙当时正处于长期衰退之中，随着时间的推移，它们产生的物种数量越来越少。读者如果有兴趣，可以亲自深入了解文献，然后自己决定到底哪方在证据方面占据优势。其他表示怀疑或异议的见解还有不少，不过我不打算在此赘述了。

尾声　恐龙帝国覆灭后的世界

我与罗哲西合写过一篇关于哺乳动物崛起的文章，发表在《科学美国人》上（June 2016, 313: 28-35）。在这篇文章中，我浅尝辄止地讲述了新墨西哥州这个故事。罗哲西是世界上研究哺乳动物早期进化的专家之一，更重要的是，他是一个非常慷慨、非常可爱的人。跟沃尔特·阿尔瓦雷斯一样，罗哲西也收到过不少厚颜年少的我发出的信件。1999 年春天，在我即将满 15 岁的时候，家人和我已经计划好去匹兹堡地区度过复活节假期。我想参观卡内基自然历史博物馆，但并不满足于只看展品，我急切地想要看看"幕后"都有什么。当时我已经在报纸上读到过有关罗哲西发现早期哺乳动物的报道，然后又在博物馆的网站上看到了他的联系方式，于是就跟他取得了联系。整整一个小时的时间，他带着我的家人和我深入博物馆仓库的"腹地"，给我们做讲解，直到现在，我每次见到他，他还会问起我的父母和兄弟。

汤姆·威廉姆森是我亲爱的朋友、同事和导师，他专职研究新墨西哥州的古新世哺乳动物，以及更广泛的胎盘类哺乳动物的早期演化。他的代表作是 1996 年出版的关于新墨西哥州古新世哺乳动物解剖学、年龄和演化的专著（*Bulletin of the New Mexico Museum of Natural History and Science*, 8: 1-141），这本书是他博士阶段的研究成果。过去数年间，汤姆一直在带领我向古哺乳动物学的暗面深入探究。2011 年以来，我们经常共同进行野外作业，并开始共同发表一些论文，包括一份原始有袋类动物的系谱（Williamson et al., *Journal of Systematic Palaeontology*, 2012, 10: 625–651），以及对一种名为 *Kimbetopsalis*（哺乳动物，体形与海狸差不多，以植物为食，我们不无调侃地称为"原始海狸"）的新物种的描述（见 Williamson et al., *Zoological Journal of the Linnean Society*, 2016, 177: 183–208），这种动物出现在恐龙灭绝之后，它们生活的时间距离灭绝只有几十万年。目前汤姆和我共同指导一名博士研究生，她的名字叫萨拉·谢利，主要研究白垩纪—古近纪灭绝以及之后哺乳动物的崛起。请期待她的成果。

古生物名词英汉对照表 [1]

序章

孙氏振元龙　*Zhenyuanlong suni*

第一章

锯齿龙类　pareiasaurs

二齿兽类　dicynodonts

丽齿兽类　gorgonopsians

四足类　tetrapods

下孔类　synapsids

原旋趾足迹　*Prorotodactylus*

主龙类　archosaurs

假鳄类　pseudosuchians

鸟跖类　avemetatarsalians

鳄系主龙类　crocodile-line archosaurs

翼龙类　pterosaur

翼手龙类　pterodactyl

鸟系主龙类　bird-line archosaurs

恐龙型类　dinosauromorph

禽龙　*Iguanodon*

巨齿龙　*Megalosaurus*

雷龙　*Brontosaurus*

暴龙　*Tyrannosaurus*

旋趾足迹　*Rotodactylus*

斯芬克斯足迹　*Sphingopus*

似手兽足迹　*Parachirotherium*

阿特雷足迹　*Atreipus*

尼亚萨龙　*Nyasasaurus*

喙头龙类　rhynchosaurs

犬齿兽类　cynodonts

埃雷拉龙　*Herrerasaurus*

君王暴龙（霸王龙）　*Tyrannosaurus rex*

伶盗龙　*Velociraptor*

兽脚类　theropods

始盗龙　*Eoraptor*

蜥脚类　sauropods

梁龙　*Diplodocus*

曙奔龙　*Eodromaeus*

鸟臀类　ornithischians

颜地龙　*Chromogisaurus*

皮萨诺龙　*Pisanosauru*

滥食龙　*Panphagia*

圣胡安龙　*Sanjuansaurus*

三角龙　*Triceratops*

鸭嘴龙类　hadrosaurs

蜥鳄　*Saurosuchus*

第二章

宽额螈　*Metoposaurus*

植龙类　phytosaurs

南十字龙　*Staurikosaurus*

农神龙　*Saturnalia*

南巴尔龙　*Nambalia*

加卡帕里龙　*Jaklapallisaurus*

莱森龙　*Lessemsaurus*

里奥哈龙　*Riojasaurus*

科罗拉多斯龙　*Coloradisaurus*

板龙　*Plateosaurus*

腔骨龙　*Coelophysis*

钦迪龙　*Chindesaurus*

镰龙类　drepanosaurs

范克里夫鳄　*Vancleavea*

太阳神龙　*Tawa*

奔股骨蜥　*Dromomeron*

真腔骨龙　*Eucoelophysis*

剑鼻鳄　*Machaeroprosopus*

正体龙　*Typothorax*

坚蜥类　aetosaurs

撕蛙鳄　*Batrachotomus*

奥氏灵鳄　*Effigia okeeffeae*

第三章

跷脚龙足迹　*Grallator*

异样龙足迹　*Anomoepus*

实雷龙足迹　*Eubrontes*

大龙足迹　*Otozoum*

肢龙　*Scelidosaurus*

小盾龙　*Scutellosaurus*

莱索托龙　*Lesothosaurus*

畸齿龙　*Heterodontosaurus*

双嵴龙　*Dilophosaurus*

腕龙　*Brachiosaurus*

鱼龙类　ichthyosaurs

重龙　*Barosaurus*

长颈巨龙　*Giraffatitan*

无畏龙　*Dreadnoughtus*

巴塔哥尼亚龙　*Patagotitan*

阿根廷龙　*Argentinosaurus*

巨龙类　titanosaurs

第四章

剑龙　*Stegosaurus*

异特龙　*Allosaurus*

迷惑龙　*Apatosaurus*

角鼻龙　*Ceratosaurus*

弯龙　*Camptosaurus*

圆顶龙　*Camarasaurus*

需盔龙　*Galeamopus*

小梁龙　*Kaatedocus*

难觅龙　*Dyslocosaurus*

简棘龙　*Haplocanthosaurus*

春雷龙　*Suuwassea*

马什龙　*Marshosaurus*

史托龙　Stokesosaurus

虚骨龙　*Coelurus*

嗜鸟龙　*Ornitholestes*

长臂猎龙　*Tanycolagreus*

蛮龙　*Torvosaurus*

西龙　*Hesperosaurus*

迈摩尔甲龙　*Mymoorapelta*

剑龙类　stegosaurs

甲龙类　ankylosaurs

甲龙　*Ankylosaurus*

怪嘴龙　*Gargoyleosaurus*

德林克龙　drinker

奥斯尼尔龙　*Othnielia*

奥斯尼尔洛龙　*Othnielosaurus*

橡树龙　*Dryosaurus*

镰刀龙类　therizinosaurs

棘龙类　spinosaurids

鲨齿龙　*Carcharodontosaurus*

似鳄龙　*Suchomimus*

撒哈拉鲨齿龙　*Carcharodontosaurus saharicus*

尼日尔龙　*Nigersaurus*

皱褶龙　*Rugops*

帝鳄　*Sarcosuchus*

伊吉迪鲨齿龙　*Carcharodontosaurus iguidensis*

鲨齿龙类　carcharodontosaurs

南方巨兽龙　*Giganotosaurus*

马普龙　*Mapusaurus*

魁纣龙　*Tyrannotitan*

高棘龙　*Acrocanthosaurus*

假鲨齿龙　*Shaochilong*

克拉玛依龙　*Kelmayisaurus*

昆卡猎龙　*Concavenator*

始鲨齿龙　*Eocarcharia*

第五章

分支龙　*Alioramus*

中华虔州龙　*Qianzhousaurus sinensis*

阿氏分支龙　*Alioramus altai*

蛇发女怪龙　*Gorgosaurus*

艾伯塔龙　*Albertosaurus*

特暴龙　*Tarbosaurus*

哈卡斯龙　*Kileskus*

五彩冠龙　*Guanlong wucaii*

单嵴龙　*Monolophosaurus*

中华盗龙　*Sinraptor*

原角鼻龙　*Proceratosaurus*

帝龙　*Dilong*

中国暴龙　*Sinotyrannus*

始暴龙　*Eotyrannus*

侏罗暴龙　*Juratyrant*

华丽羽王龙　*Yutyrannus*

新猎龙　*Neovenator*

鹦鹉嘴龙　*Psittacosaurus*

驰龙类　raptor

吉兰泰龙　*Chilantaisaurus*

气腔龙　*Aerosteon*

西雅茨龙　*Siats*

好耳帖木儿龙　*Timurlengia euotica*

第六章

埃德蒙顿龙　*Edmontosaurus*

诸城暴龙　*Zhuchengtyrannus*

肿头龙　*Pachycephalosaurus*

奇异龙　*Thescelosaurus*

第七章

蛇颈龙类　plesiosaurs

上龙类　pliosaurs

纤角龙　*Leptoceratop*

尖角龙　*Centrosaurus*

伤齿龙　*Troodon*

窃蛋龙类　oviraptorosaurs

肿头龙类　pachycephalosaurs

似鸟龙类　ornithomimosaurs

阿贝力龙类　abelisaurids

密林龙　*Pycnonemosaurus*

食肉牛龙　*Carnotaurus*

玛君龙　*Majungasaurus*

蝎猎龙　*Skorpiovenator*

南方海神龙　*Austroposeidon*

风神龙类　aeolosaurine

萨尔塔龙类　saltasaurids

林孔龙　*Rinconsaurus*

波罗鳄　*Baurusuchus*

马里利亚鳄　*Mariliasuchus*

犰狳鳄　*Armadillosuchus*

沼泽龙　*Telmatosaurus*

马扎尔龙　*Magyarosaurus*

邦多克巴拉乌尔龙　*Balaur bondoc*

第八章

始祖鸟　*Archaeopteryx*

美颌龙　*Compsognathus*

恐爪龙　*Deinonychus*

中华龙鸟　*Sinosauropteryx*

尾羽龙　*Caudipteryx*

原始祖鸟　*Protarchaeopteryx*

北票龙　*Beipiaosaurus*

小盗龙　*Microraptor*

中国鸟龙　*Sinornithosaurus*

近鸟类　paravians

手盗龙类　maniraptorans

奇翼龙　*Yi qi*

近鸟龙　*Anchiornis*

燕鸟　*Yanornis*